TOOL
ツール活用シリーズ

電子回路シミュレータ

LTspice
設計事例大全

アナログ/計測から基板/高周波まで，プロの完成データに学ぶ

トランジスタ技術編集部 編
Transistor Gijutsu

CQ出版社

本書の下記の章は，「トランジスタ技術」誌に掲載された記事を元に再編集したものです．

第 1 章 ····················トランジスタ技術 2014 年 12 月号 pp.57 - 66
第 2 章 ····················トランジスタ技術 2014 年 12 月号 pp.67 - 84
第 3 章 ····················トランジスタ技術 2014 年 12 月号 pp.124 - 132
第 4 章 ····················トランジスタ技術 2014 年 12 月号 pp.96 - 102
第 4 章 Appendix A ···トランジスタ技術 2014 年 12 月号 pp.85 - 86
第 4 章 Appendix B ···トランジスタ技術 2014 年 12 月号 pp.87 - 90
第 5 章 ····················トランジスタ技術 2014 年 12 月号 pp.111 - 118
第 5 章 Appendix A ···トランジスタ技術 2014 年 12 月号 pp.119 - 121
第 5 章 Appendix B ···トランジスタ技術 2014 年 12 月号 pp.122 - 123
第 6 章 ····················トランジスタ技術 2015 年 1 月号 pp.156 - 161
第 7 章 ····················トランジスタ技術 2015 年 2 月号 pp.149 - 158
第 8 章 ····················トランジスタ技術 2015 年 3 月号 pp.175 - 182
　　　　　　　　　　　トランジスタ技術 2015 年 4 月号 pp.183 - 188
第 9 章 ····················トランジスタ技術 2017 年 5 月号 pp.75 - 82
第10章 ····················トランジスタ技術 2015 年 4 月号 pp.170 - 182
第11章 ····················トランジスタ技術 2014 年 12 月号 pp.133 - 142
第11章 Appendix A ···トランジスタ技術 2015 年 3 月号 pp.127 - 130
第11章 Appendix B ···トランジスタ技術 2015 年 3 月号 pp.101 - 109
第11章 Appendix C ···トランジスタ技術 2014 年 12 月号 p.91
第12章 ····················トランジスタ技術 2013 年 10 月号 pp.111 - 119
第13章 ····················トランジスタ技術 2017 年 5 月号 pp.107 - 110
第14章 ····················トランジスタ技術 2015 年 5 月号 pp.169 - 174
第15章 ····················トランジスタ技術 2018 年 5 月号 pp.177 - 180
第16章 ····················トランジスタ技術 2017 年 9 月号 pp.123 - 131

本文イラスト：神崎真理子

まえがき

　LTspiceは，アナログ・デバイセズが無償で提供しているSPICEシミュレータです．ツール・ベンダのSPICEシミュレータと比べても見劣りしない機能と収束性をもっているため，多くのプロが仕事で利用しています．LTspiceを利用すれば，実際に回路を試作したり部品を取り換えたりしなくても，最適な回路定数を素早く見つけ出せます．

　本書は「電子回路シミュレータLTspice設計事例大全」として，アナログ回路の基本的な部分から，本格的な高周波回路やパワー・エレクトロニクス／電源回路，基板に至るまで，幅広い設計ノウハウをLTspiceを使って解説しています．

　付属DVD-ROMには，LTspiceソフトウェア本体とプロが作成した150超の完成データ，およびLTspiceの操作ムービを収録しています．ツールをインストールして回路ファイルを読み込めば，自宅のパソコンでその道のプロが入力した生の回路データを動かすことができます．また，I/O回路の入力／出力特性を表すIBISファイルからSPICEモデルに変換するツールや，電源-グラウンド基板パターンのモデリング・ツールといった設計アシスト・ソフトウェアも収録しています．

　LTspiceで回路図を描き解析を実行するには部品モデルとシンボルが必要です．近年，半導体／電子部品メーカが設計支援と部品の販促を目的として，自社ウェブ・サイトで電子回路シミュレータ用の部品モデルを提供するようになってきました．使用したい部品モデルが，電子回路シミュレータに標準で組み込まれていない場合には，該当する部品がないか探ってみてください．

〈トランジスタ技術編集部〉

■執筆担当一覧

- ●戸上 晃史郎…イントロダクション
- ●渋谷 道雄…第1章，第4章 Appendix A，第4章 Appendix B
- ●中村 黄三…第2章
- ●佐藤 尚一…第3章
- ●遠坂 俊昭…第4章，第14章
- ●川田 章弘…第5章，第5章 Appendix A，第5章 Appendix B，第6章，第7章，第8章
- ●加藤 隆志…第9章，第16章
- ●林 輝彦…第10章
- ●高橋 成正…第11章
- ●志田 晟…第11章 Appendix A
- ●池田 浩昭…第11章 Appendix B，第9章 Column（9-Ⅱ）
- ●関根 康宏…第11章 Appendix C
- ●金田 洋志…第12章
- ●山本 健司…第13章
- ●並木 精司…第15章

（敬称略，本書登場順）

第2章
OPアンプ増幅回路の基本 ···43

～反転/非反転型，差動/計装型から入出力ゲインの式まで～

第7章
高周波プリアンプの設計②
「インピーダンス・マッチング回路」 ················157
~感度，雑音，安定性にうるさいアンプの入出力部をチューン~

第8章
高周波プリアンプの設計③「3種の性能評価」 ·········177
~雑音指数 NF，入力レベルの上限 P_{1dB}，相互変調ひずみ IMD ~

第4部
電源＆パワエレ

第12章
パワエレまるごとシミュレーション ……………………… 293
～スイッチング電源もモータ制御も…マイコン制御もまとめてOK！～

第13章
ブラシ付きDCモータのモデリング …………………… 311
～回転するメカ部品をLTspiceに投入！～

第14章
リニア電源回路 ··· 319
〜セラミック・コンデンサの直流バイアス特性を含んだSPICE モデルで解析精度UP 〜

第15章
ロスレス＆雑音レス！スイッチング電源
「*LLC*」のシミュレーション設計術 ································· 331
〜パルス電流を正弦波に変える共振用コンデンサとトランスをLTspice で高速チューン〜

プロが数十年かけて培ったノウハウ満載
付属 DVD-ROM のコンテンツと使い方

　付属DVD-ROMには，電子回路シミュレータLTspiceXVIIソフトウェア本体と150以上のLTspice用回路ファイルなどが収録されています．LTspiceをインストールして回路ファイルを読み込めば，自宅のパソコン上でプロの回路が動き出します．

■ 収録データについて

● 記事関連LTspice用回路ファイル…収録フォルダ名：contents
　付属DVD-ROMをパソコンに挿入したら，エクスプローラでファイル一覧を表示します．「index.htm」というファイルをダブルクリックすると，メニューと本書の章構成の一覧が表示されます．章のタイトルをクリックすると，その章で紹介されている回路データの一覧(**表1**)が表示されます．

● LTspiceXVII操作ムービ…収録フォルダ名：movie
　ファイル・メニューの「LTspiceXVII操作ムービ」をクリックすると，「操作マニュアル編」と「実践編」に分かれた解説ムービの一覧(**表2**)が表示されます．各項目にある「いきなり再生」をクリックすると，ムービが再生されて動画が見られます．ファイル名をクリックすると，ムービが収録されているフォルダ「movie」が開きます．

● LTspiceインストーラ…収録フォルダ名：LTspiceXVII
　Windows用とMac用のLTspiceインストーラを収録しています．

● LTspice強力アシスト・ツール…収録フォルダ名:Tools
　本書で紹介された便利な関連ツールを収録しています．

● LTspice関連リンク
　LTspiceのダウンロード先，アナログ・デバイセズのホーム・ページ，
　LTspice Users Clubのリンク先を掲載しています．

■ 付属DVD-ROMに収録されているLTspice用回路ファイル一覧

表1　付属DVD-ROMに収録されているLTspice用回路ファイル一覧

フォルダ名	タイトル	図	作者
S1	第1章 3大基本部品「抵抗/コンデンサ/コイル」の基礎		
1-1	コンデンサの充電動作	図1-1	
1-2	コンデンサに正弦波電流を流して確認する	図1-2	
1-3	コイルに電流変化を与えて確認する	図1-3	
1-4	コイルに正弦波電流を流して確認する	図1-4	渋谷 道雄
1-5	RLC直列回路に正弦波電圧を加えて確認する	図1-5	
1-6	評価する降圧スイッチング電源回路	図1-6	
1-7	キャッチ・ダイオードのフォワード電圧分の影響を確認する	図1-10	
S2	第2章 OPアンプ増幅回路の基本		
2-1	伝達式の導出用に作成した反転アンプの回路	図2-6	
2-2	反転アンプのゲインを確認する回路	図2-7	
2-3	ゲインが比で決まることを確認するために$R_f = 1.1\mathrm{k}\Omega$にした回路	図2-9	
2-4	非反転アンプの動作点を確認するための回路	図2-11	
2-5	非反転アンプのゲインを確認する回路	図2-14	
2-6	差動アンプの動作点を確認するための回路	図2-17	
2-7	差動アンプのゲインを確認する回路	図2-20	
2-8	差動アンプで同相信号の除去効果を確認する回路	図2-22	中村 黄三
2-9	抵抗のバランスを崩して同相信号の除去能力を確認する回路	図2-E	
2-10	前段の動作点を確認するための回路	図2-25	
2-11	計装アンプの動作点を確認する	図2-28	
2-12	R_1とR_2のバランスが崩れた計装アンプ	図2-29	
2-13	R_{F1}とR_{F2}のバランスが崩れた計装アンプの動作点	図2-31	
2-A1	差動アンプの性質をより詳しく①直流バイアスを掛けたときの性能	−	
2-A2	反転アンプの性質をより詳しく②直流バイアスを掛けたときの性能	−	
2-A3	非反転アンプの性質をより詳しく③直流バイアスを掛けたときの性能	−	
S3	第3章 トランジスタで解析！OPアンプのふるまい		
3-1	3石構成でOPアンプの直流動作点を求める	図3-3	
3-2	負帰還をかけた3石OPアンプの直流動作点を求める	図3-4	
3-3	3石構成でオフセット電圧を調整する	図3-6	
3-4	6石構成でオフセット電圧を調整する	図3-9	
3-5	6石構成でOPアンプの直流動作点を求める	図3-10	佐藤 尚一
3-6	6石構成で高域周波数特性をみる	図3-12	
3-7	初段の位相補償用Cの設定	図3-14	
3-A1	2段目の位相補償用Cの設定	−	

表 1 付属 DVD-ROM に収録されている LTspice 用回路ファイル一覧(つづき)

フォルダ名	タイトル	図	作者
S4	第4章 アナログ・フィルタ回路		
4-1	2ウェイ・チャネル・ディバイダ:1次LPF + 1次HPF混合後の周波数特性	図4-3	
4-2	2ウェイ・チャネル・ディバイダ:2次バターワースの混合後平坦化	図4-5	
4-A1	2ウェイ・チャネル・ディバイダ:2次バターワースの過渡応答	−	
4-3	2ウェイ・チャネル・ディバイダ:2次バターワースの容量定数設定	図4-7	
4-4	2ウェイ・チャネル・ディバイダ:2次バターワースの混合後のQの検討	図4-9	
4-5	2ウェイ・チャネル・ディバイダ:引き算方式の混合後平坦性	図4-11	
4-A2	2ウェイ・チャネル・ディバイダ:2次ベッセルの混合後平坦化の検討	−	
4-A3	2ウェイ・チャネル・ディバイダ:2次ベッセルの混合後のQの検討	−	
4-A4	2ウェイ・チャネル・ディバイダ:2次ベッセルの過渡応答	−	
4-6	3ウェイ・チャネル・ディバイダ:山中式の理想的な混合後平坦性	図4-14	
4-A5	3ウェイ・チャネル・ディバイダ:山中式に使うOPアンプの帯域幅積	−	
4-7	3ウェイ・チャネル・ディバイダ:山中式の実際の混合後平坦性	図4-16	
4-A6	2ウェイ・チャネル・ディバイダ:2次ベッセルの平坦化の確認	−	遠坂 俊昭
4-B1	30Wアンプ:周波数特性の解析	−	
4-B2	30Wアンプ:定格と出力部の動作解析	−	
4-B3	30Wアンプ:定格電流保護の動作解析	−	
4-B4	30Wアンプ:出力段のベース抵抗の定数調整	−	
4-B5	30Wアンプ:周波数補正コンデンサの定数調整	−	
4-B6	30Wアンプ:容量負荷と周波数特性	−	
4-B7	30Wアンプ:容量負荷と過渡応答	−	
4-B8	30Wアンプ:直流特性の解析	−	
4-B9	30Wアンプ:1kHzでのひずみ率解析	−	
4-B10	30Wアンプ:10kHzでのひずみ率解析	−	
4-B11	30Wアンプ:入力段の誤差増幅回路の特性	−	
4-B12	30Wアンプ:ループ・ゲインと発振しにくさのチェック	−	
S4_A	第4章 Appendix A 素早く最適値を直続する方法		
4A-1	40 μs ステップで容量調整. カットオフ周波数をみる	図4-A	
4A-A1	5 μs ステップで容量調整. カットオフ周波数をみる	−	渋谷 道雄
S4_B	第4章 Appendix B 定数の最適解探しに!「積極的パラメトリック解析」		
4B-1	積極的パラメトリック解析:R, Cを変数にして全4通りの解析	図4-D	
4B-A1	積極的パラメトリック解析:R, Cを特定の組み合わせで2通りの解析	−	
4B-2	積極的パラメトリック解析:R, L, Cを変数にして全8通りの解析	図4-E, F	
4B-3	積極的パラメトリック解析:R,L,Cを特定の組み合わせで2通りの解析	図4-G	渋谷 道雄
4B-4	積極的パラメトリック解析:4つの変数を特定の組み合わせで解析	図4-H	
4B-5	積極的パラメトリック解析:Lの変数とR,Cの特定の組み合わせを混ぜる	図4-I	

表1　付属DVD-ROMに収録されているLTspice用回路ファイル一覧（つづき）

フォルダ名	タイトル	図	作者
S5	第5章 高周波回路作り 初めの一歩「インピーダンス・マッチング」		
5-1	高周波理解度チェック(1)：出力50Ωの電力が一番伝わる負荷抵抗は？	図5-1	川田 章弘
5-2	高周波理解度チェック(2)：Lをもつ50Ω抵抗器に反射なく電力が伝わる	図5-7	
5-3	高周波理解度チェック(3)：完成した50Ωマッチング回路をみる	図5-8	
5-4	高周波理解度チェック(4)：アンプ出力と負荷消費の最大になる定数は違う	図5-10	
S6	第6章 高周波プリアンプの設計① 「バイアス技術」		
6-1	高周波プリアンプの設計：デバイス・モデルの作成例	図6-6	川田 章弘
6-2	高周波プリアンプの設計：直流動作点を求める	図6-10	
S7	第7章 高周波プリアンプの設計② 「インピーダンス・マッチング回路」		
7-1	高周波プリアンプの設計：入出力インピーダンスを求める	図7-1	川田 章弘
7-2	高周波プリアンプの設計：入力マッチング回路のLの値を決める	図7-8	
7-3	高周波プリアンプの設計：入力マッチング回路のCの値を決める	図7-10	
7-4	高周波プリアンプの設計：出力を調べてLまたはCの値を決める	図7-12	
7-5	高周波プリアンプの設計：入出力ともマッチング回路の再確認をする	図7-14	
7-6	高周波プリアンプの設計：入力マッチング回路のCを微調整する	図7-16	
7-7	高周波プリアンプの設計：再調整してSパラメータを求める	図7-18	
7-8	高周波プリアンプの設計：Sパラメータから安定係数を求める	図7-21	
S8	第8章 高周波プリアンプの設計③ 「3種の性能評価」		
8-1	高周波プリアンプの設計：雑音指数を求める	図8-1	川田 章弘
8-2	高周波プリアンプの設計：入出力のインピーダンス・マッチングを改善する	図8-7	
8-3	高周波プリアンプの設計：マッチングを改善後の雑音指数を解析する	図8-9	
8-4	高周波プリアンプの設計：入出力の直線性$P_{1\mathrm{dB}}$を求める	図8-12	
8-5	高周波プリアンプの設計：ひずみのない2信号でFFT解析をする	図8-23	
8-6	高周波プリアンプの設計：ひずみにくさOIP_3を求める	図8-27	
S9	第9章 周波数シンセサイザのスピード仕上げ術		
9-1	PLL周波数シンセサイザのひな形モデル	図9-1	加藤 隆志
9-2	定電流型チャージ・ポンプのひな形モデル	図9-11	
S10	第10章 フルディジタルFMラジオ用アンチエイリアスBPF		
10-1	FM用帯域BPF(1)：基準LPFをベースに基本回路を作る	図10-4	林 輝彦
10-2	FM用帯域BPF(2)：通過帯域の両側の減衰特性を調節	図10-8	
10-3	FM用帯域BPF(3)：低域側(61MHz)だけを設計	図10-9	
10-4	FM用帯域BPF(4)：高域側(109MHz)だけを設計	図10-10	
10-5	FM用帯域BPF(5)：低域側と高域側を足して基本形完成	図10-11	
10-6	FM用帯域BPF(6)：高域側の減衰特性の改善	図10-12	
10-7	FM用帯域BPF(7)：最終的な減衰特性の設計	図10-13	
10-8	FM用帯域BPF(8)：実使用時の性能(1)アンテナ入力回路のモデル	図10-14	
10-9	FM用帯域BPF(9)：実使用時の性能(2)アンテナ入力回路との組み合わせ	図10-15	
10-A1	水晶振動子を使ったSSB通信用帯域フィルタ(1)：周波数特性の検討	－	
10-A2	水晶振動子を使ったSSB通信用帯域フィルタ(2)：周波数特性の調整	－	

表1　付属DVD-ROMに収録されているLTspice用回路ファイル一覧（つづき）

フォルダ名	タイトル	図	作者
10-B1	FMトラッキング受信用オール・チップBPF(1): 共振部の結合度を変更	−	林 輝彦
10-B2	FMトラッキング受信用オール・チップBPF(2): 同調容量を変更	−	
10-B3	FMトラッキング受信用オール・チップBPF(3): 結合用にコンデンサを使う	−	
10-B4	FMトラッキング受信用オール・チップBPF(4): インピーダンスを調整	−	
10-B5	FMトラッキング受信用オール・チップBPF(5): 3ポールBPFの構成	−	
10-B6	FMトラッキング受信用オール・チップBPF(6): 最終検証BPF特性をみる	−	
S11	第11章 通信エラー？と思ったら電源安定化！ 100MHz超のマイコン/FPGA攻略法		
11-1	パソコンの最適化(1): 電源の等価回路とそのインピーダンス	図11-1	高橋 成正
11-2	パソコンの最適化(2): 電源の等価回路とそのノイズ波形	図11-4	
11-3	パソコンの最適化(3): 1066Mbps時の波形(IBIS利用)	図11-7	
11-A1	パソコンの最適化(4): 1600Mbps時の波形(IBIS利用)	−	
11-A2	パソコンの最適化(5): パソコン2個追加時のインピーダンス	−	
11-A3	パソコンの最適化(6): パソコン4個追加時のインピーダンス	−	
11-A4	パソコンの最適化(7): パソコン6個追加時のインピーダンス	−	
11-A5	パソコンの最適化(8): パソコン2個追加, 1066Mbps時のアイ・パターン	−	
11-A6	パソコンの最適化(9): パソコン2個追加, 1600Mbps時のアイ・パターン	−	
11-A7	パソコンの最適化(10): パソコン4個追加, 1066Mbps時のアイ・パターン	−	
11-A8	パソコンの最適化(11): パソコン4個追加, 1600Mbps時のアイ・パターン	−	
11-A9	パソコンの最適化(12): パソコン6個追加, 1066Mbps時のアイ・パターン	−	
11-A10	パソコンの最適化(13): パソコン6個追加, 1600Mbps時のアイ・パターン	−	
S11_A	第11章 Appendix A 形状からインピーダンスを抽出！基板電卓ツールTrace Analyzer		
11A-1	差動線路のLTspice回路および関連ファイル	図11-J	志田 晟
S11_B	第11章 Appendix B　電源/GNDパターンのSPICEモデル作成ツールPGPlaneEx		
11B-1	プリント基板の電源/GNDパターンの影響をシミュレーションする	−	池田 浩昭
S11_C	第11章 Appendix C 信号同士の演算や数式の記述ができるビヘイビア電圧源の使い方		
11C-1	データの間引きを防ぐ＆任意関数信号を得る	図11-X	関根 康宏
11C-A1	いろいろな関数表記でさまざまな波形を出力できるビヘイビア電圧源BV	−	渋谷 道雄
11C-A2	三角関数波形と積分演算の応用例	−	
S12	第12章 パワエレまるごとシミュレーション		
12-1	マブチモーター(FA-130RA-2270)のスピード制御プログラム	図12-7	金田 洋志
S13	第13章 ブラシ付きDCモータのモデリング		
13-1	ブラシ付きDCモータのシミュレーション	図13-4	山本 健司
S14	第14章 リニア電源回路		
14-1	セラミック・コンデンサの容量と印加直流電圧	図14-3	遠坂 俊昭
14-2	誤差増幅器以外の回路の周波数特性	図14-6	
14-3	ループ特性を調べて安定性を確認	図14-9	
14-4	出力インピーダンスで最終性能を確認	図14-11	
S15	第15章 ロスレス＆雑音レス！スイッチング電源「LLC」のシミュレーション設計術		
15-1	LCR直列共振回路	図15-2	並木 精司
15-2	負荷に対して並列インダクタンスを追加したLLC直列共振回路	図15-4	
15-3	LLC共振型電源のひな形モデル	図15-6	

■ 付属DVD-ROMに収録されているLTspiceXVII操作ムービー一覧

表2 付属DVD-ROMに収録されているLTspiceXVII操作ムービー一覧

番号	タイトル	ファイル名
	操作マニュアル編	
1	回路図を入力する	01_circuit.mp4
2	回路の条件を設定する	02_set.mp4
3	シミュレーションを実行して結果を確認する	03_sim.mp4
4	波形ビューアで解析結果を確認する	04_waveform.mp4
5	周波数特性を調べる	05_ac_sim.mp4
6	直流特性を調べる	06_dc_sim.mp4
7	部品メーカのウェブ・サイトからダウンロードしたライブラリをLTspiceに登録する	07_parts_import.mp4
8	トラ技オリジナル・ライブラリをLTspiceに追加する	08_toragi.mp4
9	部品の定数を変更して傾向や最適な値を調べる	09_parametric.mp4
10	入力信号源を音声データWAVファイルに設定して出力の音を聞く	10_wav_input.mp4
11	オシロスコープの生データを信号源にして回路のFFT解析を実行する	11_pwl_input.mp4
12	LTspice内のサンプル回路ファイルのシミュレーションを実行する	12_sample.mp4
13	日本語表示機能を使う	13_japanese.mp4
14	動作点の電圧を表示する	14_node.mp4
15	回路図／波形ビューアの色変更などカスタマイズ機能を使う	15_custom.mp4
	実践編	
1	wave形式の音声データをFFT解析…その1：スペクトラムを見る	16_wav1.mp4
2	wave形式の音声データをFFT解析…その2：回路ファイルの作り方とFFTの基本設定	17_wav2.mp4
3	wave形式の音声データをFFT解析…その3：スペクトラムの表示範囲とFFTの詳細設定	18_wav3.mp4
4	数式モデル「ビヘイビア」を使う…その1：BRの例題1 可変抵抗器の作り方と解説	19_br1.mp4
5	数式モデル「ビヘイビア」を使う…その2：BRの例題2 3端子レギュレータの垂下特性	20_br2.mp4
6	数式モデル「ビヘイビア」を使う…その3：ビヘイビア電力負荷BPの使い方	21_bp.mp4
7	トランジスタやダイオードを取っかえ引っかえできる品種チェンジ・コマンド「AKO」を使う	22_ako.mp4
8	コアあり非線形インダクタの高精度モデリング…その1：tanh(x)	23_tanh.mp4
9	コアあり非線形インダクタの高精度モデリング…その2：B-Hカーブ	24_bh.mp4
10	時々刻々と変化する信号の周波数スペクトルを調べる（等間隔時間をもつ生データを出力する）	25_tm.mp4

イントロダクション

アナログ？電源？ RF回路？…作るものによって シミュレーションの方法はいろいろ
パソコンで入り口をなぞるのが近道

● **LTspiceとは？**

　アナログ・デバイセズのマイケル・エンゲルハート氏が開発したSPICEです．最新バージョンはLTspice XVIIです．高性能なSPICE3シミュレータと回路図入力，波形ビューワに改善を加え，スイッチング・レギュレータを含めたアナログ電子回路のシミュレーションを容易にするためのモデルを搭載しています．世界的に人気のシミュレータで，4分間に1回のペースでダウンロードされ，累計で1500万以上のパソコンにインストールされています．試作基板を起こす前の回路検証など実際の仕事の現場から，大学や高専などの教育機関の学習用ツールまで幅広いユーザに使われています．

● **LTspiceが選ばれる理由**

▶①フリー

　LTspiceのライセンス料はすべて無料です．すべての機能を制限なく利用できます．ただし，半導体メーカ，ICの開発，半導体製品のプロモーションには使えません．

▶②回路規模制限がないのであらゆる設計データを届けたり，共有化したりできる

　LTspiceに部品点数・ノード数と回路規模に制限がありません．そのため，教育現場や電子工作の用途からプロの方まで幅広く使うことができます．シミュレーションの収束性が高く，作成した回路のファイルも軽いので共有できます．ある企業ではネットワーク・サーバを利用して回路の共有化も実施しています．

▶③サンプル・ファイルが豊富

　LTspiceには3200以上のサンプル回路が格納されています．またアナログ回路初心者のための教育用サンプル回路も格納されています．さまざまなメディアで世界中のエンジニアが作成した回路も入手することができ，すぐにシミュレーションを実施して設計にとりかかることができます．

▶④メーカのWebページでディスクリート・デバイスや受動部品などのLTspice用モデルを公開している

　LTspiceをインストールした時点で既に多数のディスクリート・デバイスや受動部品が格納されており，すぐに回路作成にとりかかることができます．また各部品メーカのwebページではLTspice用のモデル・ファイルを公開しています．LTspiceに格納されていない部品でもすぐにモデルを入手できます．

▶⑤ユーザ・コミュニティが充実しており，設計資料や出版物も豊富，教育用にも最適

　LTspiceを使用する上での必要な情報はさまざまな箇所で紹介されています．各種書籍や，LTspice Users Clubといったコミュニティ・サイトでは有益な情報が公開されているだけでなく，毎月無料セミナも開催されています．

● 本書の特徴

　本書では設計のプロがアナログ回路の基本的な部分から，本格的な高周波回路や電源回路に至るまで実際に役に立つ内容をLTspiceを使って解説しています．

　特にLTspiceで回路を作成しただけでは表現できない配線インピーダンスなどのモデリング・テクニックについても実際にシミュレータを動かしながらマスタできます．

　本書を読んで実際にシミュレーションを実行することにより，非常に多くのことが学べる画期的な内容となっています．ぜひ，永久保存して頂いて今後のさまざまなシーンでご活用ください．

〈戸上　晃史郎〉

第1部

アナログ回路

　第1部では，まず3大基本部品である抵抗／コンデンサ／コイルの性質を回路シミュレーションで確認しながら理解度をチェックします（第1章）．次にアナログ回路でよく使われているOPアンプ増幅回路として，反転アンプ，非反転アンプ，差動入力アンプ，計装（計測）アンプを紹介します（第2章）．また，ディスクリートのトランジスタを使ってOPアンプを作り，回路シミュレーションを用いてオフセットと発振のメカニズムを解説します（第3章）．アナログ回路の応用事例としては，2ウェイ／3ウェイ・チャネル・ディバイダ回路を設計します（第4章）．

第1章

受動素子のふるまいをシミュレーションで
おさらい
3大基本部品「抵抗/コンデンサ/コイル」の基礎

● シミュレータはホントのことを波形で教えてくれる

「抵抗，コンデンサ，コイル」といえばエレキの3大基本部品です．これらはとてもシンプルな部品ですが，そのふるまいを正確にイメージするのはたいへんです．自分の理解度など怪しいものです．

抵抗，コンデンサ，コイルの性質は教科書に公式で示されています．本章ではシミュレーション上でも期待どおりにふるまうかどうかを確認して，理解度をチェックします．

使うシミュレータは付属DVD-ROMに収録されているLTspiceです．

理論的に計算した値は，そもそも理論からスタートしているのですから，結果も正しいはずです．理論の陰に潜む大きな大前提（仮定）を忘れていたり，計算過程で勘違いをして正しい結果を導き出せていない可能性もあります．

LTspiceで確認した結果と，理論的に導き出した結果とを比較して，自分が想定している許容範囲のなかであれば，どちらも正しい結果を得られたという結論を下してよいでしょう．LTspiceで実際に動かしてみると，あたりまえのことを確かめ，納得することに喜びを感じます．

本章では，電子回路の教科書を再びいちからなぞるような説明はしません．公式や定理の「根底に流れる概念」を身に着けてほしいと思います．一つ一つの概念が，単に独立したものではなく組み合わせることで，その実用的な意味が深まっていくことも実感してもらいたいと思います．

理論的に導き出した計算結果が，実際の回路とどれほど一致するかの検証には，実機の評価と近似的に結果が一致する電子回路シミュレータLTspiceを使って比較します．

■ 抵抗はオームの法則どおりに動く

抵抗 R に電流 I_R を流すと，その両端に次式で表される電圧 V_R が発生します．

$$V_R = RI_R \cdots\cdots\cdots (1\text{-}1)$$

この式を「オームの法則」と呼んでいます．

重要なことは，抵抗値 R を比例係数としたときに，独立変数が I_R，従属変数が V_R という点です．比例係数の R は，I_R には依存しないということが大前提です．

ダイオード特性のように，電流の変化に対し電圧の変化が単純に正比例していない素子や，電流の正の側と負の側とでこう配が異なるものは，オームの法則に則っているとは言いません．一部の参考書では，式(1-1)を変形した次のような式もみられます．

$R = V_R/I_R$，$I_R = V_R/R$ をひっくるめてオームの法則と呼んでいる例も見受けられますが，本来のオームの法則は式(1-1)の形だけです．

オームの法則は，$y = ax$ の形の関数であることから，あえてシミュレータでの確認は行いません．

1-1── 基礎① コンデンサに直流電流を与えたときの電圧変化

● 教科書で習った公式を復習

コンデンサの両端の電圧を V_C，コンデンサの容量を $C[\mathrm{F}]$ とし，さらにそのコンデンサに流れ込む電流を $I_C[\mathrm{A}]$ とすると次の法則が成り立ちます．

$$V_C = \frac{1}{C} \int I_C \, dt \cdots\cdots\cdots (1\text{-}2)$$

I_C は，充電するとき " + " の値，放電するとき " − " の値になります．

式(1-2)は「直流や交流など，どのような条件の電流値であっても，そのコンデンサに対する過去の電流変化の積分値(現在値＝初期値)さえわかれば，コンデンサ両端の電圧がわかる」といっています．交流信号では，電流の瞬時値と初期状態がわかれば計算できます．

$$\int I_C \, dt = Q$$

ただし，Q：電気量(電荷の総量)

なので，次のよく知られた公式も導き出せます．

$$Q = VC \cdots\cdots\cdots (1\text{-}3)$$

コンデンサに一定電流を流し込んだとき，両端電圧がどのようになるか計算してみます．$I_C = 1\text{mA}$ とすると次のようになります．

$$\int I_C dt = 1\text{m} \times \varDelta t$$

C の値を $100\mu\text{F}$ とすると，コンデンサの両端電圧 $V_C[\text{V}]$ の変化率は式(1-2)から次のようになります．

$$V_C = \frac{1}{C} \times 1\text{m} \times \varDelta t = 10 \varDelta t$$

この条件では，コンデンサの両端の電圧 V_C は1秒ごとに10Vずつ増します．

● ふるまいをシミュレーションで確認

　図1-1の回路を，LTspiceでシミュレーションしてみましょう．

　0秒からコンデンサの電圧は直線的に増加し，1秒でコンデンサの電圧が10Vになっています．理論どおりの結果が得られました．

　シミュレーションの条件設定のポイントは，電流を加える $t = 0$ でのふるまいです．はじめの瞬間に大きな電流変化が生じないように，電流の初期値を0Aにし，初期状態で緩

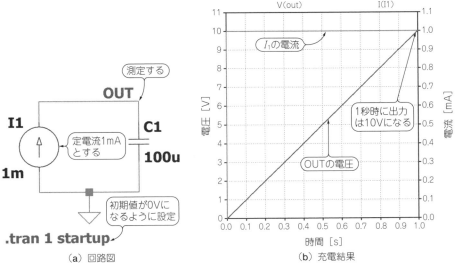

図1-1　コンデンサの充電動作(付属DVD　フォルダ名：1-1)
1秒で10Vに達する

やかな電流変化を与えるオプション「startup」を使っています.

　実機では,市販の電子的に制御された定電流源を使うことで,同等の結果を得ます.シミュレータでは限りなく電圧が上昇しますが,実際の装置と部品では電圧の上限があり,特に部品の最大定格を超えないようにしなければなりません.

■ 1-2── 基礎② コンデンサに正弦波電流を与えたときの電圧変化

● 電圧の位相が90°遅れる

　次式で表される正弦波電流を与えたときのコンデンサの動作を確かめてみましょう.

$$i = \sin(2\pi ft)$$

　$f = 1$kHz,正弦波の片側振幅を1Aとした条件で考えます.**図1-2**にその回路図と結果を示します.

　電流波形が0Aから増していくとき,電流に対してコンデンサの電圧の位相が90°遅れています.式で表すと次のようになります.

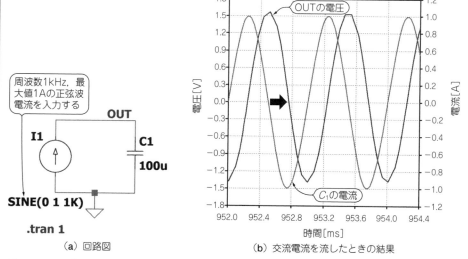

（a）回路図　　　　　　　　　　　　　　　（b）交流電流を流したときの結果

図1-2　コンデンサに正弦波電流を流して確認する（付属DVD　フォルダ名：1-2）
電圧波形の位相は電流波形に対して90°遅れる

$$\int \sin x dx = -\cos x$$

$$-\cos x = \sin(x - 90°) \quad \cdots\cdots\cdots\cdots\cdots\cdots\cdots\cdots\cdots\cdots\cdots\cdots\cdots\cdots\cdots\cdots\cdots (1\text{-}4)$$

コンデンサの電圧位相は，電流位相に対して，90°遅れています．逆にいうと，コンデンサの電流位相は電圧位相に対して90°進んでいます．改めて次元の確認をしておくと，位相の次元は時間の次元とは異なっています．したがって，「位相の進みと遅れ」は「時間の前後」関係とはまったく無関係です．物理現象は基本的に数式で表され，コンデンサに関する電流と電圧の関係もすでに述べたように積分を使って表現できます．

式(1-4)の中に，時間的な前後関係はいっさい含まれていません．あえて言えば，$t = 0$の瞬間にコンデンサにすでに蓄えられていた電荷によって与えられる電圧の初期値の項があるくらいです．位相が進んでいるということは，あくまでも正弦波を考えたときの「位相」であって，時間的に進むということではありません．

1-3── 基礎③　コイルに流れる直流電流を変えたときの電圧変化

● 教科書で習った公式を復習

コイルの両端の電圧をV_L，コイルのインダクタンスの値をL，そのコイルに流れている電流をI_Lとすると次式が成り立ちます．

$$V_L = L \frac{dI_L}{dt} \quad \cdots\cdots\cdots\cdots\cdots\cdots\cdots\cdots\cdots\cdots\cdots\cdots\cdots\cdots\cdots\cdots\cdots\cdots\cdots\cdots (1\text{-}5)$$

式(1-5)は，コイルに流れる電流変化があるときにだけコイルの両端に電圧が発生します．電流変化がない状態，つまり，$dI_L/dt = 0$A ならば，コイルの両端には電圧が発生しません．

コイルの両端に加わっている電圧が一定であるということは，電流の時間微分が定数になっているということを意味します．そのとき，コイルに流れている電流は時間の1次関数になっています．つまり，コイルに加わっている電圧が一定である場合には，コイルに流れている電流は，時間とともに比例して増加または減少している状態です．このときの比例定数は，コイルのインダクタンスの値です．

● 実際のふるまいをシミュレーションで確認

コイルの動作を確かめます．

図1-3に示すのは電流を一定の割合で増加させたり減少させたりしたときのシミュレーション結果です.

はじめに電流を0~1Aまで1μsの時間で上昇しています. その変化率は次のとおりです.

$$di/dt = 1A/\mu s$$

これにインダクタンスを掛けたものが, コイルの両端に発生する電圧なので, 式(1-5)から, 1V(=1μH×1A/μs)になります.

電流が変化している間はコイルの両端に1Vが生じています. その後, 2μsまでの間は電流を1Aのままにしているので, 電流変化がない部分では, コイルに電圧が発生せず0Vです.

2μ~12μsまでの10μsの間に電流が1~0Aまで減少しています. 電流の時間変化のこう配はマイナスなので次のようになります.

$$1\mu H \times (-0.1A/\mu s) = -0.1V$$

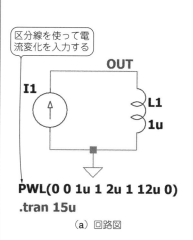

（a）回路図

（b）電流を加えて変化させたときの結果

図1-3 コイルに電流変化を与えて確認する（付属DVD フォルダ名：1-3）
電流変化がないときにはコイルの両端には電圧は発生しない

1-4── 基礎④ コイルに正弦波電流を与えたときの電圧変化

● 電圧位相が90°進む

次式の正弦波電流を与えた場合の回路と結果を**図1-4**に示します.

$$di/dt = d(\sin(2\pi ft)) = (2\pi f)\sin(2\pi ft)$$

ここで $i = \sin(2\pi ft)$

これに L を乗じると,コイル両端の電圧になります.

インダクタンス $L = 1\mu H$,$f = 1kHz$ なので,電圧の最大値は $2\pi mV$(約6.3mV)です.電流に対するコイルの電圧位相は,90°進んでいます.このことは,

$$\cos x = \sin(x + 90°)$$

であることからも理解できます.

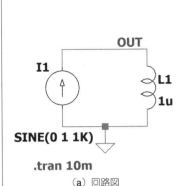

(a) 回路図

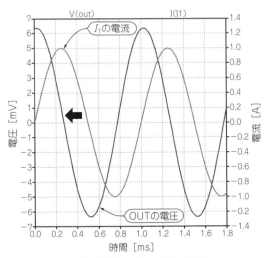

(b) 正弦波電流を加えたときの波形

図1-4 コイルに正弦波電流を流して確認する(付属DVD フォルダ名:1-4)
電圧波形の位相は電流波形に対して90°進む

　図1-5に示す回路の抵抗R_1に流れている電流が正弦波形の場合，コイルL_1とコンデンサC_1に流れる電流の波形と位相の変化をシミュレーションでみてみましょう.

　この結果から電流が回路の途中で分岐，合流のない閉じた形であれば，その経路のどの部分を見ても，同じ電流が流れているという，基本的な「電流連続の原理」が確認できました.

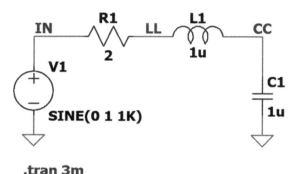

(a) 回路図

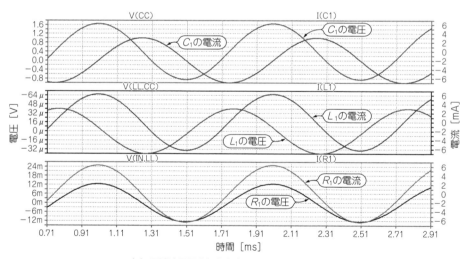

(b) 正弦波電圧を加えたときの *R, L, C* の電流波形

図1-5　*RLC* 直列回路に正弦波電圧を加えて確認する（付属DVD　フォルダ名：1-5）
部品単体の位相波形と同じになっている

コイルやコンデンサの電流位相は，抵抗の電流位相とは90°ずれていると考える人がいるかもしれませんが，分岐がない閉ループにある電流の位相はどこをとっても同じです．各部品を流れる電流と，その部品の両端の電圧との位相関係を混乱しているからだと思います．

シミュレーションするときは，各電圧は，部品の両端の電圧をプローブしています．電圧プローブで電圧の高いほうのノードでクリックしつつ，電圧の低いほうのノードまでドラッグし，クリック・ボタンを離すと，部品の両端の電圧をグラフ表示します．

1-6 ── 基礎⑥ 降圧型 DC-DC コンバータの平滑コンデンサの容量を求める

● 例題回路

ここまで，コンデンサとコイルの基本的な性質を理解することができたと思います．

電子回路設計のさまざまな分野の中で，これらの性質を十分に理解していないと，正しく設計ができない場合があります．その中でも広く使われているアプリケーションの1つとして「DC-DC コンバータ（スイッチング電源）」があります．**図**1-6のような基本的な降圧（Buck）型DC-DCコンバータを例題として取り上げます．

降圧型DC-DCコンバータの平滑コンデンサの容量を上記の基本定理を組み合わせて求めてみます．入力電源は24V，出力は12Vです．何らかの電源用ICを使うことを考えて，帰還回路による制御は細かく考察しません．設定条件として，スイッチング周波数は500kHz，平滑用のインダクタの値は12μH，負荷電流は1Aを想定します．

例題の計算のために，初めにインダクタンスの値を決めます．降圧型DC-DCコンバー

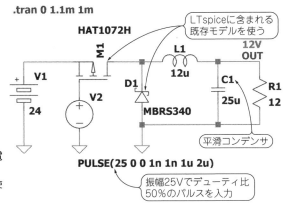

図1-6 評価する降圧スイッチング電源回路（付属DVD フォルダ名：1-6）
帰還制御回路の代わりにパルス信号を使って確認する

タの場合のインダクタンスの決め方は，通常平均負荷電流の30 ～ 100%程度の範囲で決めます．今回は平均電流を1A，リプル電流の振幅を1Aという想定をして，計算することにしました．リプル電流は平均電流に対して± 0.5Aです．

スイッチング電源に限らず電源回路で問題になる要素は出力の電圧変動幅です．スイッチング電源では，前述のリプル電流をコンデンサで平滑して出力電圧変動を低減しています．そこで，出力電圧の変動幅を目標値(今回の例題では10mV$_{\text{P-P}}$)よりも少なくするために，平滑コンデンサの最低限の容量の推算をしなければなりません．

これらの要求事項と与えられた条件から，以下の計算を行います．

(1) コイルのリプル電流から，電流の時間変化量を求める
(2) リプル電流が平滑コンデンサに対して充電放電を行うので，そのコンデンサに発生する電圧変化を計算する

● コイルの電流変化量を求める

コイル電流が連続しているという条件の下では，スイッチング周期に対するスイッチのオン時間の比率(スイッチング・デューティ比)は，降圧比に比例します．

この条件で，降圧比は0.5(= 12 ÷ 24)と計算できます．つまり，スイッチング・オン・デューティは50%です．図1-6にもあるように，12Vの出力電圧に対して，負荷抵抗は12Ωという条件なので，平均負荷電流は1Aです．

スイッチング周期が500kHz(= 2μs)に対し，デューティ比が50%なので，図1-7のようにオン時間は1μsです．

スイッチがONのとき，スイッチ素子の抵抗を無視すると，コイルの両端の電圧は12V(= 24 − 12)です．つまり，

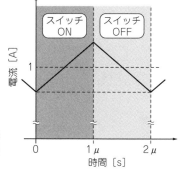

図1-7　周期2μsの場合の降圧比50%時のインダクタ電流
オン時間は1μsとなっている

$$L \frac{di}{dt} = 12\text{V}$$

となります.

図1-6のインダクタンスは12μHなので，スイッチがONしているときのコイルの電流変化量は次のとおりです.

$$\frac{di}{dt} = 10^6\text{A/s} = 1\text{A}/\mu\text{s}$$

スイッチがOFFのときは，キャッチ・ダイオードの順方向電圧降下を無視すると，コイルの両端の電圧は$-12\text{V}(= 0 - 12)$です.

スイッチがOFFしているときのコイルの電流変化量は，ONのときと同じように計算して，

$$\frac{di}{dt} = -10^6\text{A/s} = -1\text{A}/\mu\text{s}$$

です．これらの式は，1μsあたり1A変化する1次関数です.

● **リプル電圧から平滑コンデンサの容量を求める**

平滑コンデンサのリプル電圧の大きさを計算するときは，図1-8を見ながら，コンデンサへの充電部分と放電部分について考えます.

今回の課題では，オン・デューティが50％になっているため，充電の前半と後半の電流の変化のこう配が一致するため，リプル電圧の振幅計算を単純化できます.

放電時のリプル電圧は，充電時をちょうど裏返しにした左右対称波形です.

平滑コンデンサに発生するリプル電圧は，図1-8によって求めた式(1-6)をもとに，容量値を計算します．リプル電圧の目標値は$10\text{mV}_{\text{P-P}}$です．式(1-6)から次のように計算できます.

$$C = 0.25\mu \div 10\text{m} = 25\mu\text{F}$$

以上のように，例題回路のリプル電圧が$10\text{mV}_{\text{P-P}}$になる平滑コンデンサの値は25μFと求まります.

● **実機では出力電圧のリプルはコンデンサ容量だけでは求まらない**

実機では出力電圧のリプルは，コンデンサ容量だけでは決定されません．通常の電子部品としてのコンデンサには，等価直列容量（*ESR*）や等価直列インダクタンス（*ESL*）があり，さらにはプリント基板上の配線によるインダクタンス成分も存在します.

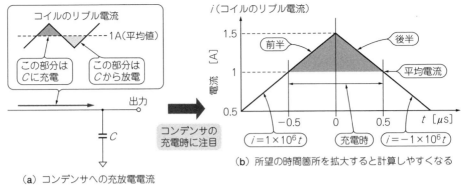

（a）コンデンサへの充放電電流

コンデンサの
充電時に注目

（b）所望の時間箇所を拡大すると計算しやすくなる

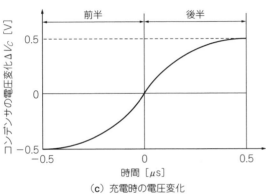

（c）充電時の電圧変化

充電時の前半では,

$$\Delta V_C = \frac{1}{C}\int_{-0.5}^{0} i\, dt$$
$$= \frac{1}{C}\int_{-0.5}^{0} 1 \times 10^6 t\, dt$$
$$= \frac{-1}{C}\, 0.125\mu V$$

充電時の後半では,

$$\Delta V_C = \frac{1}{C}\int_{0}^{0.5} i\, dt$$
$$= \frac{1}{C}\int_{0}^{0.5} -1 \times 10^6 t\, dt$$
$$= \frac{-1}{C}\, 0.125\mu V$$

前半,後半ともにマイナスがついているが,リプルの振幅全体としては次のとおりです.

$$\Delta V_{C(\text{total})} = \frac{1}{C}\, 0.25\mu V \cdots\cdots(1\text{-}6)$$

（d）リプル電圧 ΔV_C の計算

図1-8　コンデンサへの充放電電流からリプル電圧が求まる
振幅計算を単純化できる

　これらの,抵抗成分やインダクタンス成分にもリプル電流が流れますから,それらに対応したリプル電圧が合成されます.*ESR* が大きい場合には,リプルの形が今回示したような2次関数をつないだような形ではなく,あたかも三角波になってしまいます.

■ 図1-6のシミュレーション

● シミュレーション条件の設定

　図1-6に示した回路では,スイッチ素子にできるだけ小さなON抵抗(標準3.6mΩ @V_{GS}

= − 10V)のPチャネルMOSFETを使い，キャッチ・ダイオードには電流容量3Aのショッ トキー・バリア・ダイオードを使っています．

スイッチング電源として定電圧にするためのフィードバック制御回路は含まれていませ んが，入力電圧変動と出力負荷変動がどちらもないという理想的な条件では，電源を入れ てからしばらくして定常状態に達します．

降圧スイッチング電源の出力電圧は，入力電圧とオン時間のデューティ比で決まるとい う条件から，スイッチング素子のPチャネルMOSFETのゲートをパルス信号でドライブ する回路を構成しています．

パルス波形はV_2によって作ります．課題の条件に合わせるために，周期が$2\mu s$，オン 時間が$1\mu s$，立ち上がり時間と立ち下がり時間はそれぞれ1nsに設定しています．

立ち上がり時間と立ち下がり時間は，デューティにわずかな誤差を生じますが，それ以 上に，MOSFETモデルのオフ動作にかかわるディレイ時間がシミュレーションでは誤差 要因として大きく影響します

今回は，帰還回路による制御が行われないので，定常状態になるまでに約1msを要し ます．そこで，シミュレーションの初めの部分を無視し，スタートしてから1ms後からデー タを取り込むようにして，0.1ms分だけ表示データとして保存しています．

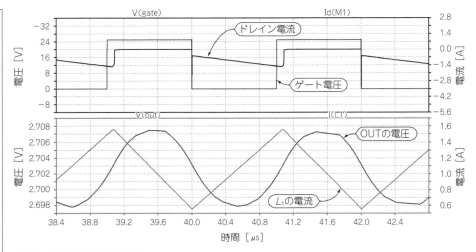

図1-9 図1-6の各部の波形
出力電圧の平均値はキャッチ・ダイオードのフォワード電圧約0.7Vの影響で約12.7Vとなる

● **解析結果の見方**

　MOSFETのゲート信号は，設定どおりに動作し，それに合わせてMOSFETのドレイン電流の変化を見ることができます．

　PチャネルMOSFETなので，ゲート信号が24VのときOFF，ゲート信号が0VのときにONして，ドレイン電流が流れています．このときドレイン電流の値がマイナスに表示されていますが，これはLTspiceにおいてはICや3端子以上の素子では，特別な理由がない限り素子の中に向かう電流をプラス方向としてプローブするため，ドレイン電流は実際の電流の流れる向きと逆方向をプラスとして，プローブしています．したがって，表示は負の値になります．

　図1-9のコイル電流を見ると，MOSFETがOFFする直前までコイル電流が増していま す．MOSFETがOFFすると，コイル電流が減少します．これが繰り返されています．

● **出力電圧が目標値12.0Vより高い原因を調査**

　出力電圧の平均値は12.7Vで，6%近く高くなっています．キャッチ・ダイオードのフォワード電圧によるかさ上げが原因です．

　MOSFETのOFFのディレイをカーソルで大まかに測ると，約96nsでオフ時間の理想値1μsに対して10%以下の誤差になっています．この誤差が出力電圧のデューティ比だけ

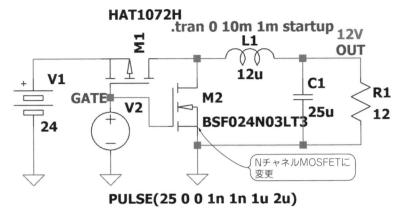

PULSE(25 0 0 1n 1n 1u 2u)

(a) NチャネルMOSFETに変更した降圧スイッチング電源の回路

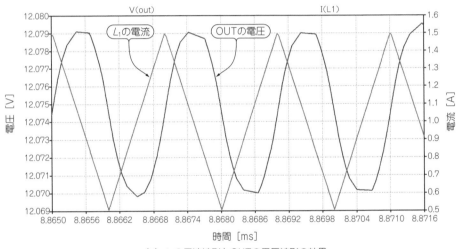

(b) L_1の電流波形とOUTの電圧波形の結果

図1-10　キャッチ・ダイオードのフォワード電圧分の影響を確認する（付属DVD　フォルダ名：1-7）
出力電圧の平均値は12.074Vで，コイルの電流リプルの波形も1.5Aと0.5Aの間で折り返していることが分かる

で決まる理論値や，リプル電圧の計算値にどの程度の影響があるかも見てみましょう．

　図1-10にショットキー・バリア・ダイオードをNチャネルMOSFETに置きかえた回路と結果を示します．出力電圧の平均値は12.074V，コイルの電流リプルの波形もほとんど1.5Aと0.5Aの間で折り返しています．

予想どおり，キャッチ・ダイオードのフォワード電圧の効果で，出力電圧がシフトしていた分が，メインのスイッチのオフ時間のディレイの誤差程度に収まりました．

出力電圧のリプルの振幅をカーソルで測ると，所によってばらつきがありますが，約9.2m〜9.7mVと読み取ることができます．当初の設計課題の10mVと5%程度の誤差で一致しています．

今回の課題では，負帰還制御系を省略したものの，スイッチ素子には市場で入手できるMOSFETモデルを利用して確認し，当初の課題のテーマに合った結果を得ることができました．

＊　　　　＊　　　　＊

● さいごに

設計課題をもとに理論的な計算を行い，所定のリプル電圧にするための平滑コンデンサ

Ｃｏｌｕｍｎ（1-Ⅱ）

オームの法則を笑う者はオームの法則に泣く

● 公式の丸暗記より物理的な現象のイメージをもつことのほうが大切

オームの法則の変形公式は，有益で活用する機会が多いのですが，「法則」として初めに定義されたものは1つです．

よく，試験の前にこれらの派生式も含めて「公式を3つ覚えなければならない」と言って，変形・誘導された公式のすべてを丸暗記している人や，丸暗記のためのツールとして，図1-Bのような丸暗記法を教えてくれる先生もいます．

この円図表の使い方は，V, I, Rのうちのどれか1つが未知数のとき，その記号を取り出して左辺に置き，"="を書いてから，この円形に残った記号のところに問題で与えられた数値を代入して計算するものです．

計算のポイントは，上下の真ん中にある水平線を，分数の横棒と見立てるところがポイントです．よくみれば，横線の上にはV（電圧），下にはRI（単位は電圧）があります．ディメンジョンとしては，上と下が一致しているので，分母の移項によってすべての公式が作り出されるというしくみです．

この手法は，小学校で，速さ×時間＝移動距離という式を暗記するときに，この図のVの代わりに「き（距離）」と書き，IとRの代わりにそれぞれ「は（速さ）」と「じ（時間）」と書いて覚えるように指導している先生方が多いそうです．こうすることで，物理的な概念は，単なる図形認識と単純計算に置き換えることができるのです．

このような教え方は，試験で点数を取るための一夜漬け暗記法には使えるでしょうが，物理的な現象の概念を理解し，幅広く応用するには決してすすめられる方法

の値を求めました．公式を使うというよりも，グラフ（今回の課題ではコイル電流の変化）をうまく活用して計算を簡略化することで，直感的にわかりやすい計算方法を使いました．

　シミュレータを利用することで，理論的な計算と，それを現実に近い回路に置き換えたときに生ずる誤差がどこから来ているか推論し，その原因を調べることも体験しました．

　電気電子設計者にとっては，「理論」と「シミュレーション」は，どちらも大切にしたい基礎的なスキルです．

◆参考文献◆

(1) 渋谷 道雄；電子回路シミュレータLTspiceで学ぶ電子回路，オーム社．
(2) 神崎 康宏；電子回路シミュレータLTspice入門編，CQ出版社．
(3) 遠坂 俊昭；電子回路シミュレータLTspice実践入門編，CQ出版社．

〈渋谷 道雄〉

ではないでしょう．電気電子工学の根底にある物理学的な概念は，公式の丸暗記ではありません．

● **定理や公式は実際の設計に欠かせない**

　「電気電子回路の初歩を理解するにはオームの法則さえあればほとんどOK！」という人もいますが，たとえ初歩のレベルだとしても，決してそんなに簡単なものでもありません．電子回路は，電源と抵抗だけで成立しているものなど，学生向けの試験問題以外にはあり得ません．

　計算の過程においては，高校で学習する程度の数学の知識も必要です．

　電気や電子工学を学んできた人の中には，「数学はあまり得意でない」とか「電気電子回路にかかわる公式は試験をパスするために，仕方なく覚えたけれど，実際の設計には使う場面などない」と考えている方々を多く見かけます．「（オームの法則で代表されるような）公式や定理は実際の設計には役に立たない」というような暴言を吐く人もいます．

　現場で必要なのは，個別の定理や公式だけではなく，それらを組み合わせて考察する「基礎力と応用力」です．電気電子の基礎知識（定理や公式）がどれほど重要で，これらを組み合わせることで実際の回路設計に役に立つのです．

図1-B　オームの法則と派生公式の丸暗記法
$y=ax$で表現できる式は，丸の上部にyをいれ，下部の2つの枠にそれぞれaとxを入れれば，どのような1次式でも当てはまる

第 2 章

反転／非反転型，差動／計装型から
入出力ゲインの式まで
OPアンプ増幅回路の基本

● アナログ回路の特性は入力と出力の関係式で表せる

　他の機器からの信号を受け取ったり，センサからの微小信号を受け取ったりするアナログ回路には，OPアンプがたくさん使われています.

　本章では，OPアンプを使用した4つの応用回路，反転アンプ，非反転アンプ，差動入力アンプ，計装(計測)アンプを紹介します.

　LTspiceのような電子回路シミュレータを使えば，入出力の波形を見ることができます. しかし任意の波形を入力したときの出力を予測できなければ特性を把握したとは言えません.

　アナログ回路の特性は，入力に対してどのような出力になるのかを式で表すことができます. この式を「伝達式」といいます.

　伝達式を求められれば，自分が設計した回路の品質を把握でき，問題がおきたときに不具合がどこにあるのか見つけやすくなります.

● シミュレーションでも入力と出力の関係式を確認

　単純な回路ならば手計算で伝達式を求められるのですが，複雑な回路になればLTspiceのような電子回路シミュレータを使うのが楽です. ここではLTspiceをツールとして使い，伝達式を導出する方法を紹介します.

　シミュレータは各ノードの電流や電圧値を計算します. 解析データの形式はさまざまで，指定することでノードのDC値一覧表，グラフ，波形など，回路を読み取る上で便利な形式を選べます.

　このような機能を活用すれば，OPアンプのように内部のふるまいが分からない回路を使っていても，伝達式の導出が可能です.　　　　　　　　　　　　　　　〈編集部〉

2-1 — 基礎① 増幅回路の1番バッタ「反転アンプ」

■ 手計算で入力と出力の関係式を求める

● 答えから…反転アンプの入力と出力の関係

図2-1に，OPアンプの基本回路である反転アンプを示します．もっともシンプルなタイプのOPアンプ回路です．入出力の関係を表す式（伝達式）は次のようになります．

$$V_O = -\frac{R_F}{R_I} V_I \cdots\cdots\cdots\cdots\cdots\cdots\cdots\cdots\cdots\cdots\cdots\cdots\cdots\cdots\cdots\cdots\cdots (2\text{-}1)$$

反転アンプでは，OPアンプの非反転入力端子をグラウンド電位に固定し，信号を入力しません．

● OPアンプのふるまい

図2-1に示す反転アンプ回路の伝達式を求めるには，OPアンプの基本的な動作につい

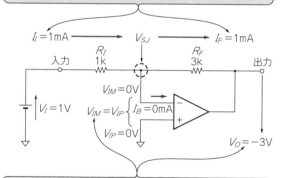

② $V_{IM}=V_{IP}$を成立させるためには（この回路では$V_{IM}=0$V），R_Iより電流加算点SJに流入するI_Iを，OPアンプ出力はR_Fを介してI_Fとしてすべて吸い取る必要がある

① 反転入力にV_Iが加わると，OPアンプの出力は反転入力の電位V_{IM}が非反転入力の電位V_{IP}と等しくなる（$V_{IM}=V_{IP}$）大きさ（振幅）と方向（極性）に振り，電位はV_Oとなる

図2-2 理想OPアンプの基本的動作
負帰還が理想的に動作した結果として，電流加算点の電圧がゼロになる

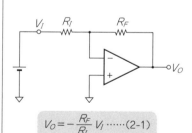

$$V_O = -\frac{R_F}{R_I} V_I \cdots\cdots(2\text{-}1)$$

図2-1 反転アンプとその入出力の関係式
以前，出題してみたら，期待していたより正答率が悪かった

て知識が必要です．それによって，各ノード(部品同士の繋ぎ目をノードと呼ぶ)の電位や電流の方向を考えていきます．

①外部から電圧 V_I が加わると，OPアンプの出力は反転入力端子の電圧 V_{IM} が非反転入力端子の電圧 V_{IP} と等しくなる方向(極性)と大きさ(振幅)で振ります．その結果 V_{IM} = V_{IP}，つまりグラウンド電位0Vに保たれます．

②V_{IM} を V_{IP} と等しくするために，R_I を介して流入する I_I を，OPアンプ出力が帰還抵抗 R_F を介して I_F としてすべて吸い取ります．もし V_I が負なら逆に掃き出します．理想のOPアンプでは入力バイアス電流が0mAなので，I_I と I_F は等しい値($I_I = I_F$)になります．

C o l u m n (2-I)

つながってないのになぜ？OPアンプのバーチャル・ショート

　図2-1では $V_{IP} = V_{IM}$ として解析しています．この状態をバーチャル・ショートあるいはイマジナリ・ショートと呼びます．日本語の対訳はどちらも仮想短絡です．ノード名のSJは Summing Junction の頭文字からとった呼び名です．日本語の対訳は電流加算点で，アナログ演算回路の1つである電圧加算器(図2-A)に由来します．

　図2-Aでは，2つの電圧入力端子 V_{I1} と V_{I2} を備えており，それぞれに印加された電圧は，抵抗 R_{I1} と R_{I2} によりそれぞれ電流 I_{I1} と I_{I2} に変換されます．電流 I_{I1} と I_{I2} はノードSJで合流して，抵抗 R_F を介してOPアンプ出力で吸い取られます．このような動作から，このノードを電流加算点と呼んでいます．

　OPアンプが正常に動作している限り V_{SJ} は0Vに保たれるため，V_{I1} と V_{I2} のどちら一方が変化しても，もう片方の流入電流値に影響を与えません．0Vに保たれた V_{SJ} をバーチャル・グラウンドと呼び，対訳は仮想接地あるいは仮想接地点です．

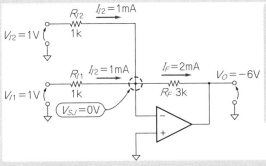

2つの入力電圧 V_{I1} と V_{I2} は，R_{I1} と R_{I2} によってそれぞれ電流 I_{I1} と I_{I2} に変換されノードSJで合流する．このことからここを電流加算点と呼ぶ．OPアンプが正常に動作していれば，ノード電圧 V_{SJ} は常に0Vなので，入力 V_{I1} と V_{I2} の変化は互いに影響を及ぼさない

図2-A　電圧加算器における電流加算点SJの働き

以上の情報を基に，次の手順で式(2-1)を証明してみます．

■ 手計算で関係式を求める手順

● 手順1…電流の総和を求める式を立てる

キルヒホッフの第1法則(電流則とも呼ぶ)「回路に流れる電流の総和はゼロになる」に従い，回路電流の総和を求める式を立てます．

$$I_I = I_F \rightarrow I_I + I_F = 0 \quad \cdots\cdots\cdots\cdots\cdots\cdots\cdots\cdots\cdots\cdots\cdots\cdots\cdots\cdots\cdots\cdots\cdots\cdots \text{(2-2)}$$

総和がゼロと言うことは，I_I か I_F のどちらかが負でなければなりません．ノードSJを基準に流入する電流を正，流出する電流を負と考えれば，I_F が負です．言い換えると，SJを起点として電流の向きを決めるのがポイントです．

同様に，R_I や R_F などの抵抗両端の電圧もSJを基準に極性を決めます．**図2-2**では V_I の極性が正なので，R_I 両端の電圧 $(V_I - V_{SJ})$ は V_{SJ} が0Vなので正となります．R_F 両端の電圧 $(V_O - V_{SJ})$ はそのまま V_O の極性である負になります．

● 手順2…個々の電流を求める式を立てる

次に I_I と I_F を求める式をそれぞれ立てます．**図2-2** 理想OPアンプの基本的動作①の説明において，$V_{IP} = V_{IM} = 0$V つまりグラウンド電位なので，R_I，V_{IM}，R_F の接続点のノード名をSJとしたとき，SJの電位 V_{SJ} も0Vとなります．つまり，これらの電流を求める式は単純なオームの第2公式で表せます．

$$I_I = \frac{V_I}{R_I} \quad \cdots\cdots\cdots\cdots\cdots\cdots\cdots\cdots\cdots\cdots\cdots\cdots\cdots\cdots\cdots\cdots\cdots\cdots\cdots\cdots\cdots \text{(2-3)}$$

$$I_F = \frac{V_O}{R_F} \quad \cdots\cdots\cdots\cdots\cdots\cdots\cdots\cdots\cdots\cdots\cdots\cdots\cdots\cdots\cdots\cdots\cdots\cdots\cdots\cdots\cdots \text{(2-4)}$$

これらの式の右辺は計算結果が電流値となるので「電流項」と呼びます．

● 手順3…電流項を等号で結び伝達式を導く

最後に，式(2-3)と式(2-4)の電流項を式(2-2)に代入すると，式(2-5)で表せます．

$$\frac{V_I}{R_I} + \frac{V_O}{R_F} = 0 \quad \cdots\cdots\cdots\cdots\cdots\cdots\cdots\cdots\cdots\cdots\cdots\cdots\cdots\cdots\cdots\cdots\cdots\cdots \text{(2-5)}$$

式(2-5)から V_O について式を形成すれば前出の反転アンプの伝達式，式(2-1)になります．回路によってはこの手順が複雑になります．

＊　　　＊　　　＊

　以上のような手順で式を立てて解けば，反転アンプだけではなく，非反転アンプ，差動アンプなどの回路でも機械的に伝達式を導出できます．

■ シミュレータで入出力の関係式を確認

● OPアンプは理想に近いモデルを使う

　図2-3のように反転アンプ回路をLTSpiceを使って作成します．このときに使用するOPアンプはできるだけ理想に近いものを使用します．オープン・ループ・ゲインが大きく入力バイアス電流の小さいものを選ぶことがポイントです．

　図2-3の$R_B(1\mu\Omega)$は入力バイアス電流I_Bの測定用シャント抵抗です．本来SPICEシミュレータ系の作法では，電流を測定したい配線に理想電圧源(内部抵抗0Ω)を挿入しますが，ここでは実際の感覚に近いシャント抵抗を使っています．シャント抵抗といっても$1\mu\Omega$と極小なので，回路の動作に影響しません．

　回路図には主要なノードにラベル名を付けています．こうすると，分かりやすいノード名で解析データを読めます．

● 反転アンプの動作点を確認する

　静的な伝達式を導出するだけなので，LTspiceで行える解析の中では一番シンプルな「DCオペレーティング・ポイント(動作点)の取得」で事足ります．

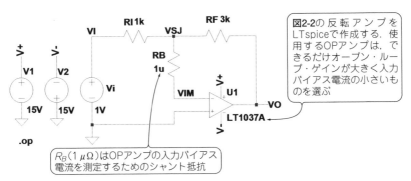

図2-3　反転アンプの動作点を確認する
回路を作成したら，ノード(接続点)にラベルでV_i，V_{SJ}，V_oなどの名前を付けておくと解析データが見やすくなる

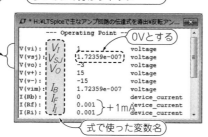

ノード名が自分でつけた名前に
なっていて分かりやすい

V(vi):	V_I	voltage
V(vsj):	V_{SJ}	1.72359e-007 voltage
V(vo):	V_O	-3 voltage
V(v+):		15 voltage
V(v-):		-15 voltage
V(vim):		1.72359e-007 voltage
I(Rb):	I_B	0 device_current
I(Rf):	I_F	0.001 device_current
I(Ri):	I_I	0.001 device_current

0Vとする

+1mA

式で使った変数名

図2-4 動作点一覧表(解析データ表)の一部
V_{SJ}はnV単位なので0Vと考えてよい.また抵抗R_B
に流れる電流すなわち入力バイアス電流も計算桁
数以下で0Aとなっている

部品番号	ノード1	ノード2	部品の値
RF	VSJ	VO	3k

電流の極性はノード1からノード2へ向かうもの
が正,その逆は負として解析データ表に示される

**図2-5 ネットリストでノードを確認すれば電
流の方向が分かる**
メニューから[Tool]-[Export Netlist]と選ぶと,回
路図のあるフォルダに拡張子が.netのファイルがで
きる.このファイルはテキスト・ファイルなので,
メモ帳で開ける

[Run]ボタンを押すと,解析の種類を選択するダイアログ・ボックスが出現するので,
右端のDC op pntタグをクリックし[OK]ボタンを押すと解析が始まります.

解析が終了すると,**図2-4**のようにDC動作点の一覧表が見られます.モニタ用シャン
ト抵抗を付けてあるので,電流I_{Rb}からI_Bの値が分かります.I_Bがゼロなのは,値がシミュ
レータの計算けた数より小さいためです.

● **電流の向きと大きさを確認する**

図2-4の動作点一覧表を詳細に見ると,電流の極性はI_IとI_F,ともに正となっています.
ノードSJを基準に電流の向きを決めているのであればI_Fは負でないといけません.そこ
でネットリストを開いて電流の向きを決めるルールを確認してみましょう.

メニューから[View]-[SPICE Netlist]を選択すると,**図2-5**のようなネットリストが表
示されます.

ネットリストを検証してみると,ノード1からノード2(左から右)へ向かう電流を正,
反対にノード2からノード1へ向かう電流を負として定義していることがわかります.

つまり，電流値を確認する場合は動作点一覧表を使い，電流の向きを確認する場合はネットリストを使います．

［Tools］-［Export Netlist］を選ぶと，目的とは全く異なるプリント基板作成用ファイルが生成されるので注意してください．

最終的に，伝達式導出に必要な電圧値，電流値をすべて図中に表示させたり書き込んだりしたのが**図2-6**です．

● 作成したOPアンプの定数と動作点一覧表の値を代入して伝達式を確認する

OPアンプの基本動作に関する予備知識がなくても，オームの法則とキルヒホッフの法則が分かっていれば，シミュレータの活用により伝達式が導けます．

図2-5の動作点一覧表を頼りに伝達式を導出してみましょう．ただし，オームの法則やキルヒホッフの法則は知っているものの，OPアンプのふるまいは分からないものとします．

キルヒホッフの第1法則から電流の総和を求める式を立てます．

$$I_I + I_B + I_F = 0 \quad\cdots\cdots\cdots\cdots\cdots\cdots\cdots\cdots\cdots\cdots\cdots\cdots\cdots\cdots\cdots\cdots\cdots\cdots\cdots (2\text{-}6)$$

ただし，$I_{Ri} = I_I$，$I_{Rb} = I_B$，$I_{Rf} = I_F$

I_Bは解析結果から0mAなので，$I_I + I_F = 0$となります．

V_{SJ}を0VとしてI_IとI_Fを求める式を立て，動作点一覧表の該当する数値を代入して計算します．

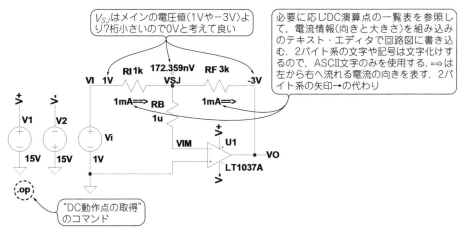

図2-6　伝達式の導出用に作成した反転アンプの回路（付属DVD　フォルダ名：2-1）

$$I_I = \frac{V_I}{R_I} = \frac{1V}{1k\Omega} = 1mA \quad \text{……………………………………} (2\text{-}7)$$

$$I_F = \frac{V_O}{R_F} = \frac{-3V}{3k\Omega} = -1mA \quad \text{……………………………} (2\text{-}8)$$

式(2-8)の計算結果からI_Fの中身が負であることがわかり，I_Iと符号が逆なことが確認できます.

式(2-7)と式(2-8)を式(2-2)に代入し変形すると，式(2-9)の伝達式を得ることができます.

$$V_O = \frac{R_F}{R_I} V_I = -\frac{3k\Omega}{1k\Omega} \times 1V = -3V \quad \text{……………………………} (2\text{-}9)$$

このように，シミュレータを使うと，計算結果と動作点一覧表の値を見比べることで，自分の考え方が正しいかどうかが分かります.

このような簡単な回路であれば動作点一覧表など不要ですが，動きが読み取れない複雑な回路では，シミュレータの解析機能をとてもありがたく感じます.

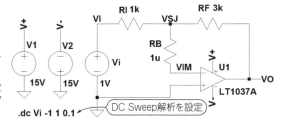

図2-7　反転アンプのゲインを確認する回路(付属DVD　フォルダ名：2-2)
回路はそのままでDC Sweep解析の設定を追加した．入力電圧V_Iを−1〜+1Vに変化させる

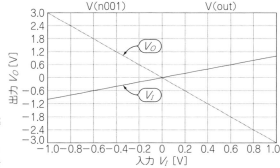

図2-8　反転アンプの入出力特性の解析結果
入力V_I=−1〜+1の変化で，出力V_o=+3〜−3Vに振れている．ゲインは−3倍

● 導出された伝達式を読み解く

式(2-9)の伝達式が導出できると達成感が湧いてきます．しかし，その式から回路の性質を読み解くことが導出の目的なのでまだ終わりではありません．式(2-9)からは次のようなことが読み取れます．

▶ 入出力の関係

入力V_Iは抵抗比$-(R_F/R_I)$で定まる反転ゲインで増幅され，入力V_Iに対する逆極性のV_Oで出力されます．ここで，マイナスの抵抗比は構成している抵抗値が負と言う意味ではなく，-1(反転)のゲインを(R_F/R_I)で決まるゲインに掛けた結果と解釈します．入出力の関係を**図2-7**のDC Sweep解析で確認しておきます．

結果は**図2-8**のとおりで，入力V_Iが$-1V \sim +1V$に対して，出力V_Oは$+3V \sim -3V$(反

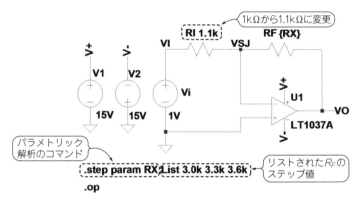

図2-9　ゲインが比で決まることを確認するために$R_I=1.1$kΩにした回路(付属DVD　フォルダ名：2-3)
伝達式から，ゲインはR_IとR_Fの相対精度で決まる．R_Iを$+10\%$の1.1kに設定し，R_Fを3kΩ，3.3kΩ($+10\%$)，3.6kΩ($+20\%$)に変化させてみる

図2-10　ゲインは-3倍であるので，$R_I=1.1$kΩのときは$R_F=3.3$kΩとなる
R_IとR_Fがともに$+10\%$になっていれば，ゲインは変わらない．相対精度が重要

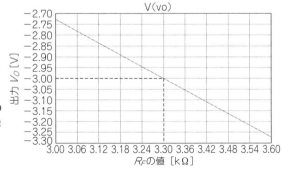

Column (2-Ⅱ)

表示するしないはユーザ次第! シミュレータは全接続点の電圧と電流を計算している

ラベル名は**図2-B**の方法でつけることができます.

取得したノード電圧は,**図2-C**の操作によって回路図中に示すことができます.
この表示は,回路動作を読み取って伝達式を導出するための重要な情報となります.

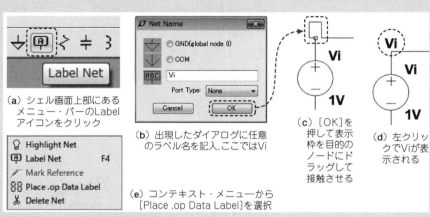

(a) シェル画面上部にある
メニュー・バーのLabel
アイコンをクリック

(b) 出現したダイアログに任意
のラベル名を記入.ここではVi

(c) [OK]を
押して表示
枠を目的の
ノードにド
ラッグして
接触させる

(d) 左クリッ
クでViが表
示される

(e) コンテキスト・メニューから
[Place .op Data Label]を選択

図2-B　ノードにラベルを付ける方法

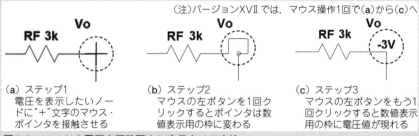

(注)バージョンXⅦでは,マウス操作1回で(a)から(c)へ

(a) ステップ1
電圧を表示したいノー
ドに"+"文字のマウス・
ポインタを接触させる

(b) ステップ2
マウスの左ボタンを1回ク
リックするとポインタは数
値表示用の枠に変わる

(c) ステップ3
マウスの左ボタンをもう1
回クリックすると数値表示
用の枠に電圧値が現れる

図2-C　ノードの電圧を回路図上に表示させる方法

転)で変化していることから,伝達式通りの動作です.

▶ゲインの精度

$G = -R_F/R_I = -3\,\mathrm{k\Omega}/1\,\mathrm{k\Omega}$のように抵抗比だけで構成した式をゲイン式と呼びます.
電圧項が無いので式がその分簡単になり,ゲイン誤差の要因が把握しやすくなります.こ
の式からは,比の精度(相対精度と呼ぶ)がゲイン誤差として効いてくると読み取れます.

何も操作をしていない状況では,回路図上のマウス・ポインタの形状は十文字です。値を表示させたいノードに十文字を接触させます。次にマウスの左ボタンを2回(Ver.XVIIからは1回)クリックすれば値が表示されます。

LTspiceの最新版(Ver.XVII)では,右クリックして図2-B(e)のコンテキスト・メニューから[Place .op Data Label]を選択します。

解析結果をレポートにまとめるとき,同じノードの電圧値とラベルを一緒に表記させたい場合があります。場所が狭く重なる場合は,ノード電圧の表示枠をフローティングさせて再表示する方法があります(図2-D)。

表示枠を配線から切り離すと表示が???に変わります。その状態で表示枠を右クリックすると,ノード名の一覧表が出現します。一覧表から表示したいノード名をクリックすると,一覧表の最下段の枠に選択したノード名が表示されます。

電流値は直接表示できないので,動作点一覧から値を読み取り,ノード間電位差から向きを特定します(図2-Dの方法でも表示可能)。値と向きが分かったところで,組み込みのテキスト・エディタで回路図の分かりやすい場所に記入したのが図2-6です。

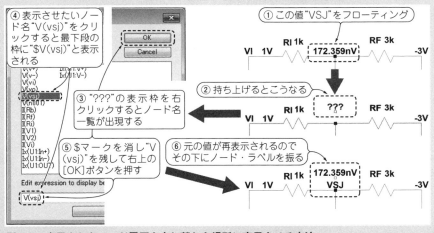

図2-D 表示されたノード電圧を少し離れた場所に表示させる方法

相対精度が良ければ,おのおのの抵抗の値に対する精度(絶対精度と呼ぶ)は問題になりません。例えば,R_Iが1kΩではなく1.1kΩになっても,R_Fが3.3kΩになっていれば,ゲインは保たれます。

抵抗の相対値が良く,抵抗比が変わらなければゲインが変わらないことをパラメトリック解析で確認してみましょう。図2-9に回路を示します。解析の条件はR_Fの値を3kΩ,

3.3 kΩ, 3.6 kΩと3段階で振ります. 解析結果の**図2-10**を見ると, 理論どおり3.3kΩの時にゲインが−3倍となっています.

2-2 ── 基礎② 入力抵抗を大きくできる「非反転アンプ」

■ シミュレータで入力と出力の関係式を求める

● 高入力インピーダンスで信号の極性反転がない

　非反転アンプは信号を高い入力インピーダンスで受けることができ, 信号の極性反転がないので, 実践面にて多用されるアンプ形式です. ただし, ゲイン式が反転アンプとは異なるので要注意です.

● 非反転アンプの電位と電流の方向を考えて伝達式を計算する

　図2-11の非反転アンプの伝達式を導出してみましょう. ただし, オームの法則やキルヒホッフの法則は知っているものの, OPアンプのふるまいはよく分かってないと仮定しましょう.

　前述した動作点の確認方法を用いて, **図2-12**, **図2-13**のように動作点一覧表とネットリストを出力させます.

　結果を見ると, ゲイン設定のための抵抗比は反転アンプと同じ3ですが, 入力(V_{IP}) 1V

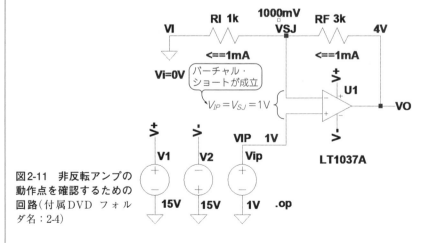

図2-11　非反転アンプの動作点を確認するための回路(付属DVD フォルダ名：2-4)

に対し，アンプ出力(V_O)が4Vですから，ゲインは4倍になっています．

図中に記入した電流の流れる方向はノード間電位差から判断できます．自信が無い場合は，ネットリストから読み取ることもできます．

▶電流の総和を求める式を立てる

キルヒホッフの第1法則によって式を立てます．

$$I_I + I_F = 0 \cdots\cdots\cdots\cdots\cdots\cdots\cdots\cdots\cdots\cdots\cdots\cdots\cdots\cdots\cdots (2\text{-}10)$$

ただし，抵抗R_Iに流れる電流$I_{Ri} = I_I$，抵抗R_Fに流れる電流$I_{Rf} = I_F$

式(2-10)において電流の総和がゼロと言うことは，I_IかI_Fどちらかの中身が負でなければなりません．このため，電流の極性についてノードSJを基準に流入するものを正，流出するものを負と機械的に考えると，次式のようになります．

$$(-I_I) + I_F = 0 \cdots\cdots\cdots\cdots\cdots\cdots\cdots\cdots\cdots\cdots\cdots\cdots\cdots (2\text{-}11)$$

▶個々の電流を求める式を立てる

次にI_IとI_Fの電流を求める式を立てます．

$$I_I = \frac{V_I - V_{SJ}}{R_I} = \frac{V_I - V_{IP}}{R_I} = \frac{0V - 1V}{1k\Omega} = -1mA \cdots\cdots\cdots\cdots\cdots\cdots (2\text{-}12)$$

$$I_F = \frac{V_O - V_{SJ}}{R_F} = \frac{V_O - V_{IP}}{R_F} = \frac{4V - 1V}{3k\Omega} = 1mA \cdots\cdots\cdots\cdots\cdots\cdots (2\text{-}13)$$

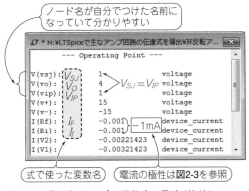

図2-12　非反転アンプの動作点一覧表（抜粋）
動作点解析（.op）の解析結果

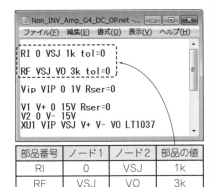

図2-13　非反転アンプのネットリスト
（抜粋）
メニューから[View]-[SPICE Netlist]と選び，作られたネットリスト・ファイルをメモ帳で開いた内容

部品番号	ノード1	ノード2	部品の値
RI	0	VSJ	1k
RF	VSJ	VO	3k

電位差についても電流の向きと同じで，SJの電位V_{SJ}を基準に式を立てます．そこで式(2-12)も同じ手法を使い両端電位差$(V_I - V_{SJ})$でR_Iを割ってI_Iを得ています．この場合，V_Iの電位の方が低いので，計算結果は負$(-1\mathrm{mA})$になります．

式(2-13)で計算したI_Fの極性が**図2-12**の動作点一覧表と異なっています．この理由は電流の向きに関する定義方法がLTSpiceと異なるためです．**図2-13**のようにノード1からノード2に向かって流れる電流を正，その逆が負となっています．電流の極性は機械的に定義しているので，現実のノード間電位差を考慮すると矛盾することもあります．

式(2-12)および式(2-13)で，途中V_{SJ}がV_{IP}に置き換わっているのは，$V_{SJ} = V_{IP}$であることを利用して式中の項の種類を減らすためです．ここでV_{IP}を選ぶ理由は，V_{IP}に対する出力V_Oの関係を表すのに必要なためとなります．項を減らす工夫は，伝達式を楽に導出するキーポイントになります．

▶電流項を等号で結び伝達式を導く

伝達式の原型をつくるため，式(2-12)と式(2-13)の右辺（電流項）を式(2-10)に代入すると，式(2-14)になります．

$$\frac{-V_{IP}}{R_I} + \frac{V_O - V_{IP}}{R_F} = 0 \cdots\cdots (2\text{-}14)$$

図2-11の通りV_Iは接地されており$0\mathrm{V}$なので，I_Iに相当する電流項からV_Iは削除しています．

式(2-14)からV_Oについての式を形成すれば，式(2-15)を導けます．

$$V_O = \frac{R_F + R_I}{R_I} V_{IP} \cdots\cdots (2\text{-}15)$$

この式(2-15)の表現が筆者の好みなのですが，専門書では次のように書かれています．

$$V_O = \left(\frac{R_F}{R_I} + \frac{R_I}{R_I}\right)V_{IP} = \left(1 + \frac{R_F}{R_I}\right)V_{IP} \cdots\cdots (2\text{-}16)$$

式(2-15)と式(2-16)を基にしたゲイン式を示します．

$$G = \frac{R_F + R_I}{R_I} \cdots\cdots (2\text{-}17)$$

$$G = 1 + \frac{R_F}{R_I} \cdots\cdots (2\text{-}18)$$

式を吟味すると両者とも抵抗値の計算はできますが，式(2-18)では元の意味が失われて，トラブルがあったときに式からの回路解析が難しくなってきます．この意味は，後述する

より複雑な回路の解析で明確になります.

■ ゲイン精度

● 抵抗比R_F/R_Iの精度＝ゲイン精度

反転アンプと同じで，R_F/R_Iで定まる抵抗比の精度（相対精度）がゲイン精度になります．ただし，式(2-18)で示されたように，抵抗比で定まるゲインに1が加わる点が反転アンプと異なっています．つまり図2-11の定数ではゲインは4倍になります．このことは，図2-14の回路で行うDC Sweep解析で図2-15のように確かめられます.

● ゲイン精度が必要なときは抵抗値を上手に選ぶ

実践面では，この「＋1」があるおかげで，10倍，100倍といったきりの良いゲインを設定しようとするとき，ゲイン設定抵抗が半端な値になり，悩みの種です．ゲイン精度が優先される場合は，計算の結果が半端な抵抗値になっても，それに沿う努力をします．できるだけ入手しやすい抵抗値になるような工夫することも一つの手です.

例えばR_Iを1kΩに設定するとR_Fは99kΩになります．E24系列にしろE96系列にしろ90kΩ台の抵抗値の刻みは大まかで，逆に100kΩ台は細かくなっています．そこでR_Iを1.1kΩにすれば，R_Fも100kΩ台となり選択肢が広がります.

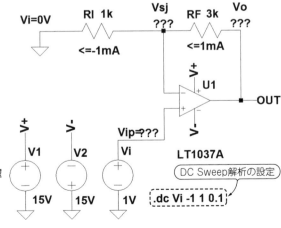

図2-14　非反転アンプのゲインを確認する回路(付属DVD　フォルダ名：2-5)
入力電圧VIを－1～1Vに変化させる

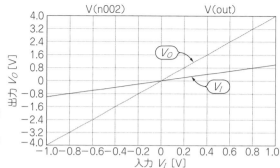

図2-15　非反転アンプのゲインを確認する回路の解析結果
入力VI＝－1～＋1Vに対して，出力VO＝－4～＋4Vなので，ゲインは＋4と確認できる

2-3── 基礎③　任意の 2 点間の電位差測定に「差動アンプ」

■ ふるまい

● 差動アンプの回路構成と特徴

　差動アンプは，両入力アンプの非反転入力側に抵抗分圧器を加えて，両方のゲインを等しくしたアンプ回路です．これによって差動アンプは，2系統の（ディファレンシャル）入力の電圧差だけを増幅し，1系統の（シングルエンド）出力を得ることができます．

　図2-16に回路構成を示します．差動アンプは4本の抵抗によって構成されるので，動作説明を行う際の部品番号はR_IやR_Fではなく，$R_1 \sim R_4$あるいは$R_A \sim R_D$と表現することが一般的です．

　差動アンプはアナログ演算回路の基本形なので，後で解説する伝達式の構成を利用して，レベル・シフト，アナログ引き算，スケーリングなど，多岐に渡った回路へ応用されます．

● 差動アンプは電源レールからはみ出した信号を扱える

　図2-17に差動アンプの回路を示します．与えた外部電圧とOPアンプ・モデルは，5V単一電源という狭い電源レールにおける回路動作を意識しており，電源レールからはみ出した信号も扱うことができることを証明しています．ただし，アンプの直接入力ピンV_{IP}およびV_{IM}が電源レール内に収まるという条件は付きます．ここでは－2.5V入力でV_{IP}およびV_{IM}は0Vに留まっており，出力V_OはV_{ref}入力と同じ2.5Vです．

　解析結果の動作点一覧を**図2-18**です．電流の向きは前述したように，電位から見るか，

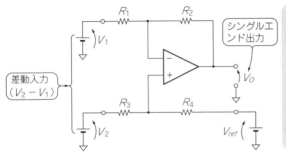

- 差動アンプは，両入力アンプの非反転入力へ抵抗分圧器(R_3, R_4)を挿入して入力(V_1, V_2)両方のゲインを（絶対値ベースで）一致させたアンプ回路
- 2系統の入力（ディファレンシャル）の差電圧だけを1系統の出力（シングルエンド）に変換できる
- この回路は実質的に3系統の入力を持つアナログ演算回路の原型で，引き算回路，レベルシフト回路，スケーリングなどの幅広い用途がある

図2-16 差動アンプの回路構成と特長
A-D コンバータの前段に置いて，直流レベルを変更しつつ信号振幅を合わせるのにも使える．覚えておきたい定番回路

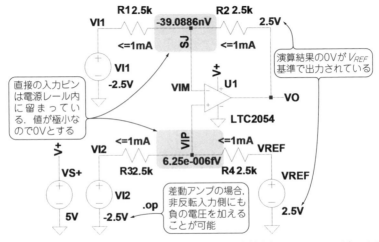

図2-17 差動アンプの動作点を確認するための回路（付属DVD フォルダ名：2-6）
両方の入力に対するゲインを等しくした差動アンプ．OPアンプは単一5V電源で動作させているが，グラウンド以下の電圧−2.5Vを両方の入力に加えている

図2-19のネットリストを確認します．

■ 手計算で入力と出力の関係式を求める

● 伝達式を導出する

　紙の上だけで伝達式を導出する場合は，差動アンプの基本動作に関する予備知識がどうしても必要です．LTspiceを利用するとその予備知識が無くても，結果データを参考にし

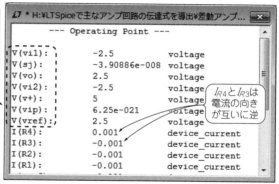

ノードにラベルをふったので、ノード電圧がラベルと一致して見やすい。明示的にノード名を表示させたい場合は、ラベルを振るのが有効

I_{R4}とI_{R3}は電流の向きが互いに逆

図2-18 差動アンプの動作点一覧表(抜粋)

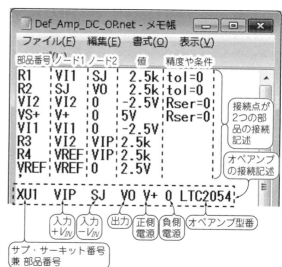

接続点が2つの部品の接続記述

オペアンプの接続記述

図2-19 差動アンプのネットリスト（抜粋）

メニューから[View]-[SPICE Netlist]と選び、作られたネットリスト・ファイルをメモ帳で開いた

入力 $+V_{IN}$
入力 $-V_{IN}$
出力
正側電源
負側電源
オペアンプ型番
サブ・サーキット番号兼 部品番号

ながらオームおよびキルヒホッフの法則を用いて伝達式を導出できます。以下は、これまで行ってきた思考ステップによって、機械的に伝達式を導出する方法です。

▶電流の総和を求める式を立てる

キルヒホッフの第1法則による式を立てます。

$$I_1 + I_2 = 0 \quad\quad\quad\quad\quad\quad\quad\quad\quad\quad\quad\quad\quad\quad\quad (2\text{-}19)$$

ただし、抵抗R_1に流れる電流$I_{R1} = I_1$、抵抗R_2に流れる電流$I_{R2} = I_2$

▶個々の電流を求める式を立てる

次にI_1とI_2の電流を求める式を立てます.

$$I_1 = \frac{V_1 - V_{SJ}}{R_1} = \frac{V_1 - V_{IP}}{R_1} \quad\cdots\cdots (2\text{-}20)$$

$$I_2 = \frac{V_O - V_{SJ}}{R_2} = \frac{V_O - V_{IP}}{R_2} \quad\cdots\cdots (2\text{-}21)$$

式(2-20)と式(2-21)の正当性を評価するため,I_3,I_4,V_{IP}の値が必要になります.V_{IP}はR_3に流れる電流I_3とR_3との積(R_3の両端電圧)にV_2を足すか,R_4に流れる電流I_4とR_4との積(R_4の両端電圧)にV_{ref}を足せば求まります.ここでは後者の方法で式を立てます.

$$I_3 = I_4 = \frac{V_2 - V_{ref}}{R_3 + R_4} \quad\cdots\cdots (2\text{-}22)$$

$$V_{IP} = I_4 R_4 + V_{ref} = \frac{(V_2 - V_{ref})R_4}{R_3 + R_4} + V_{ref}$$

$$= \frac{R_4}{R_3 + R_4}(V_2 - V_{ref}) + V_{ref} \quad\cdots\cdots (2\text{-}23)$$

V_{IP}を求める式(2-23)はこの後の式展開で重要な役割を果たすので,間違いがないか確かめます.

$$V_{IP} = \frac{2.5\,\mathrm{k\Omega}}{2.5\,\mathrm{k\Omega} + 2.5\,\mathrm{k\Omega}}\{(-2.5\mathrm{V}) - 2.5\mathrm{V}\} + 2.5\mathrm{V}$$

$$= 0.5 \times (-0.5\mathrm{V}) + 2.5\mathrm{V} = 0\mathrm{V} \quad\cdots\cdots (2\text{-}24)$$

式(2-24)の計算結果と**図2-18**の動作点一覧表のV(vip)の結果が一致したので,間違いないようです.これを基に,式(2-20)と式(2-21)も確かめてみます.

$$I_1 = \frac{V_1 - V_{IP}}{R_1} = \frac{-2.5\mathrm{V} - 0\mathrm{V}}{2.5\mathrm{k\Omega}} = -1[\mathrm{mA}] \quad\cdots\cdots (2\text{-}25)$$

$$I_2 = \frac{V_O - V_{IP}}{R_2} = \frac{2.5\mathrm{V} - 0\mathrm{V}}{2.5\mathrm{k\Omega}} = 1[\mathrm{mA}] \quad\cdots\cdots (2\text{-}26)$$

式(2-19)において電流の総和がゼロと言うことは,I_1かI_2,どちらかが負でなければなりません.式(2-25),式(2-26)で,このことが証明されました.

▶電流の向きを調べる

式(2-25)の結果は負ですが,**図2-18**の動作点一覧表で電流I_2に相当するI_{R2}の極性が異なっているのは,電流極性に対する両者の定義方法との違いです.ここでは$V_{SJ}(= V_{IP})$が

基準となる計算式を立てていますが，図2-19のようにネットリスト上のノード1からノード2に流れる電流を正，その逆を負として定義しています．そして，ノード1側には外部起電力の接続点を優先的に割り振るので，外部起電力（ここではV_1とV_2）が負の場合は現実の電位と電流の極性が一致しなくなります．従って，動作点一覧表により電流の絶対値を知り，ネットリストからはその向きを知るようにしてください．

▶電流項を等号で結び伝達式を導く

ここで言う電流項とは計算結果が電流値になる式で，式(2-20)と式(2-21)がそれにあたります．これを式(2-19)に代入すると式(2-27)で表せます．

$$\frac{V_1 - V_{IP}}{R_1} + \frac{V_O - V_{IP}}{R_2} = 0 \quad\cdots\cdots\cdots\cdots\cdots\cdots\cdots\cdots\cdots\cdots\cdots\cdots (2\text{-}27)$$

式(2-27)をV_Oについての式に変形すれば，式(2-28)が導けます．

$$V_O = \frac{-R_2}{R_1}(V_1 - V_{IP}) + V_{IP} \quad\cdots\cdots\cdots\cdots\cdots\cdots\cdots\cdots\cdots\cdots\cdots (2\text{-}28)$$

式(2-28)へ変形するときの注意点は，分数式の前にマイナス記号を付けて分数全体を負として扱わないことで，負として扱うのはR_2だけに限定します．そうしないとつじつま合わなくなり後で困ります．

左辺がV_Oだけになったので，図2-17の定数と電圧を代入して確認してみましょう．

$$V_O = \frac{-2.5\,\text{k}\Omega}{2.5\,\text{k}\Omega}(-2.5\text{V} - 0\text{V}) + 0\text{V}$$

$$= (-1) \times (-2.5\text{V}) = 2.5\text{V} \quad\cdots\cdots\cdots\cdots\cdots\cdots\cdots\cdots\cdots (2\text{-}29)$$

$V_O = 2.5$Vとなり，図2-17，図2-18の結果と一致します．

これで差動アンプの伝達式の原型はできたのですが，式の中にV_{IP}がまだ2つあり，不自然なのでこれを1つにする操作をします．

式(2-28)を変形していくと，式(2-30)で表せます．

$$V_O = \frac{R_1 + R_2}{R_1} V_{IP} - \frac{R_2}{R_1} V_1 \quad\cdots\cdots\cdots\cdots\cdots\cdots\cdots\cdots\cdots (2\text{-}30)$$

式(2-30)の構成を見ると，右辺の左側が非反転アンプ，右側が反転アンプの伝達式になりました．式全体を分数にしたり2つに割ったり戻しながら，同じ種類の変数を寄せ集めてきた結果です．

ここで，式(2-23)（V_{IP}の電圧項）を式(2-30)に代入すると，最終形の式が求まります．

$$V_O = \frac{R_1 + R_2}{R_1} \times \left\{ \frac{R_4}{R_3 + R_4} (V_2 - V_{ref}) + V_{ref} \right\} - \frac{R_2}{R_1} V_1 \cdots\cdots\cdots\cdots (2\text{-}31)$$

整理すると次式のようになります.

$$V_O = \frac{R_4(R_1 + R_2)}{R_1(R_3 + R_4)} (V_2 - V_{ref}) + \frac{R_1 + R_2}{R_1} V_{ref} - \frac{R_2}{R_1} V_1 \cdots\cdots\cdots (2\text{-}32)$$

$R_1 = R_3$, $R_2 = R_4$ なので, 変数 R_3 を R_1 に, R_4 を R_2 に置き換えて変数の種類を減らします.

$$V_O = \frac{R_2(R_1 + R_2)}{R_1(R_1 + R_2)} (V_2 - V_{ref}) + \frac{R_1 + R_2}{R_1} V_{ref} - \frac{R_2}{R_1} V_1 \cdots\cdots\cdots (2\text{-}33)$$

すると, 教科書などにある差動アンプの伝達式が導出できます.

$$V_O = \frac{R_2}{R_1} (V_2 - V_1) + V_{ref} \cdots\cdots\cdots\cdots\cdots\cdots\cdots\cdots (2\text{-}34)$$

■ シミュレータで入出力の関係式を確認

● 入力と出力の関係を確認する

式(2-34)を吟味すると, 入力 V_2 と V_1 の差 $(V_2 - V_1)$ を抵抗比 R_2/R_1 で増幅し, V_{ref} の値を加算した出力 V_O が得られることが分かります. つまり $+ V_{ref}$ の項に直流電圧を加えると, その分だけオフセットした出力が得られるので, この回路がレベル・シフトできることを示しています.

この動作を図2-20の回路でDC解析によって確認すると, 図2-21のようになります. 図2-21は V_1 を -2.5V に固定して, V_2 を -2.5V から -0.5V まで振っています. V_1 と V_2 が共に -2.5V のとき差電圧は0Vなので出力 V_O は $+ V_{ref}$ の値(2.5V)そのままです. V_2 が -0.5V のとき差電圧は2Vなので, 2V + 2.5Vで4.5Vになります.

● 差動アンプはノイズの影響を受けにくい

$+ V_{ref}$ の項によるレベル・シフト能力の他に, 増幅する信号は電位差分 $(V_2 - V_1)$ だけなのも, うれしい特性です.

例えば図2-22のように, ノーマル・モード10Hzの正弦波 $(V_1 - V_2)$ にコモン・モードの50Hzのハム・ノイズを加えても, 出力 V_O にはハム・ノイズが反映されません. 図2-23のように正弦波だけの成分になります.

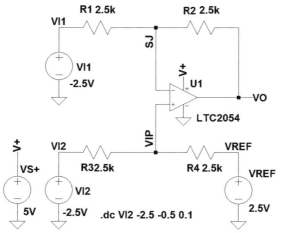

図2-20　差動アンプのゲインを確認する回路(付属DVD
フォルダ名：2-7)
入力電圧 V_2 を－2.5 ～－0.5V まで変化させる

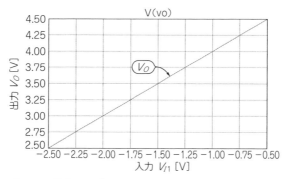

図2-21　差動アンプのゲインを確認する回路の解析結果
$V_2 = V_1$ のとき差分は0Vなので $V_o = 2.5$V. 2つの入力 V_2 と V_1
の差分が V_{ref} 基準で出力されていると読み取れる

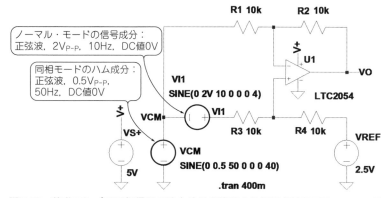

図2-22 差動アンプで同相信号の除去効果を確認する回路(付属DVD フォルダ名:2-8)
同相に50Hzを入力，グラウンド基準に10Hzを入力

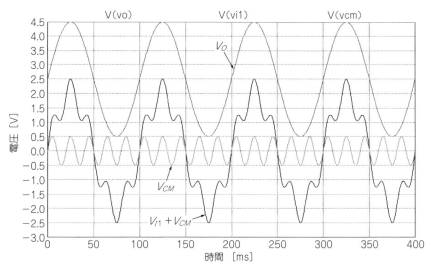

図2-23 差動アンプで同相信号の除去効果を確認する回路の解析結果
出力には，グラウンド基準の10Hzの信号しか現れない．同相信号の50Hzが確かに除去されている

良い差動アンプほど同相信号を増幅しない! 同相モード・ゲインの計算式

● 同相モード除去比は大きいほどいい

　2系統の入力を持つアンプ回路では，ゲイン定義として，2つの入力が等しくない場合($V_2 \neq V_1$)と等しい場合($V_2 = V_1$)の2通りがあります．前者を差動モード・ゲイン(G_Dとする)，後者を同相モード・ゲイン(G_Cとする)と呼びます．そして，G_DとG_Cの比を同相モード除去比(Common-Mode Rejection Ratio：$CMRR$)と呼びます．

$$CMRR = \frac{G_D}{G_C} \quad\text{\dotfill (2-A)}$$

　差動アンプの使命は，同相モード電圧(2入力の平均値)を除去して，差電圧だけを増幅しシングルエンドで出力することですから，$CMRR$は限りなく大きいことが望まれます．

　差動ゲインG_Dは式(2-34)の伝達式から電圧項を削除するだけです．

$$G_D = \frac{R_2}{R_1} \quad\text{\dotfill (2-B)}$$

　式(2-32)において$V_{ref} = 0$Vとすれば

あくまでも2つの入力($V_2 - V_1$)の関連式なので$V_{ref} = 0$Vとして無視できます．式(2-B)からは，ゲイン精度は抵抗比R_2/R_1の相対精度に依存します．

● 同相モード・ゲインを導出する

　次に同相モード・ゲインを導出してみましょう．式(2-32)においてV_{ref}を0Vとした式からスタートします．

$$V_O = \frac{R_4(R_1 + R_2)}{R_1(R_3 + R_4)} V_2 - \frac{R_2}{R_1} V_1 \quad\text{\dotfill (2-C)}$$

　$V_1 = V_2 = V_{CM}$とすれば

同相モード電圧だけの状態では$V_2 = V_1$なので，これをV_{CM}として式(2-C)に代入すると式(2-D)のように表せます．

$$V_O = \left\{ \frac{R_4(R_1 + R_2)}{R_1(R_3 + R_4)} - \frac{R_2}{R_1} \right\} V_{CM} \quad\text{\dotfill (2-D)}$$

整理すると，次のようになります．

$$V_O = \frac{R_1 R_4 - R_2 R_3}{R_1(R_3 + R_4)} V_{CM} \quad\text{\dotfill (2-E)}$$

そして電圧項V_{CM}を削除すれば同相モードにおけるゲイン式となります．

$$G_C = \frac{R_1 R_4 - R_2 R_3}{R_1(R_3 + R_4)} \quad\cdots\cdots\cdots\cdots\cdots\cdots\cdots\cdots\cdots\cdots\cdots\cdots\cdots\cdots\cdots \text{(2-F)}$$

● CMRR を求める式

▶手計算で求める

$CMRR$ の式(2-A)に，G_D の式(2-B)と G_C の式(2-F)を代入して，$CMRR$ を大きくするための条件をみてみましょう．ただし，差動ゲインを1として条件を緩和し，評価しやすいように式を単純化します．

$$CMRR = \frac{1}{G_C} = \frac{R_1(R_3 + R_4)}{R_1 R_4 - R_2 R_3} \quad\cdots\cdots\cdots\cdots\cdots\cdots\cdots\cdots\cdots\cdots\cdots \text{(2-G)}$$

式(2-G)から，対角線上に配置された抵抗ペア，つまり R_1 と R_4，および R_2 と R_3 の積が互いに等しくなったときに $CMRR$ は無限大になります．

回路を見ただけで，4本の抵抗バランスが $CMRR$ に直接影響してくることは察しがつきますが，対角線上の積の関係を見破るには，やはり伝達式やゲイン式を導出する力が必要です．

▶シミュレーションで確認

DC解析により式(2-G)の正当性を確認してみましょう．**図2-22**から，$R_1 R_4 = R_2 R_3$ となるように定数を変更し，$R_1 = 9.8\,\text{k}\Omega$，$R_4 = 10.204082\,\text{k}\Omega$，$R_3 = 10.2\,\text{k}\Omega$，$R_3 = 9.803922\,\text{k}\Omega$ としてみます．回路図を**図2-E**に示します．少数点以下6けたまで合わせ込んでいるので，約120dB程度の $CMRR$ が確保できるはずです．

結果のグラフを**図2-F**に示します．グラフは V_{ref} 基準で見たアンプ出力なので，V_O はほぼ0Vになります．

図2-E 抵抗のバランスを崩して同相信号の除去能力を確認する回路(付属DVD フォルダ名：2-9)
$R_1 \times R_4 = R_2 \times R_3$ ならば抵抗値が等しくなくても同相信号の除去性能が落ちないことを確認

結果があまりに良すぎて嘘っぽい気すらします。実際の回路はこんなに良い結果は出ません。LTC2054のマクロ・モデルに同相モード除去($CMRR$)の誤差メカニズムが組み込まれていないため、抵抗値だけが影響して、このような結果になったのでしょう。いずれにせよ、式(2-G)の正当性は証明されました。

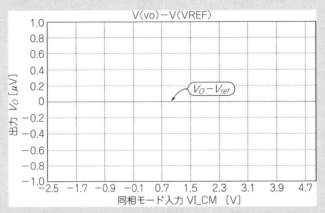

図2-F　抵抗のバランスを崩して同相信号の除去能力を確認する回路の解析結果
同相電圧を−2.5〜5.0Vまで変化させたが、出力はまったく変化していない。同相信号は完全に除去されている

2-4── 基礎④　差動の高性能版「計装アンプ」

■ ふるまい

● 計装アンプの回路構成と特徴

計装アンプ(計測アンプとも呼ばれる)は、"V"オーダの大きな同相モード電圧の上に重畳した"μV"オーダの微弱な差動信号を増幅するために考案されたアンプ回路です。信号の発生源としては、ロードセル、圧力センサなどが挙げられますが、こうしたセンサは抵抗性出力が主流です。

● 性質

差動アンプの$CMRR$[Column(2-Ⅲ)参照]は、ひたすら図2-16で示した4本の抵抗R_1〜

R_4の絶妙なバランスの上に成り立っており，入力インピーダンスもこれらの抵抗値に支配されます．つまり，差動アンプの低い入力インピーダンスはセンサ出力に対する挿入ロスとなり，センサの出力抵抗にミス・マッチがあれば，それが差動アンプの$CMRR$を悪化させる要因になるということです．これは見過ごせないデメリットです．

　計装アンプは，差動アンプの前段にゲイン設定抵抗R_Gを共用する非反転アンプのペア（ここでは「変形型非反転アンプ・ペア」と呼ぶ）を取り付けた，OPアンプを3つ使う回路です（**図2-24**）．

　変形型非反転アンプ・ペアの持つ高入力インピーダンスでかつ低出力インピーダンス特性は，センサの出力抵抗成分と差動アンプの構成抵抗を分離し，センサの出力抵抗によらず差動アンプの$CMRR$を保ちます．

　ゲインを決定する抵抗R_Gが上下のOPアンプ（U_1とU_2）で共用されているため，この1本のゲイン設定抵抗R_Gの値を変えるだけでゲインの変更が可能です．また，2段アンプ構成なので，1000倍以上の増幅率を得ることが無理なく可能です．

● ふるまい

　回路が複雑になってくると，全体の動きを一度で把握することは困難なので，回路を分割して前段だけの解析をまず行います．

　伝達式を導出するための解析は，広範囲なノード電圧・電流の定量的な値が取得できる.op解析が向いています．**図2-25**，**図2-26**に回路図と結果を示します．前述した方法と同じように電圧，電流の値と向きを，動作点一覧表から確認できます．

■ シミュレータで入出力の関係式を確認

● 回路の動作を確認

　まずは図2-27のように各部のノード電圧を詳細に読み取ります．このとき点では，未だ回路の動作を意識する必要はありません．機械的に電位の分布を読み取るだけでOKです．ぱっと見で分かることは，バーチャル・ショートによりV_{I1}とV_{SJ1}，V_{I2}とV_{SJ2}が等しいという点です．

　次に，抵抗に流れる電流と方向を見てみましょう．ここでは，共有抵抗のR_Gに着目してみます．R_Gの両端電位差は1Vですからから1mA，方向はV_{SJ2}からV_{SJ1}へ向かって流れ込んでいます．この結果，U_1はR_{F1}を介して，R_Gからの1mAを吸い取るため，出力電圧V_{O1}はV_{SJ1}の電位2Vよりも3V低い−1Vになっています．一方，U_2の出力電圧V_{O2}ですが，

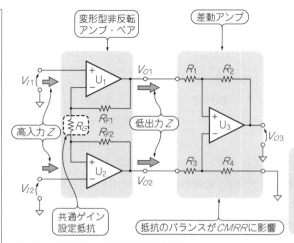

図2-24　計装アンプの回路構成と特長
信号源に影響しにくい，信号源から影響を受けにくい，使いやすい差動アンプ

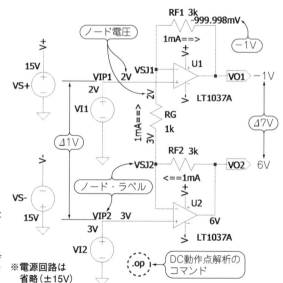

図2-25　前段の動作点を確認するための回路（付属DVD フォルダ名：2-10）
変形型非反転アンプ・ペアに別々の信号（2Vと3V）を加えて，各ノードの電圧を表示させた

こちらはR_{F2}を介してR_Gへ1mAを供給するため，V_{SJ2}の電位3Vよりも3V高い +6V になっています．

以上のことを読み解くことでR_Gに流れる電流はその両端の電位差，つまりV_{I1}とV_{I2}の

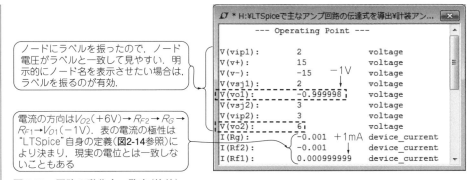

ノードにラベルを振ったので、ノード電圧がラベルと一致して見やすい。明示的にノード名を表示させたい場合は、ラベルを振るのが有効。

電流の方向はV_{O2}（＋6V）→ R_{F2} → R_G → R_{F1} → V_{O1}（－1V）。表の電流の極性は"LTSpice"自身の定義（**図2-14**参照）により決まり、現実の電位とは一致しないこともある

図2-26 回路の動作点一覧表（抜粋）

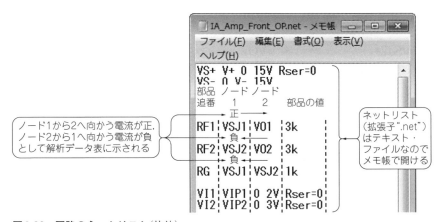

ノード1から2へ向かう電流が正。ノード2から1へ向かう電流が負として解析データ表に示される

ネットリスト（拡張子".net"）はテキスト・ファイルなのでメモ帳で開ける

図2-26 回路のネットリスト（抜粋）

差電圧できまり、2つのOPアンプ出力は共有抵抗R_Gの存在によって、プッシュプルの関係を形作っていることが分かりました。動作点一覧表とネットリストを目で追いながら、今までのことを確認してみてください。

● 測定結果から伝達式を導出する

U_1とU_2がR_Gを共有することで、互いに動作が干渉しあい、どのような伝達式を立てるか判断に迷うところです。このようなときは、U_1かU_2のどちらか一方を中心に行う分かりやすくなります。ここではU_1を中心に置きます。

U_1への直接的な入力信号は非反転入力のためV_{I1}です。U_2を経由した間接的な信号は

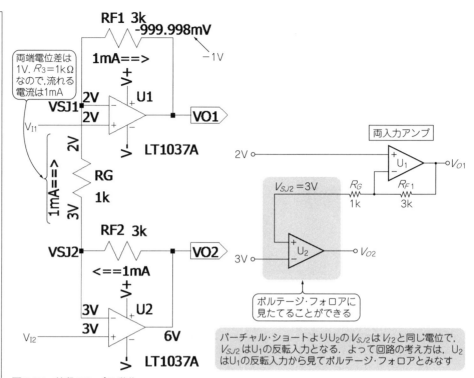

図2-27 前段アンプの動作
U_1を主として考えたときはU_2は基準電圧を作っているだけだとみてよい

反転入力のためV_{I2}です．このときU_1を構成する反転入力側の回路範囲をどこで線引きするかがポイントです．これはR_Gを抜けたU_2のサミング・ジャンクションV_{SJ2}までとします．つまりノードV_{SJ2}の電位(3V)が，U_1の反転入力への信号となります．

U_1から見たU_2の扱いは，U_2の両入力がバーチャル・ショートによって$V_{I2} = V_{SJ2}$になっているので，**図2-27**の右回路のように，U_1の反転入力に対するボルテージ・フォロワと見立てることができます．

このように見ると，U_1の回路構成は両入力アンプとなっています．

● 両入力アンプの簡易伝達式

両入力アンプでどちらかを接地した場合は，反転アンプあるいは非反転アンプとなります．どちらの伝達式の導出方法も既に述べました[反転アンプの式(2-1)，非反転アンプの

式(2-16)].

　ここで2つの式を見ると，それぞれの入力が互いに抑制しあって出力V_Oに反映されることが推測できます．これらの式を合成して，両入力アンプの伝達式を導出してみましょう．

　とりあえず両者を1つの式にまとめると，両入力アンプの簡易伝達式を導くことができます．

$$V_O = \left(1 + \frac{R_F}{R_I}\right)V_{IP} - \frac{R_2}{R_1}V_1 \cdots\cdots\cdots (2\text{-}35)$$

整理して，次のような簡易伝達式となります．

$$V_O = \frac{R_F}{R_I}(V_{IP} - V_1) + V_{IP} \cdots\cdots\cdots (2\text{-}36)$$

　式(2-36)を，U_1とU_2の個別伝達式として採用できます．

$$V_{O1} = \frac{R_{F1}}{R_G}(V_{I1} - V_{I2}) + V_{I1} \cdots\cdots\cdots (2\text{-}37)$$

$$V_{O1} = \frac{R_{F2}}{R_G}(V_{I2} - V_{I1}) + V_{I2} \cdots\cdots\cdots (2\text{-}38)$$

　非反転型アンプ・ペアの出力はU_1とU_2の出力V_{O1}とV_{O2}との差電圧（ここではV_{OD}とする）なので，次の減算式を立てます．

$$V_{OD} = V_{O2} - V_{O1} \cdots\cdots\cdots (2\text{-}39)$$

　減算式で2つの出力の順番が$V_{O2} - V_{O1}$となるのは，後段差動アンプとの接続に関係し，V_{O2}が非反転，V_{O1}が反転入力に接続されるためです．

　式(2-39)に式(2-37)と式(2-38)を代入して整理すると，次のようになります．

$$V_{OD} = \frac{R_{F2}V_{I2} - R_{F2}V_{I1} + R_G V_{I2} - R_{F1}V_{I1} + R_{F1}V_{I2} - R_G V_{I1}}{R_G} \cdots\cdots\cdots (2\text{-}40)$$

　R_{F1}とR_{F2}は同じ値なので，$R_{F1} = R_{F2} = R_F$として式(2-40)に代入すると次式を導けます．

$$V_{OD} = \left(1 + \frac{2R_F}{R_I}\right)(V_{I2} - V_{I1}) \cdots\cdots\cdots (2\text{-}41)$$

　こうして求まった変形型非反転アンプ・ペアの式に，差動アンプの伝達式を追加すれば，計装アンプの総合伝達関数になります．

　差動アンプの伝達式は式(2-34)から以下のように置けます．

$$V_{O3} = \frac{R_2}{R_1}(V_{O2} - V_{O1}) + V_{ref} \cdots\cdots\cdots (2\text{-}42)$$

式(2-42)の入力$(V_{O2} - V_{O1})$はV_{OD}そのものなので，変形型非反転アンプ・ペアの伝達式(2-41)を代入すれば計装アンプの伝達式になります．

$$V_{O3} = \frac{R_2}{R_1}\left(1 + \frac{2R_F}{R_I}\right)(V_{I2} - V_{I1}) + V_{ref} \cdots\cdots\cdots\cdots\cdots\cdots\cdots\cdots\cdots (2\text{-}43)$$

● 計装アンプの伝達式を確認する

図2-28のような回路で動作点を確認して，式(2-43)の正当性を確かめて見ましょう．

$$V_{O3} = \frac{2.5\text{k}\,\Omega}{2.5\text{k}\,\Omega} \times \left(1 + \frac{2 \times 3\text{k}\,\Omega}{R_I}\right) \times (3\text{V} - 2\text{V}) + 0\text{V} = 7\text{V} \cdots\cdots\cdots\cdots\cdots (2\text{-}44)$$

式(2-44)による計算結果は，図2-28中にある解析結果，V_{O3}の値と一致しています．これで，計装アンプの伝達式，式(2-44)の正当性が証明されました．

● 汎用計装アンプICで差動アンプ部のゲインが1の製品はR_Gだけでゲインを設定できる

計装アンプとしてIC化され市販されている製品のうち，差動アンプ部のゲインが1の製品は，式(2-41)を伝達式としてカタログに記載しています．差動アンプ部のゲインを1とするのは汎用性を待たせるためです．汎用計装アンプICではR_Gを外付けにしており，差動アンプ部のゲインを1にすることで，R_Gを装着しない状態（総合ゲイン1）からR_Gを小さい値にして1000倍を超すゲインまで，R_Gだけで設定可能になります．

● 計装アンプの$CMRR$は前段回路の抵抗ばらつきの影響を受けない

後段の差動アンプに関する伝達式の考察は既に行っているので，ここでは前段の変形非反転アンプ・ペアの伝達式に焦点を当てて読み解きます．

式(2-41)を表面的に眺めると，2つの入力電圧の差分$(V_2 - V_1)$を$2R_F/R_G$倍して＋1としたものがV_{OD}として出力されると読めます．少し深読みすると興味深い内容になります．

2系統の入力を持つアンプ回路の場合は，ゲインの定義が，2つの入力が等しくない場合と等しい場合とで2通りあり，前者を差動モード・ゲイン(G_D)，後者を同相モード・ゲイン(G_C)と呼びます．

そこで，式(2-41)から抵抗比だけを抽出してゲイン式を立ててみましょう．分子は明確な考察ができるように，R_{F1}とR_{F2}に戻してあります．

$$G_D = G_C = \left(1 + \frac{R_{F1}R_{F2}}{R_G}\right) \cdots\cdots\cdots\cdots\cdots\cdots\cdots\cdots\cdots\cdots\cdots\cdots\cdots (2\text{-}45)$$

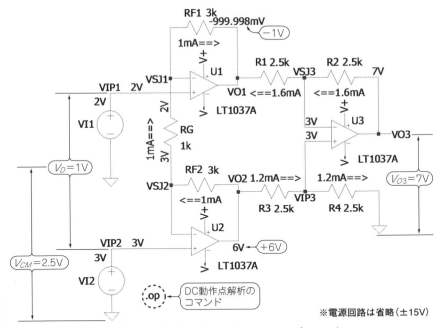

図2-28　計装アンプの動作点を確認する（付属DVD　フォルダ名：2-11）
前段アンプからの差動出力（$V_{o2}=+6$V と $V_{o1}=-1$V）が後段の差動アンプによってシングルエンド
出力に変換されている

この式が意味するところは，G_D, G_C どちらのゲインも同じだということです．言い換えると，式(2-41)において，$V_2 \neq V_1$ でも $V_2 = V_1$ でも，右辺左側の抵抗比（ゲイン定数）に変化はないということです．さらに式(2-45)の分子の構成を注目すると，R_{F1} と R_{F2} のアンバランスが G_C には影響しないということが見えてきます．$CMRR$ の定義は G_D と G_C の比（G_D/G_C）ですから，計測アンプの命である $CMRR$ が R_{F1} と R_{F2} のばらつきに影響されないということです．$CMRR$ の良し悪しが命の計装アンプにとって，これは大きな優位点です．

● 伝達式の導出によって回路の深い動作が分かる

$CMRR$ が R_{F1}, R_{F2} のばらつきに左右されないことを確認してみましょう．わざと R_{F1} を 3.3k Ω，R_{F2} を 2.7k Ω と違う値にしたのが**図2-29**です．DC解析により同相モード入力電圧 $V_{\mathrm{L}}\_\mathrm{COM}$ を -5V $\sim +5$V（横軸）に振った結果を**図2-30**に示します．縦軸 ± 1mV のレンジで見る限り，V_{O3} は横一直線のまま変化してないことが分かります．

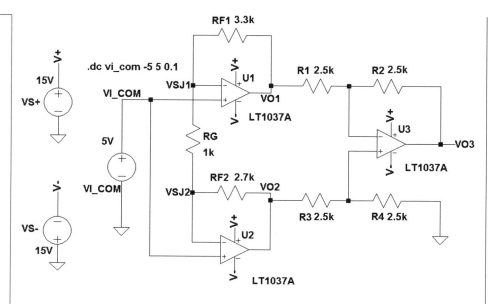

図2-29　R_1とR_2のバランスが崩れた計装アンプ（付属DVD　フォルダ名：2-12）
同相モード入力電圧V_I_COMを電位を−5Vから＋5Vまで振る

　回路を見ただけでは，R_{F1}とR_{F2}のバランスが$CMRR$に直接影響してくるように思える
かも知れません．これは，伝達式の導出によって回路の深い動きが分かる好例といえます．
　なぜR_{F1}とR_{F2}のバランスが$CMRR$に影響してこないのか，別の角度からも確認してみ
ます．動作点を解析したのが**図2-31**です．**図2-31**の結果を見ると，$V_{I2} = V_{I1}$の入力条件
ではOPアンプのU$_1$とU$_2$の3端子のすべてが同電位となり，R_{F1}，R_G，R_{F2}のいずれにも電
流が流れていません（厳密にはOPアンプの入力バイアス電流だけ流れる）．
　電流が0mAなので，抵抗値の値に関係なく抵抗両端の電位差は0Vのままとなり，R_{F1}
とR_{F2}のアンバランスが許容できます．　　　　　　　　　　　　　　　　　〈中村 黄三〉

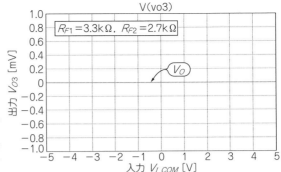

図2-30 R_1とR_2のバランスが崩れた計装アンプの入出力特性
同相入力があっても，差動アンプ出力V_{o3}は0Vのまま変化なし．同相信号はしっかり除去される

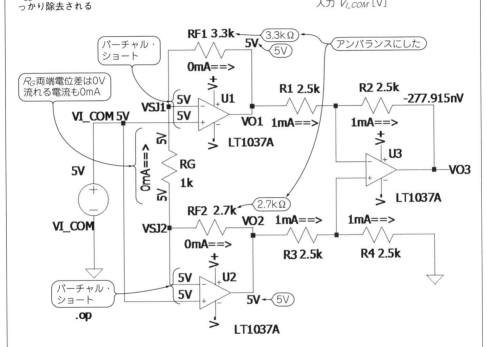

図2-31 R_{F1}とR_{F2}のバランスが崩れた計装アンプの動作点（付属DVD フォルダ名：2-13）
R_{F1}とR_{F2}の抵抗値が一致していなくても，同相信号除去能力には影響しないことは動作点からわかる．抵抗に電流が流れないので電圧のアンバランスが発生しない

第3章

しくみをディスクリート回路で完全理解
トランジスタで解析！
OPアンプのふるまい

　現在は，さまざまなOPアンプICが販売されています．負帰還をかけたOPアンプでは，下記2点のいやらしいトラブルがあります．

　（1）オフセット電圧

　（2）発振

　OPアンプICはブラック・ボックスとなっており，外付け部品でやみくもに対策を行い，真の原因が迷宮入りしてしまうことも，少なくないのではないでしょうか．

　ここでは，ディスクリートのトランジスタを使ってOPアンプを作り，オフセットと発振のメカニズムを解説します．対策方法を身に付け，アナログ・センスをアップしましょう．　　　　　　　　　　　　　　　　　　　　　　　　　　　　　　　　　〈編集部〉

3-1── ディスクリートの OP アンプで解析

● OPアンプはブラック・ボックス…ディスクリート回路で原因を徹底解明

　リニア・アンプの実現には，OPアンプICを使うことが代表的です．IC内部の定数の誤差などは，負帰還によって理想とみなせるレベルまで抑制されるため，ICの外側から見た応用回路全体の特性は，ほとんど計算通りになります．

　入力オフセット電圧は負帰還によって改善不可能な問題です．また負帰還の安定性を保ち，いかに発振させないかが，理想的な動作の前提条件となります．

　これら2点の大部分は，IC内部の回路特性で決まります．

　適当なOPアンプICが存在しない場合は，ディスクリートで同様な回路を構成することもあります．その場合，ICと同様な設計作業が必要です．

　ここではOPアンプと同じ回路構成の簡単なディスクリートOPアンプを例に，入力オフセット電圧と負帰還の安定性を解析し，その原因解明と対策をしてみます．

● OPアンプICの回路をディスクリートに置き換える

電源電圧±5Vで50Ωの信号ラインなど重めの負荷に対し，$1V_{RMS}(\fallingdotseq 2.8V_{P-P})$程度の信号を扱えるようなアンプを製作してみます.

回路設計は既存の回路例をひな形として，定数を置き換えるところから始めると簡単です.

汎用リニア・アンプのひな形として，もっとも現実的なのはOPアンプICの等価回路だと思います. 半導体のばらつきと温度特性に由来する調整要素を素子の相対的なバランスと負帰還によって解消してくれるからです.

基本要素をまとめて簡素化すると**図3-1**のようになります. これはトランジスタを3石使って**図3-2**のような回路で実現できます. 多少複雑に見えますが，都合4本の抵抗値を決めればとりあえず動作します.

R_{C2}とR_{E2}は適当な抵抗$1\,k\Omega$, $100\,\Omega$を使い，そこから決まるV_{B2}を算出します. R_{C1}とI_{EE}は，I_{C1a}を1mAとして算出しています. トランジスタのV_{BE}は品種によらず0.7Vと仮定し，h_{FE}を十分大きいものとしてI_Bを無視しています. 電源電圧はレギュレータで正確な電圧を供給することを前提としています.

● 直流バイアスをシミュレーションする

図3-2の回路で信号を入力しない時の各部の電圧，電流が直流バイアスです. 設計目標として$V_{OUT}=0V$を目指します.

ここでシミュレータの出番です. トランジスタにはLTspiceの標準モデル・ライブラリ

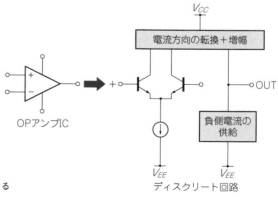

図3-1　OPアンプIC内の基本回路
OPアンプICをディスクリートに置き換える

にある2N3904（NPN）と2N3906（PNP）を使います. 実物も通販などで容易に入手できます.

電圧源で電圧を設定し，Simulate > Edit Simulation CmdのダイアログでDC op pntのタブを選択，下部のエディット・ボックスに.opコマンドが表示されているのを確認してOKを押します. マウス・カーソルにコマンドが連動してくるので，回路図上の所望の箇所に置きます. ここでSimulate > Runを押すと直流バイアス結果が一覧表示されます. 直流バイアス点を確認するための回路とその結果を**図3-3**に示します. 手計算でV_{OUT} = 0Vのはずがが$V(VOUT)$ = − 0.237071Vとなりました. シミュレータも手計算と同じように近似計算ですが, 手計算の方がはるかに大まかな概算のため, このような違いが生じます.

● **ディスクリートOPアンプのR_2を変更する**

1.2 kΩの抵抗器が手元になかったのでR_2を手元にあった2.2 kΩに変更しました. この状態でバイアスをシミュレーションするとV_{OUT} ≒ 4Vとなりプラス電源側に張り付いてしまいました.

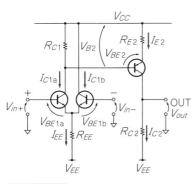

$V_{BE1a} = V_{BE1b}$

すべてのトランジスタのh_{FE} が十分大きいとし，ベース電流を0Aと見なす

$V_{in+} = V_{in-} = 0$Vのとき$V_{out} = 0$Vとするには,

$$R_{C2} = \frac{V_{EE}}{I_{C2}}, \quad R_{E2} = \frac{V_{B2} - V_{BE2}}{I_{E2}} = \frac{V_{B2} - V_{BE2}}{I_{C2}}$$

$$R_{C1} = \frac{V_{B2}}{I_{C1a}}, \quad R_{EE} = \frac{V_{EE} - V_{BE1a}}{I_{EE}} = \frac{V_{EE} - V_{BE1a}}{2I_{C1a}}$$

いくつかの定数を既知として与え，残りを算出する

例）V_{CC} = +5V, V_{EE} = −5V, $V_{VB1a} = V_{BE1b} = V_{BE2}$ ≒ 0.7V
R_{C2} = 1kΩ, R_{E2} = 100Ωのとき

$$I_{E2} = I_{C2} = \frac{|V_{EE}|}{R_{C2}} = \frac{5V}{1k\Omega} = 5mA$$

$$V_{B2} = V_{BE2} + R_{E2} I_{E2}$$
$$= 0.7V + 100\Omega \times 5mA = 1.2V$$

I_{C1a} = 1mAとすると

$$R_{C1} = \frac{V_{B2}}{I_{C1a}} = \frac{1.2V}{1mA} = 1.2k\Omega$$

$I_{C1a} = I_{C1b} = \frac{1}{2} I_{EE}$より

I_{EE} = 2mA
$$R_{EE} = \frac{(-V_{EE}) - V_{BE1a}}{I_{EE}} = \frac{5V - 0.7V}{2mA} = 2.15k\Omega$$

図3-2　3石のディスクリートOPアンプ

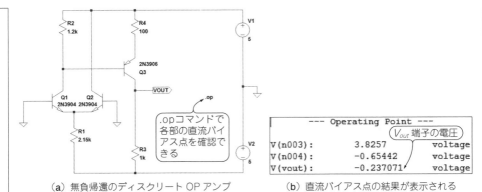

--- Operating Point ---

V(n003):	3.8257	voltage
V(n004):	-0.65442	voltage
V(vout):	-0.237071	voltage

V_{out}端子の電圧

(a) 無負帰還のディスクリートOPアンプ　　　(b) 直流バイアス点の結果が表示される

図3-3　LTspiceでディスクリートOPアンプの直流バイアス点を素早く計算できる(付属DVD フォルダ名：3-1)

● **負帰還をかける**

　出力のオフセット電圧は負帰還によって改善する可能性があります．R_2を変更した回路では2.2kΩと理論値を逸脱した定数に問題がありますが，実際のOPアンプICのように正常な定数でも負帰還なしでは動作が決まらない回路もあります．完成時に2倍（＋6dB）のゲインで使うことにして，出力電圧の半分（50％）の負帰還をかけてみました．負帰還をかけた回路と直流バイアス点の結果を**図3-4**に示します．C_1はいわゆる位相補償で暫定値です．

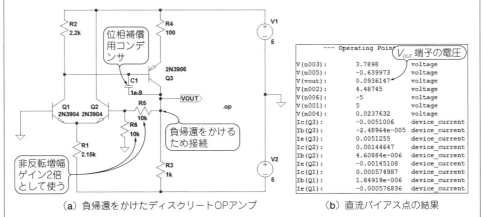

--- Operating Point ---

V(n003):	3.7898	voltage
V(n005):	-0.639973	voltage
V(vout):	0.0936147	voltage
V(n002):	4.48745	voltage
V(n006):	-5	voltage
V(n001):	5	voltage
V(n004):	0.0237632	voltage
Ic(Q3):	-0.0051006	device_current
Ib(Q3):	-2.48964e-005	device_current
Ie(Q3):	0.0051255	device_current
Ic(Q2):	0.00144647	device_current
Ib(Q2):	4.60884e-006	device_current
Ie(Q2):	-0.00145108	device_current
Ic(Q1):	0.000574987	device_current
Ib(Q1):	1.84919e-006	device_current
Ie(Q1):	-0.000576836	device_current

V_{out}端子の電圧

(a) 負帰還をかけたディスクリートOPアンプ　　　(b) 直流バイアス点の結果

図3-4　負帰還をかけた状態で確認する(付属DVD フォルダ名：3-2)
$R_2＝1.2$kΩ時[図3-3(a)]に手計算で求めた最適条件の無負帰還時よりV_{out}端子の電圧が小さくなる

バイアスをシミュレーションすると $V_{OUT} \fallingdotseq 0.094\text{V}$ となり，R_2 変更前に手計算で求めた最適条件の無帰還時より小さくなっています．

なお，位相補償の容量が小さいと収束の問題によりシミュレーションが止まることがあります．ここでは安定していますが，独自の回路の検証でシミュレータの動きがおかしいときは中断し，位相補償の容量を10倍程度増やして再計算してみてください．

3-2── 出力オフセット電圧を小さくする

● 出力オフセットの原因は差動回路の動作電流のアンバランス

負帰還で大分改善できたものの出力オフセット電圧は100mV近くあります．また，手持ちの抵抗器で適当に変更した R_2 の影響も気になります．直流バイアスのシミュレーション結果では Q_1 のコレクタ電流 $I_C(Q_1)$ が約0.6mA に対し，Q_2 のコレクタ電流 $I_C(Q_2)$ は1.4mA ほどあります．ここは理屈では等しくなければなりません．

負帰還は回路のアンバランスを修正して出力を目標値(この場合0V)に保つように働きます．ただし，完全には修正し切れずに少しずれが生じます．無帰還では飽和してしまうほどのアンバランスを100mV近くまで抑えています．**図3-5**に負帰還をかけた際の回路動作を示します．

本来等しいはずの差動回路のコレクタ電流をアンバランスにすることで出力電圧をゼロに近づける方向に動きますが，コレクタ電流をアンバランスにすることで2つのトランジスタの V_{BE} が異なり，その分が出力オフセット電圧になります．もし，差動回路のコレクタ電流がバランスしていれば出力オフセット電圧はさらに0Vに近づくことが期待できます．

なお，この例では動作点が，ずれてもアンプの動作は可能な範囲に収まっていたので負帰還により改善に向かいました．アンプが機能しない状態ではいくら負帰還をかけても状態は良くなりません．つまり，根本的に間違った回路では負帰還も機能しません．

● R_1 の最良点を探す

図3-5の R_{EE} を調整することで回路をバランスさせ出力オフセット電圧をゼロに調整できます．

図3-6に R_1 を変化させて出力オフセット電圧を確認するための回路を示します．R_1 の抵抗値を右クリックして {XR} に変更しツール・バー右端の.opを押すとコマンド入力ボッ

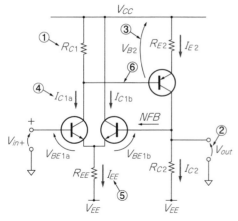

① R_{C1}を設計値より大きくした
② V_{out}はNFB(Negative Feedback：負帰還)によりおよそ0Vに保たれる
③ ②が成立するにはV_{B2}は設計値と等しい
④ V_{B2}はそのまま，R_{C1}増大によりI_{C1a}は減少する
⑤ I_{EE}は変わらない
⑥ $I_{EE} = I_{C1a} + I_{C1b} \rightarrow I_{C1b} = I_{EE} - I_{C1a}$
つまりI_{C1a}が減少するとI_{C1b}は増大する
R_{C1}増大により$I_{C1b} > I_{C1a} \Rightarrow V_{BE1b} > V_{BE1a}$
となることで$V_{out} \approx 0$を保とうとする
$\Rightarrow V_{BE1a} \neq V_{BE1b}$が出力オフセットとなる.
よって，$I_{C1a} = I_{C1b}$となるようにI_{EE}を調整することで出力オフセットをゼロにできる

図3-5　負帰還をかけた際の回路動作
R_{EE}を調整することで回路をバランスさせ出力オフセット電圧をゼロに調整できる

クスが現れるので，

　　　.step param XR(初期値)(最終値)(増加ステップ)

のように入力し，バイアスを調べます．無表示のグラフが現れるので，V_{OUT}にカーソルを運んでクリックすると，電圧のグラフが表示されます．

　出力オフセット電圧の結果によると$R_1 = 4.3\,\mathrm{k\Omega}$付近が最良点で，$V_{OUT} = 0$Vとなる値が存在します．

　なお，OPアンプICを使う際は，**図3-7**のような回路でオフセット電圧を調整します．

● 出力バッファを追加して出力電流を増強する

　図3-8が実際に製作した回路です．出力電流増強のためバッファを追加したので，大きく変わって見えますが基本動作と定数決定の方法は変わりません．

　R_1をスイープしてV_{OUT}を確認すると$R_1 = $約$4.6\,\mathrm{k\Omega}$で$V_{OUT} = 0$Vとなります(**図3-9**).

　出力バッファ回路は，シングルエンド・プッシュプル(Single-Ended Push-Pull：SEPP)という最も一般的な回路でOPアンプICの出力電流を補強するため外付けされることもあります．

　クロスオーバひずみを低減するため無信号時にQ_4, Q_5に多少(5mA前後)のエミッタ電流(アイドリング電流)が流れるようにします．無信号の状態でVR_2をCCWに回し切って

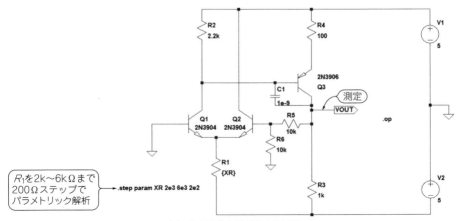

(a) R_1を変化させるための回路

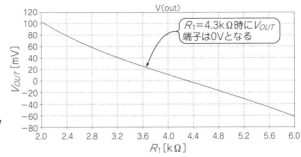

R_1を2k〜6kΩまで200Ωステップでパラメトリック解析

.step param XR 2e3 6e3 2e2

図3-6 R_1を変化させて出力オフセット電圧を確認する（付属DVDフォルダ名：3-3）
R_1の最良点を探せる

R_1=4.3kΩ時にV_{OUT}端子は0Vとなる

(b) 出力オフセット電圧の結果

おき徐々にCWに回していくとQ_4, Q_5に電流が流れ出します.

● シミュレーションと現実の回路では異なる

シミュレーションで定数の最良点を求めても実物の回路では固定化せずに一部を半固定抵抗として調整できるようにします.

単に利便性のためではなくシミュレーションは現実とは違うからです. 半固定抵抗を省略できるかどうかはさらに詳細な検討が必要です. シミュレータは実物のすべてを一度には表現してくれません. 温度の影響が知りたければ温度変化を設定し, ばらつきの影響が知りたければ部品のパラメータを振る指定をしなければいけません. 実物ではそれらが自然現象として無作為の組み合わせと大きさとタイミングで出現します.

① $R \gg R_s$としてR_sへの影響を減らす

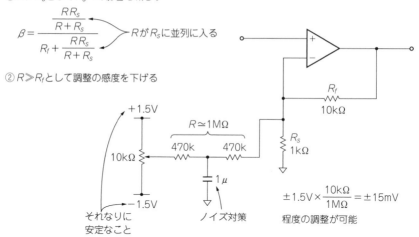

$$\beta = \cfrac{\cfrac{RR_s}{R+R_s}}{R_f + \cfrac{RR_s}{R+R_s}}$$
RがR_sに並列に入る

② $R \gg R_f$として調整の感度を下げる

+1.5V

10kΩ

$R \approx 1M\Omega$

470k 470k

1μ

−1.5V

それなりに
安定なこと

ノイズ対策

R_f
10kΩ

R_s
1kΩ

$\pm 1.5V \times \dfrac{10k\Omega}{1M\Omega} = \pm 15mV$
程度の調整が可能

図3-7 OPアンプICによるオフセット調整回路
電圧変動とノイズ対策を施すとともに，オフセット電圧の調整範囲を最小限にして調整回路の感度
を抑える

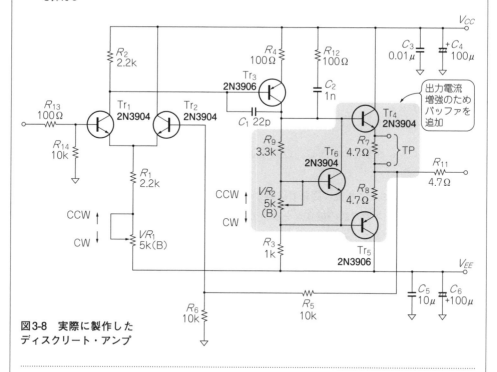

**図3-8 実際に製作した
ディスクリート・アンプ**

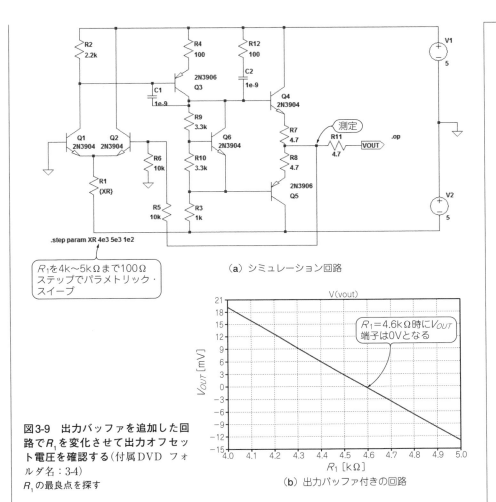

（a）シミュレーション回路

.step param XR 4e3 5e3 1e2

R_1を4k～5kΩまで100Ω
ステップでパラメトリック・
スイープ

R_1=4.6kΩ時にV_{OUT}
端子は0Vとなる

V(vout)

図3-9 出力バッファを追加した回
路でR_1を変化させて出力オフセッ
ト電圧を確認する（付属DVD フォ
ルダ名：3-4）
R_1の最良点を探す

（b）出力バッファ付きの回路

● 他の特性項目の検討も忘れず確認する

　最も簡単なディスクリートOPアンプ回路の一例と最低限動作するための直流バイアス
の設計方法を説明してきました．入力電圧と出力電圧の関係や最大出力電圧など基本的か
つ重要な特性も評価しつつ，調整が必要な箇所を詰めて完成させる必要があります．
　図3-10に入出力特性の測定回路とその結果を示します．

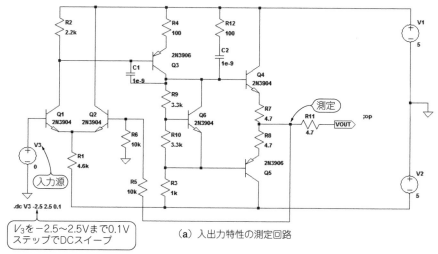

図3-10 最適化した$R_1 = 4.6\,\text{k}\Omega$を
使って入出力特性を確認する（付属
DVD フォルダ名：3-5）

（a）入出力特性の測定回路

V_3を−2.5〜2.5Vまで0.1V
ステップでDCスイープ

（b）入出力特性

3-3── 発振に強くする

● シミュレータでは周波数特性を簡単に検証できる

負帰還をかけたディスクリートOPアンプにおいては，出力オフセット電圧の対策に加え，発振を防止する位相補償も重要です．

位相補償を決定するためのゲイン／位相対周波数の特性は特殊な測定器がなければ困難です．計算で代用するにしても複素数を含む計算式を解かねばなりません．

シミュレータの本質は一種の計算ソフトなので，従来は手計算で行っていた作業の肩代わりが得意です．シミュレータを使えばゲイン/位相対周波数特性の検証が簡単にできます．

● オープン・ループ・ゲイン＝1(0dB)で位相遅れ180°以内に抑える

位相補償の目的はオープン・ループ・ゲイン＝1(0dB)で位相遅れ180°以内に抑えることです．位相遅れが180°を超えると負帰還をかけたときに発振します．

オープン・ループ・ゲイン＝1のときの位相遅れが180°に達するまでの余裕を位相余裕と言うことは周知の通りです．厳密には負荷など負帰還ループのすべての特性を加算しなければいけませんが，OPアンプ単体の特性として言い表されることも多いので，ここでもアンプ単体の特性として0dBで180°以内と機械的に扱います．正確な意味は参考文献(1)などを参照ください．

● OPアンプの位相補償

OPアンプの典型的なゲイン/位相対周波数特性を図3-11に示します．

ゲインは10Hzオーダの低い周波数から周波数に反比例して低下し，位相はずっと－90°を保ち周波数の上限付近で急に180°以上回ります．

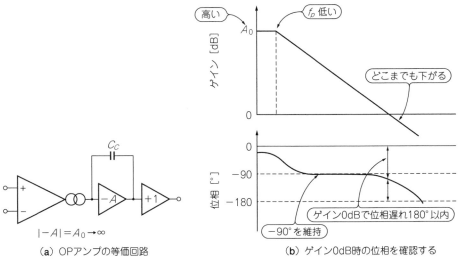

(a) OPアンプの等価回路

$|-A|=A_0 \rightarrow \infty$

(b) ゲイン0dB時の位相を確認する

図3-11　OPアンプのゲイン/位相対周波数特性

ゲインが反比例の部分は位相補償容量で決まっていて値を大きくすれば，0dBとなる周波数（f_T：トランジション周波数）が下がります．高域で位相が回り出す周波数は位相補償を変えても同じです．つまり単に位相補償容量を大きくすれば，f_Tでの位相遅れは90°に近づき安定になります．

安定性を重視して位相補償容量を大きくすると高周波でのゲインが下がってしまうので，実際のOPアンプICでは安定性と高域ゲインの兼ね合いで，できるだけ小さく設定されています．

● 周波数特性を確認する

ディスクリート・アンプの周波数特性を確認します．測定は帰還をかけずに行いたいのですが，通常，無帰還では直流動作点が適正な状態になりません．負帰還回路を直流近辺の周波数だけ負帰還がかかるように変更します．直流バイアスの確認を行い，出力オフセット電圧がゼロ付近に収まっていることも確認しておきます．

入力信号源V_1を右クリックして，パラメータ設定ダイアログを開き，Small signal AC analysis（AC）でAC Amplitude = 1，AC Phase = 0と設定します．次にSimulate > Edit Simulation CmdのダイアログでAC Analysisのタブを選択し，スイープの形式，計算ポイント数，開始周波数，終了周波数を設定し，OKを押します．シミュレーションを実行後，所望の端子にカーソルを当てると結果が表示されます．

図3-12に周波数特性を確認するための回路とその結果を示します．

● 2つ目の位相補償回路を追加する

図3-12の周波数特性の結果は図3-11と異なります．まず位相が−90°で一定になる範囲がなく，180°まで一気に回っています．また高域でどこまでも下がるはずのゲインが一定になってしまいます．これは図3-13のようにアンプ回路2段目が不完全な積分動作となるためです．

OPアンプICでは，この段に大きなゲインを持ちます．今回のディスクリート・アンプ回路は簡易型のためあまり大きくありません．このため周囲の定数の影響，特にこの段の出力抵抗の影響が大きく見えてしまうのです．

高域特性をもっと伸ばしたい気がしますが，このままでは位相遅れが180°ぎりぎりなので発振はしなくても，位相補償容量を減らして高域を伸ばすことはできそうにありません．

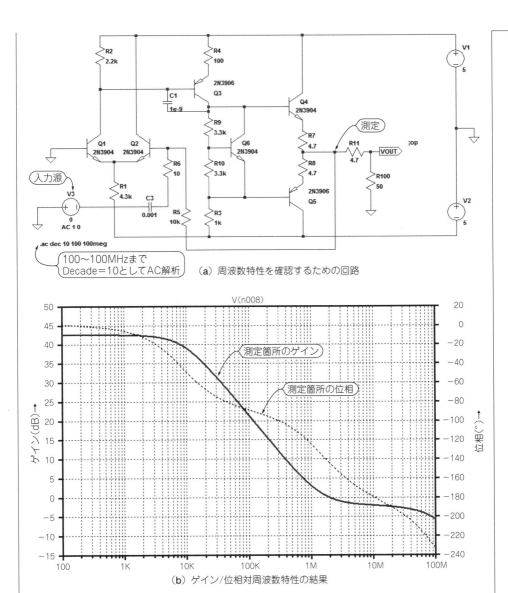

(a) 周波数特性を確認するための回路

.ac dec 10 100 100meg

100〜100MHzまで
Decade＝10としてAC解析

(b) ゲイン/位相対周波数特性の結果

図3-12　AC解析を実行してゲイン/位相対周波数特性を確認する（付属DVD　フォルダ名：3-6）

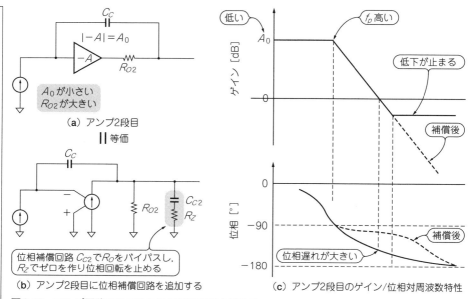

（a）アンプ2段目

$|-A| = A_0$

A_0が小さい
R_{O2}が大きい

|| 等価

位相補償回路 C_{C2}でR_Oをバイパスし，R_Zでゼロを作り位相回転を止める

（b）アンプ2段目に位相補償回路を追加する

（c）アンプ2段目のゲイン/位相対周波数特性

低い | f_p 高い | 低下が止まる | 補償後
位相遅れが大きい | 補償後

図3-13　アンプ回路に2つ目の位相補償回路を付ける

　2段目出力抵抗の影響を避けるために高域で，この抵抗をバイパスするようなコンデンサを追加します．ただし，コンデンサだけでは位相が回ってしまうので抵抗を直列に入れて位相の回転を止めます．

　位相補償回路を付けた回路とその周波数特性の結果を**図3-14**に示します．シミュレーション結果を見ると，直流電圧ゲインは40dB程度でOPアンプICより大分小さ目ですが，ゲイン帯域幅積は16MHz程度あり広帯域な部類に入ります．C_1の位相補償容量を減らしても位相余裕は確保できます．

● **実測結果**

　シミュレーション結果をもとに製作したアンプの実測の特性は次のようになりました．

　　最大出力電圧：$2.5V_{RMS}$（1kHz, $THD = 10\%$, $R_L = 66\Omega$）

　　$THD + N$：0.23%（1kHz, $2V_{RMS}$, $R_L = 66\Omega$）

図3-15の周波数特性は参考ですが，低周波ではフラットです．例として取り上げたアンプは，手元にある部品をそれらしい動作をするように適当に組み合わせただけですが，ある程度の性能が出ることが分かります．現状でも精度を要求せず，オーディオより少し

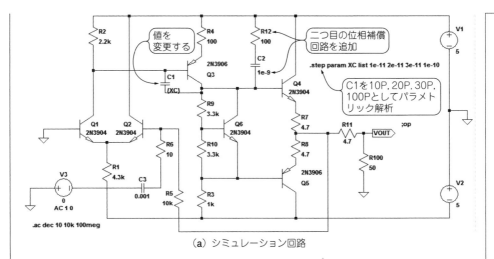

(a) シミュレーション回路

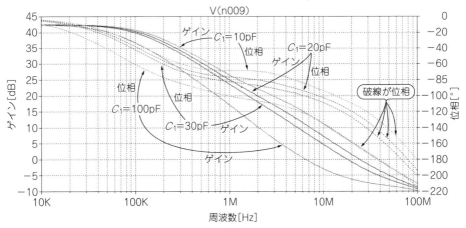

(b) ゲイン/位相対周波数特性の結果

図3-14 位相補償回路を追加した回路で周波数特性を確認する(付属DVD フォルダ名：3-7)
$C_1 = 10\,pF$ と 30 pF の周波数特性は 20 pF から ±50％振れても問題ないことを確認する

高い周波数の範囲で多めの出力電流が必要な場合などでは，直流動作重視の汎用OPアンプICより有利です．部品をそれなりに選べば電源電圧を高くしたり出力電流を増やしたりすることは容易です．

h_{FE} や f_T などトランジスタの主要特性は電流と電圧の関数です．

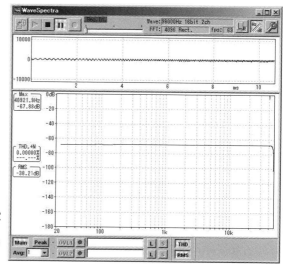

図3-15　実際に製作したアンプの電気的特性
周波数特性は低周波帯域ではフラットである

　本来ならば目的，目標に応じて適切な素子の選択やバイアスの設定をしなければなりません．場合によっては回路構成も変える必要があります．厳密に詰めていくとOPアンプICの等価回路や本格的な製作記事にあるような難しいものになっていきます．

● 回路は自分で考えるもの

　シミュレータは人間が方程式を解いて計算していた結果をコンピュータが自動で精度よく算出してくれます．しかし回路は設計者が自ら考えて入力する必要があります．仕様を入力してボタンを押せば希望の回路が出来上がるというものではないことも覚えておいてください．

◆参考文献◆
(1) P.R.グレイ/P.J.フルスト/S.H.レビス/R.G.メイヤー[共著] 浅田 邦博/永田 穣[監訳]；システムLSIのためのアナログ集積回路設計技術（下），培風館.

〈佐藤 尚一〉

第4章

音源をばらして空間でミックス! 左右6アンプの
3ウェイ・ディバイダ・オーディオを作る
アナログ・フィルタ回路

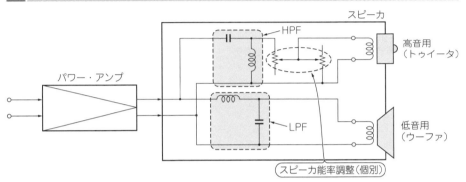

図4-1　オーディオ用スピーカの内部にはディバイダと呼ばれるフィルタが入っている（2個の再生ユニットをもつ2ウェイ・スピーカの例）
内部に帯域分割用の*LC*フィルタがある

● **オーディオ帯域を分割して帯域ごとに専用のスピーカを用意すると良好な特性が得られる**

　スピーカには20 〜 20kHz程度までフラットな音圧特性が要求されます.

　この広い周波数範囲を1つのスピーカでカバーすることはとても難しいので,低域用（ウーハ),中域用（スコーカ),高域用（ツィータ）などの複数の専用ユニットを使用し,広帯域に渡ってフラットな音圧特性を実現しています.周波数分割の数も2分割（2ウェイ）から5分割（5ウェイ）程度まで存在します.

● **普通は*LC*フィルタを使って帯域分割するが理想的な特性は難しい**

　信号の周波数分割は通常,**図4-1**に示すようにパワー・アンプとスピーカの間に*LC*ネットワークを挿入して行います.スピーカ・ボックスの中には*LC*ネットワークが入っています.

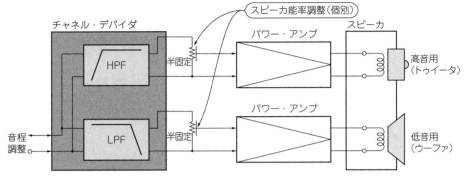

図4-2 高/中/低域用の再生ユニットごとにパワー・アンプを用意する贅沢なマルチウェイ・ディバイダ・オーディオ・システム
より良い特性を求めるならチャネル・ディバイダを使う

　しかし，スピーカのインピーダンスは周波数によって変化し，*LC*ネットワークで理想的な周波数分割を行うのは困難です.

● **チャネル・ディバイダを使えば理想的な周波数分割ができて微調整も容易**

　高級なシステムでは，**図4-2**に示すようにパワー・アンプの前段にチャネル・ディバイダと呼ばれる周波数分割フィルタを挿入し，スピーカの数だけパワー・アンプを用います.
1つのスピーカに1つのパワー・アンプを割り当てることができるので，低インピーダンスでスピーカを駆動できます. *LC*フィルタによりインピーダンスが高くなった状態で駆動する状態よりも良い条件です.

　信号の周波数分割も，プリアンプとパワー・アンプの間なので任意の一定インピーダンスで行えます. より理想的な周波数特性が実現できます. またそれぞれのスピーカを駆動するレベルだけではなく，分割する周波数の微調整も容易になります.

4-1── ミックス時の周波数特性がフラットになる帯域分割フィルタの検討

■ 1次フィルタで検討

● **1次のチャネル・ディバイダ回路**

　図4-3は1次のLPFとHPFを使用したクロスオーバ周波数1kHzの2分割のチャネル・

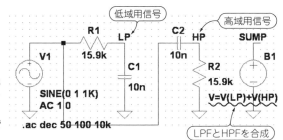

図4-3　1次フィルタで作ったチャネル・ディバイダ回路(付属DVD フォルダ名：4-1)
単純なRCフィルタの組み合わせで構成できる

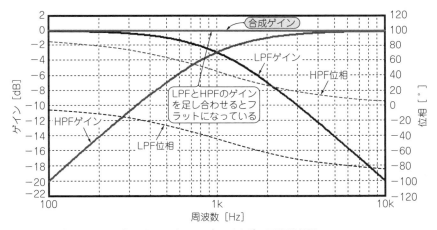

図4-4　1次フィルタで作ったチャネル・ディバイダの周波数特性
合成特性がフラットになる点では理想的だが，帯域外の成分が大きすぎて問題になる

ディバイダです．

　B1は分割した信号(label NetでLPとHPに設定した部分)を再び電気的に合成するための信号源で，ValueにV＝V(LP)＋V(HP)という式を設定しています．

　分割された信号はスピーカで音波になり，空間で合成されて人の耳に届きます．合成後はフラットな周波数特性になることを目指します．

● 1次のチャネル・ディバイダは加算するとフラットなゲイン特性を得られるがスピーカ側で問題が起きる

　図4-4に周波数特性を示します．1次のチャネル・ディバイダでは加算すると理想的な

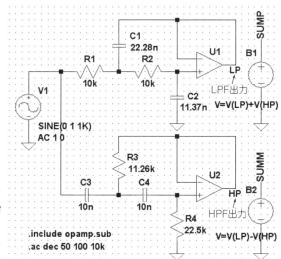

図4-5　2次バターワース・フィルタ
で作ったチャネル・ディバイダ回路
（付属DVD　フォルダ名：4-2）
2次フィルタで一番多く使われるのは,
通過帯域がもっとも平坦になるバターワ
ース特性

フラットなゲイン特性が得られます.

　ただし, 1次のLPFフィルタでは遮断領域の減衰傾度が－20dB/dec（周波数が10倍にな
るとゲインが20 dB低下）で, フィルタとしての切れが悪く, 遮断領域の減衰量は少なく
なります. このため, スピーカに帯域外の成分が加わり, ひずんだ信号を発生しやすい,
という欠点があります.

■ 2次フィルタで検討

● 2次バターワース・フィルタで作ると…

　図4-5は, 切れの良い2次のバターワース特性とし, クロスオーバ周波数で－3dBのゲ
イン低下になるよう調整したチャネル・ディバイダです.

　B1は加算, B2は減算です. 減算はハイパス・フィルタ出力の波形を反転して加算した
ことと同等になります. スピーカの場合, 反転回路を追加せずとも, ＋－の端子を逆に接
続するだけです.

　図4-6に示されるように, 加算では鋭いディップが生じ, 反転加算では少し膨らみが生
じています.

▶ふくらみを消せないか?

　図4-7は, ステップ機能を使ってC_3, C_4の値を変化させ, HPFのクロスオーバ周波数

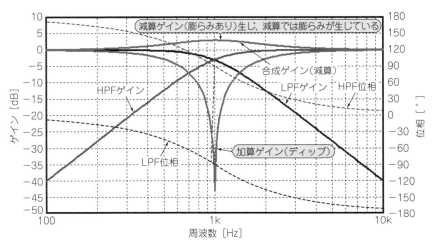

図4-6 2次バターワース・フィルタで作ったチャネル・ディバイダの周波数特性
遮断特性は改善したが，合成特性が加算でも減算でも1にならない．良好そうな減算でももり上がりが出る

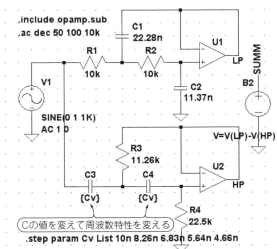

図4-7 2次バターワース・フィルタによるチャネル・ディバイダで合成ゲインがフラットを目指す（付属DVDフォルダ名：4-3）
低域側を固定，HPF側の遮断周波数を20％ずつ変化させて周波数特性を確認する

を変えた回路です．

　図4-8の結果から分かるように，2次バターワースの特性では，クロスオーバ周波数を調整しても，1次の特性のようなフラットな合成ゲインは得られないことがわかります．

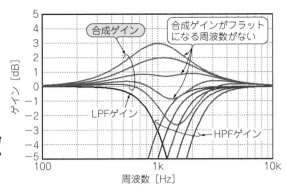

図4-8 2次バターワース・フィルタでは合成ゲインをフラットにできない
山がなくなるかわりに谷ができるので，周波数をずらすだけでは平坦にできない

● 2次でフラットな特性を得る方法

図4-9は低域用，高域用フィルタとも，バターワース特性の$Q = 0.707$から，ベッセル特性に近い$Q = 0.5$に変え，1kHzで－6dB低下となるようにした回路です．LPFとHPFとがクロスする周波数も1kHzです．

図4-10に図4-9の周波数特性を示します．減算出力で完全に0dBでフラットな特性になっています．

したがって，Qを0.5にし，パワー・アンプとスピーカとの接続において低音または高音のいずれかを逆極性に接続すれば良いことになります．

低音用スピーカと高音用スピーカが1kHz付近において，音圧レベルだけでなく位相までが理想的に動作すれば，この電気的特性と同じように，ぴったり合成されるはずです．しかし，現実のスピーカでは，クロスオーバ付近の音の位相までフラットにするのは困難です．したがって，人の耳に達する音が電気的に加算された値と同じ結果が得られるかは疑問が生じます．

位相は無視しパワーとして加算すると，－6dBは半分の0.5なので，$(0.5)^2 + (0.5)^2 ≒ 0.707$で1になりません．それに対し－3dBは$1/\sqrt{2}$なので$(1/\sqrt{2})^2 + (1/\sqrt{2})^2 = 1$になることから，－3dBでクロスするのが良い，と言う意見もあります．

■ 引き算方式の検討

合成特性を1にする別のアイデアもあります．

図4-11は，2次バターワースのLPFと入力信号からLPF出力信号を引き算してHPF特性を実現する，引算方式チャネル・ディバイダです．

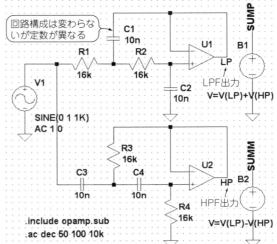

図4-9 合成ゲインが平坦になる2次
フィルタ構成のチャネル・ディバイ
ダ（付属DVD フォルダ名：4-4）
バターワース特性でなくQ＝0.5に設定
し，クロスオーバ点でのゲインを−6dB
に設定した

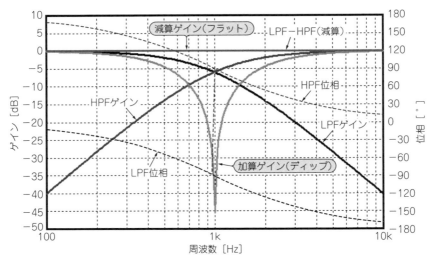

図4-10 合成特性が平坦になる2次フィルタ構成のチャネル・ディバイダの周波数特性
Q＝0.5のLPFとHPFを−6dBでクロスさせると合成ゲインがフラットになる

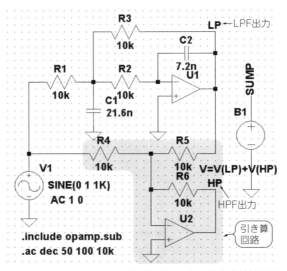

図4-11 2次フィルタと引き算回路を使った合成特性が平坦なチャネル・ディバイダ(付属DVD フォルダ名：4-5)
HPF用信号は元信号からLPF信号を引き算して作るので，合成ゲインは1になる．高域が確実に減衰し，ひずみの少ない多重帰還型LPFを使う

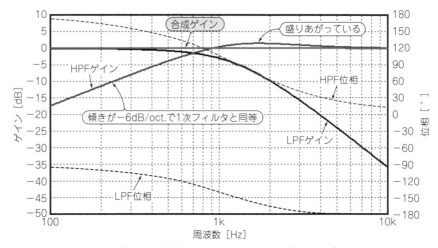

図4-12 引き算回路を使った合成特性が平坦なチャネル・ディバイダの周波数特性
HPF特性の低域側が1次フィルタと同等の傾きになってしまい，好ましくない

引き算するLPF信号がHPF信号に影響するので，ひずみの少ない多重帰還型のLPFを使います．

回路図にあるように引き算によってHPFを実現したためHPF用の*CR*が不要になり，素子数が減ります．また引き算によってHPFを実現したため，シミュレーション結果に示すように電気的に信号を加算するとフラットなゲイン特性になります．

よさそうに見えますが，結果の**図4-12**を見るとHPFの特性は遮断周波数付近で膨らみを持った特性になってしまいます．そして引き算のHPFは，減衰傾度が20dB/octと，1次フィルタのように緩やかになってしまいます．

4-2── 3ウェイ・スピーカ用帯域分割フィルタの製作

● 引き算方式のフィルタの減衰頻度を改善！山中式最適分割フィルタ

図4-9に示したような単純な引き算方式のフィルタでは，引き算により実現したフィルタの減衰傾度が20dB/decと甘くなります．この点を改善したのが，山中文吉氏の考案した，山中式最適分割フィルタです．

図4-13に示すゲインの漸近線のように，*Q*が1で2次（−40dB/dec）のLPFとHPFに補正フィルタを追加し，引き算によって得られるフィルタの減衰傾度が40dB/decになるように工夫したものです．

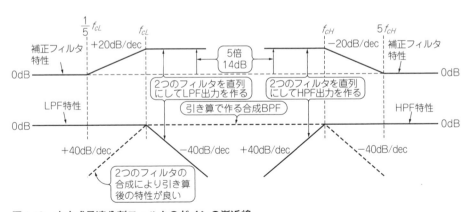

図4-13　山中式最適分割フィルタのゲインの漸近線
引き算した結果の遮断特性が良好になるように，補正フィルタを加えている

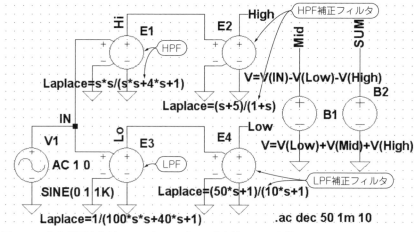

図4-14 山中式最適分割フィルタのラプラス式を使った回路(付属DVD フォルダ名：4-6)
回路を作る前に伝達関数の周波数特性を確認

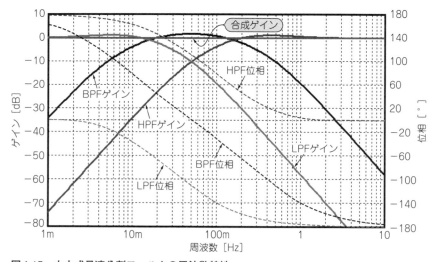

図4-15 山中式最適分割フィルタの周波数特性
LPF，BPF，HPFとも遮断特性が2次で，引き算で作っているから合成ゲインがフラット

● ラプラス式を使って山中式最適分割フィルタの原理的な特性を実現する

図4-14は，LTspiceのE(電圧制御電圧源)にラプラス式を入力して解析した周波数特性
です．

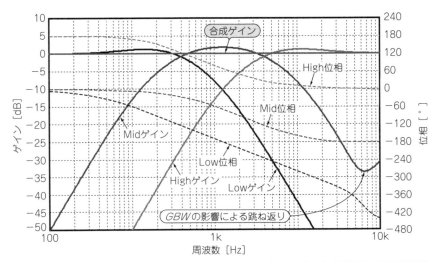

図4-17 山中式最適分割フィルタによる3ウェイ・チャネル・ディバイダ回路の周波数特性
だいたい図4-15の理想特性に近いが，高域の遮断特性だけ合わない．OPアンプの高域特性が不足
している

　ラプラス式が簡単になるようにHPFはsの係数を1にしています．したがって遮断周波
数は$f_C = 1/2\pi$で約0.16 Hz，LPFはsの係数を10としHPFの1/10の遮断周波数（0.016Hz）
になっています．

　図4-15に示す周波数特性からわかるように，LPF，BPF，HPFの減衰傾度がすべて
40dB/decになり，合成結果はフラットなゲイン特性になっています．

● 山中式最適分割フィルタによる3ウェイ・チャネル・ディバイダ

　図4-16は，クロスオーバ周波数を400Hz，4kHzに設計した山中式最適分割フィルタの
OPアンプ回路です．

　図4-17の周波数特性を見ると，合成ゲインはフラットな結果が得られていますが，
BPF出力の高域特性が－35dB付近から跳ね上がってしまっています．

　理由は使用したOPアンプのGBWが十分大きくないからです．LTspiceのOPアンプは
GBWが10MHzにモデリングしてあります．したがって，これ以上の減衰が必要な場合は，
HPFに使うOPアンプだけ，GBWが10MHz以上の品種を使う必要があります．

　LTspiceに収録されているGBWが10MHz以上のOPアンプ・モデルを使います．そして
そのOPアンプを使って実際に製作すれば，シミュレーションと同等の減衰特性が得られます．

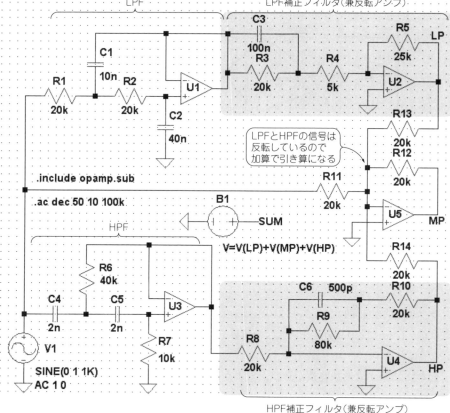

図4-16　山中式最適分割フィルタによる3ウェイ・チャネル・ディバイダ回路(付属DVD フォルダ名：4-7)
図4-14のラプラス式をOPアンプ回路で実現するとこのようになる

◆参考文献◆

(1) 遠坂 俊昭：電子回路シミュレータLTspice実践入門，CQ出版社，2012年1月.
(2) 安井 章：スピーカ用LCネットワークの解析，無線と実験，2001年9月号，誠文堂新光社.
(3) 山中 文吉；3チャネル用最適分割フィルタの設計と製作，ラジオ技術，1968年9月号，ラジオ技術社.
(4) 山中 文吉；分割フィルタの性能を徹底的に測定，ラジオ技術，2003年3月号，エーアイ出版.

〈遠坂 俊昭〉

①パラメトリック解析& MEAS コマンド→② X-Y プロット→③補間
素早く最適値を直読する方法

　LTspiceを使って，回路を設計するとき，1つの部品の定数を変えて特性を確認することがあります.

　何度も部品の定数を変えてシミュレーションするのは手間なので，値を自動的に変えてくれる「.STEP」コマンドによるパラメトリック解析を利用します.

　パラメトリック解析を使うと，変化させた値に応じた曲線が表示されるので，目標とする特性が，どのように変わるか一目でわかります.

　また「.MEAS」コマンドを使うと，パラメトリック解析によって得られた特性から，－3dBになるカットオフ周波数のような測定値を正確に直読できます.

　ここでは，パラメトリック解析によって変化させた値と「.MEAS」コマンドを使って測定した値を，X-Yのグラフ上に表示し，素早く最適定数を直読する方法を紹介します.

■ 容量値のパラメトリック解析

● 手順①コンデンサの値を変化させてカットオフ周波数を確認する
　図4-Aに示すRCのローパス・フィルタ1段のカットオフ周波数（－3dBとなる周波数）が1kHzとなるコンデンサの値を求めます.

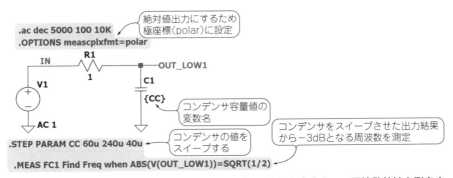

図4-A　例題…RC1段ローパス・フィルタのコンデンサ容量を変化させて周波数特性を測定する回路（付属DVD　フォルダ名：4A-1）

コンデンサC_1の値（回路図中では{CC}）を60μ〜240μFまで40μFステップで増加させて，AC解析を行います．

この場合の指定方法は次の通りです．

.STEP PARAM CC 60u 240u 40u

シミュレーション結果を**図4-B**に示します．カットオフ周波数が1kHzとなるコンデンサ値は140μ〜180μFの間ということがわかります．

● **手順②カットオフ周波数1kHzを絞りこむためステップ数を細かくして解析する**

ステップ数が少ないと，目標とするカットオフ周波数を見つけられません．

カットオフ周波数1kHzを値を求めるため，ステップ数を5μFと細かくして，再度解析を行います．

■ 測定値を直読

● **「.MEAS」コマンドの指定方法**

「.MEAS」コマンドを使い，AC解析の結果から−3dBの周波数を自動測定します．「SPICE directive」によって回路図内に次のとおり，書き加えます．

.MEAS FC1 Find Freq when ABS(V(OUT_LOW1)) = SQRT(1/2)

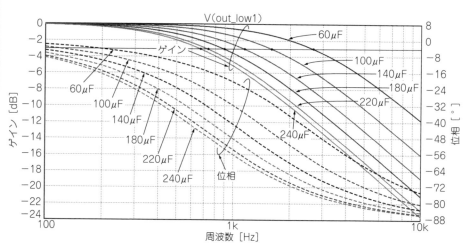

図4-B　図4-Aのシミュレーション結果①…コンデンサ容量を.STEPで変化させた時の周波数特性
このグラフから目的とする周波数にするためのコンデンサ値を探すのはめんどくさい

▶周波数特性から−3dBを求めるため絶対値を使う

　周波数特性から−3dBを見つける関数表現を，V(OUT_LOW1) = SQRT(1/2)から ABS(V(OUT_LOW1)) = SQRT(1/2)に書き換えます．

　出力値V(OUT_LOW1)は，絶対値に変更しています．これにより周波数特性において，ゲインの絶対値が0.707(−3dB)となる周波数を測定して，出力します．

▶測定には極座標を使う

　絶対値で出力するために".OPTIONS meascplxfmt = polar"というオプションをつけて，単位系を合わせます．座標表示のOption には，polar(極座標)，bode(ボーデ線図)，cartesian(直交座標)があり，ここでは，polar(極座標)を設定します．

● カットオフ周波数の測定結果を表示する

　シミュレーションを実行し，パラメトリック解析が完了すると，HotKey[Ctrl + L]でSPICE Error Log を表示します．マウス操作で，右クリックから[View]を選択し，[SPICE Error Log]をクリックすることでもLogを表示できます．

　この操作は，回路図またはグラフがアクティブのときにできます．

　このSPICE Error Logの中で，.STEPで変化させたパラメータの値と.MEASで測定した値の一覧表を確認できます．

● 容量値とカットオフ周波数をグラフ化して最適値を直読！

　Error Logのウインドウの中で，マウスを右クリックします．3行の小さな窓が開くの

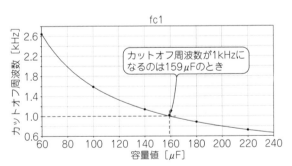

図4-C　図4-Aのシミュレーション結果②….MEASで−3dBになる周波数を測定してグラフ化した
容量値とカットオフ周波数の関係がパッとわかる

で，その中の[Plot .step'ed .meas data]をクリックします．

図4-Cのように，X軸にコンデンサ値(CC)，Y軸にカット周波数が表示されたグラフが表示されます．

図4-Cから，図4-AのRC1段のローパス・フィルタのカットオフ周波数を1kHzにするには，コンデンサ値を159μFにします．

● 「.MEAS」コマンドを使った測定値が複数ある場合の操作

「.MEAS」コマンドで変数名が複数ある場合は，次のような手順でグラフを表示します．

グラフ上で右クリックし，[Add Traces]をクリックします．そこに現れる変数名の中から，プロットするものを選択します．所望の測定項目をクリックすると，一番下の編集領域に選択した変数名(ラベル名)が並ぶので，さらに[OK]をクリックすればグラフが表示されます．　　　　　　　　　　　　　　　　　　　　　　　　　　〈渋谷　道雄〉

２個，３個，４個…部品の組み合わせは無限
定数の最適解探しに！
「積極的パラメトリック解析」

電子回路設計の大切な作業に定数のチューニングがあります.

多くの場合1つの部品の定数を探しますが, 最適解は2個, 3個…と複数の部品を組み合わせることで得られることだってあります.

LTspiceには, 抵抗やコンデンサの定数をいろいろ変化させながら, 特性を解析してくれる「パラメトリック」と呼ばれる解析手法があります. 「.STEP」というコマンドを使います.

この解析モードは, シミュレータに任せっきりにすると, 値を変える部品が1個に限られたり, 表示される特性線の数が多すぎて, 結果の考察ができなくなることがあります. 導かれた定数の部品が市販されていない…なんてことにもなりかねません.

ここでは, パラメトリック解析に積極的に絡んで, 好きな部品を好きなだけ選んで定数を指定しながら, 最適解を求める方法を紹介します.

■ シミュレータ任せのパラメトリック解析

● 例題…抵抗と容量の値を変化させる

「.STEP」コマンドを使うと, 受動部品の定数やトランジスタの内部パラメータなどを変化させながらシミュレーションできます.

図4-DはRCの1次ローパス・フィルタです. この回路の抵抗値(変数名：RR)とコンデンサの容量値(変数名：CC)をパラメータとして, それぞれ二つの値を「list」で設定しています.

シミュレーションの解析コマンドは「.ac」で, 周波数特性をグラフで表示しています. RRとCCにそれぞれ2通りの変数を設定しているので, このシミュレーションを実行すると, 合計4通り(1kΩと1μF, 2kΩと1μF, 1kΩと4.7μF, 2kΩと4.7μF)の結果が表示されます.

● 欠点①1つの部品しか値を変えてくれない

LTspiceでは, 「.STEP」の1行で扱える変数は1つだけです.

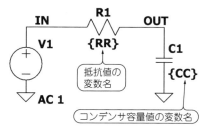

.ac oct 100 0.1 10k

抵抗値の変数名

コンデンサ容量値の変数名

.STEP PARAM RR list 1K 2K
.STEP PARAM CC list 1u 4.7u

「RR」と「CC」の値は「list」で設定

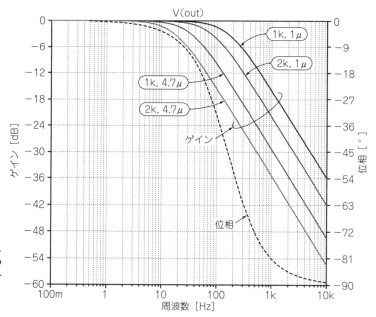

V(out)

1k, 1μ
2k, 1μ
1k, 4.7μ
2k, 4.7μ
ゲイン
位相

ゲイン [dB]
位相 [°]
周波数 [Hz]

図4-D　ローパス・フィルタで2つの定数を変化させる（付属DVD フォルダ名：4B-1）

　図4-EのRLC直列回路のローパス・フィルタで，それぞれの値を変化させ，パラメトリック解析をしてみます．3つの変数に，それぞれ2通りの値を設定しているので，8通り（＝2×2×2）の特性グラフが表示されます．

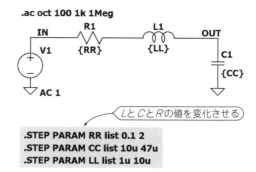

.ac oct 100 1k 1Meg

(LとCとRの値を変化させる)

.STEP PARAM RR list 0.1 2
.STEP PARAM CC list 10u 47u
.STEP PARAM LL list 1u 10u

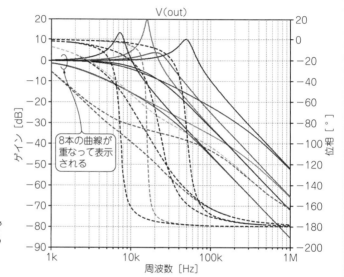

V(out)

8本の曲線が重なって表示される

図4-E　*RLC*直列回路で3つの定数を変化させる
（付属DVD　フォルダ名：4B-2）

● 欠点②解析結果の表示線が多すぎてよく分からない

　解析結果である特性線の数が増えてくると，解析条件と特性線の引き当てが難しくなってきます．

　どの組み合わせがどの線に対応するかを知るには，グラフ上でマウスを右クリックして，表示されたメニューの中にある「Select Steps」をクリックします．**図4-F**のように表示したい組み合わせを選択し，[OK]をクリックします．

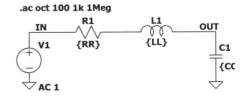

.ac oct 100 1k 1Meg

.STEP PARAM RR list 0.1 2
.STEP PARAM CC list 10u 47u
.STEP PARAM LL list 1u 10u

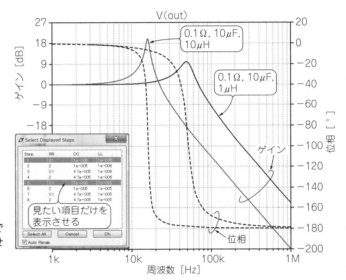

図4-F　*RLC*直列回路で3つの定数を組み合わせて変化させる（付属DVDフォルダ名：4B-2）

● 欠点③4つ以上の変数を指定できない

　1つの回路図で指定できる「.STEP」の変数は，3つまでという制限があります．通常のパラメトリック解析では，4つ以上の変数を指定できません．

■ 積極的パラメトリック解析

● 解析例①コマンドの指定方法

　部品を指定して，その組み合わせをパラメトリック解析する方法を紹介します．

　Tableの組み合わせの順番を示す仮変数名（ここではXX）を決めます．「.STEP」コマン

ドは，この仮変数名を使えます．「.STEP」コマンドをSPICE Directiveとして，次のように記述します．

　　　.STEP　　PARAM〈仮変数名〉〈初期番号〉〈最終番号〉〈増分〉

　　　（上記はlist形式でも記述可能）

　　　.PARAM〈変数名〉TABLE(〈仮変数名〉, 〈番号1〉, 〈値1〉, 〈番号2〉, 〈値2〉…)

▶ .PARAM行の区切り方

　仮変数名，番号，値の区切りには，「カンマ(,)」が必須です．

　区切りに「スペース(空白)」や「カッコ」を使用することはできません．定数の組み合わせをはっきり表示したいときには，カンマの後に，適当な数の半角スペースを入れます．

▶ 仮変数の数値は整数が好ましい

　仮変数名，番号，値は一組のTABLE形式になっています．

　仮変数名の数値が番号に相当します．仮変数名の数値は整数でなくてもかまいませんが，小数点を使うと，組み合わせがわかりづらくなるので，整数にすることが好ましいです．

▶ 仮変数の指定範囲と変数の組み合わせ数が一致しないときの解析

　仮変数の指定範囲を1〜5として，TABLE内で3組の変数の組み合わせを設定すると，仮変数番号3まではパラメトリック解析を実行します．この場合，仮変数番号が4と5のときは，最後に使った値(仮変数番号3)を使用します．

　仮変数の指定範囲を1〜4として，TABLE内で10組の変数を設定すると，4組目までパラメトリック解析を実行し，残りの6組は無視されます．

● **解析例②2つの部品の定数を組み合わせてシミュレーション**

　「.STEP」の仮変数を1つにして特定のパラメータの組み合わせだけをシミュレーションします．

　図4-Gに示すように，3つのパラメータRR，CC，LLを1つの組として，RR = 0.1，CC = 10u，LL = 1uの組と，RR = 2，CC = 47u，LL = 10uの組の合計2通りのシミュレーション結果が表示されます．この方法を使うと，前述の**欠点①**と②は解決できます．

● **解析例③4つ以上の変数を組み合わせることもできる**

　TABLE形式を使うと，仮変数名1つに対して，各素子の変数をいくつでも設定できます．

　図4-Hに示すように，TABLE形式では1つの変数名として扱われるため，変数に3つを超えるパラメータが含まれていても解析できます．

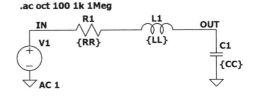

.ac oct 100 1k 1Meg

.STEP PARAM XX 1 2 1
.PARAM RR TABLE(XX, 1,0.1, 2,2)
.PARAM CC TABLE(XX, 1,10u, 2,47u)
.PARAM LL TABLE(XX, 1,1u, 2,10u)

(*L*を追加した)

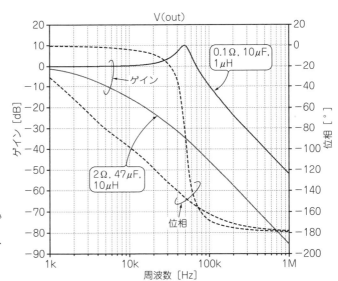

図4-G　*RLC*直列回路で
1つの定数を仮変数として,
2つの定数を組み合わせて
変化させる(付属DVD
フォルダ名：4B-3)

この方法で前述した**欠点③**は解決できます.

● **解析例④通常のパラメトリック解析と組み合わせる**

図4-Iのように, 通常のパラメトリック解析と積極的パラメトリック解析を組み合わせ
てシミュレーションすることもできます.

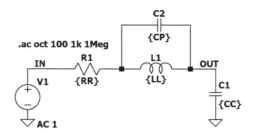

.ac oct 100 1k 1Meg

.STEP PARAM XX 1 3 1

.PARAM RR TABLE(XX, 1,0.1, 2, 1, 3, 2)
.PARAM CC TABLE(XX, 1,10u, 2,33u, 3, 47u)
.PARAM CP TABLE(XX, 1,1u, 2,4.7u, 3, 10u)
.PARAM LL TABLE(XX, 1,1u, 2,10u, 3, 22u)

TABLE形式を使うと四つ以上の値を変化させてシミュレーションできる

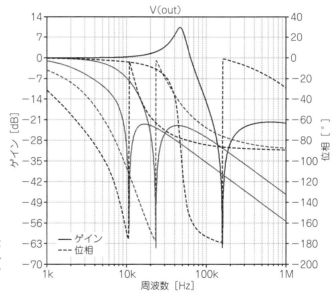

図4-H　TABLE形式だと1つの「.STEP」変数名として扱われる（付属DVD フォルダ名：4B-4）

● さいごに

　実際のパラメトリック解析では，一度に多くの変数を同時に変化させるようなことは，めったにないかもしれません.

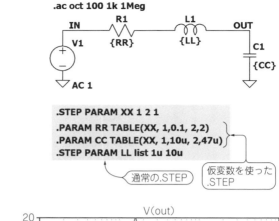

```
.ac oct 100 1k 1Meg
```

IN R1 L1 OUT
V1 {RR} {LL} C1
{CC}
AC 1

```
.STEP PARAM XX 1 2 1
.PARAM RR TABLE(XX, 1,0.1, 2,2)
.PARAM CC TABLE(XX, 1,10u, 2,47u)
.STEP PARAM LL list 1u 10u
```

通常の.STEP　　仮変数を使った.STEP

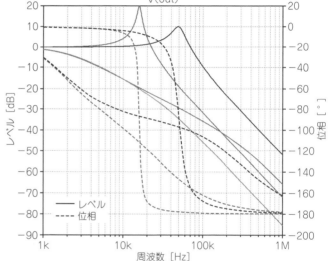

V(out)

図4-I　*RLC*直列回路で通常のパラメトリック解析と積極的パラメトリック解析を組み合わせて値を変化させる（付属DVD フォルダ名：4B-5)

パラメトリック解析を使うのは，最適な回路変数の組み合わせを確認する場合がほとんどです．

　*LC*共振を含む回路で使うとき，*LC*の積を一定にして，他のパラメータも変化させたいことがあります．この場合，TABLE形式を利用して，*LC*の積が一定になるように，*L*と*C*の値を増減させる組み合わせを用意します．

　*L*と*C*をTABLEで一組として変数を作り，*R*のような他のパラメータを通常の.STEPで記述して使うとよいでしょう．　　　　　　　　　　　　　　　〈渋谷　道雄〉

第2部

高周波回路

　第2部では，まずは多くの無線通信機器／受信機の高周波回路を作るための第一歩として，インピーダンス・マッチング技術を説明します(第5章)．次に高周波プリアンプの設計事例として，バイアス回路(第6章)，インピーダンス・マッチング回路(第7章)の作り方を説明します．設計した高周波プリアンプ回路は，3つの性能(雑音指数NF，入力レベルの上限P_{1dB}，相互変調ひずみIMD)をシミュレーションを用いて調べます(第8章)．高周波回路の応用事例として，PLLループ・フィルタの最適な定数や周波数シンセサイザICの設計値を正確に予測する方法(第9章)，フルディジタルFMラジオ用アンチエイリアスBPFの設計手法(第10章)を紹介します．

第5章

受信は良好？つなぐだけでは信号が伝わらないGHzワールドへようこそ
高周波回路作り 初めの一歩 「インピーダンス・マッチング」

● **高周波では当たり前！ つなぐときは必ず「インピーダンス・マッチング」**

GPSなどGHz帯の無線通信機器が急ピッチで一般化しています．特に，Bluetooth，Wi-Fi，など利用が増えている2.4GHz帯の高周波回路設計は避けて通れない技術分野といえるでしょう．

本章では，**表5-1**の一般的なスペックのロー・ノイズ・アンプ（LNA：Low Noise Amplifier）を例に，多くの無線通信機器／受信機の高周波回路を作るための第一歩「インピーダンス・マッチング技術」を説明します．f_Tが25GHzの高周波バイポーラ・トランジスタ（NXPセミコンダクターズ，BFG425W）を使います．

▶高周波信号はインピーダンス・マッチングしないと伝わってくれない

高周波信号は，安易につないでも信号が伝わりません．

回路どうしや回路と部品をつなぐときはいつも「インピーダンス・マッチング」という処理（回路）が必要です．これはミキサや周波数ダブラ（逓倍器）を作ったり，アンテナとアンプをインターフェースするときにも必要となる重要な技術です．

▶反射した信号は熱になる

高周波回路では，信号源が出力する電力が少しでも反射して戻ってこないように，入力

表5-1 本章のテーマ「インピーダンス・マッチング」のターゲット回路（LNA）の仕様

項 目	条 件	値
ゲイン	2.45GHz	15dB程度
ゲイン・フラットネス	2.4G～2.48GHz	1dB以下
$|S_{11}|$	2.4G～2.48GHz	－10dB以下
$|S_{22}|$	2.4G～2.48GHz	－10dB以下
NF	2.4G～2.48GHz	3dB以下
P_{1dB}	2.45GHz	10dBm程度
OIP_3	2.45GHz	20dBm程度

回路に受け取らせる工夫が必要です．入力側で完全に受け取れなかった電力は，信号源側へ戻り（反射），信号源内部の抵抗によって熱になるため，反射電力は最小限にする必要があります．信号源の抵抗値と負荷の抵抗値を一致させると，信号源が出力できる最大電力が負荷側へ伝わります．

● LNAの設計データを付属DVD-ROMに収録しています

実用的なLNAを作るためには，インピーダンス・マッチングに加えて次のような技術も必要です．

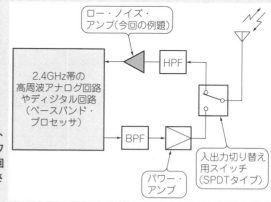

- バイアス回路を作る技術
- 発振させず安定に動かす技術
- 低雑音性能を出す技術
- 出力信号の「ひずみ」を小さくする技術

＊　　　＊　　　＊

　本章で説明するのは，LNA設計のほんの一部である「インピーダンス・マッチング」だけです．付属DVD-ROMには，インピーダンス・マッチングを含め，LNA設計に役立つ回路ファイルを収録しました.

　これらのICのおかげで，入出力ポートに追加する差動-シングル変換のためのバランを設計するだけで無線回路を完成させることができます．製品によっては，整合回路が内蔵された専用のバランが用意されていることもありますから，そのようなときは部品間を接続するためのプリント基板を適切に設計するだけです.

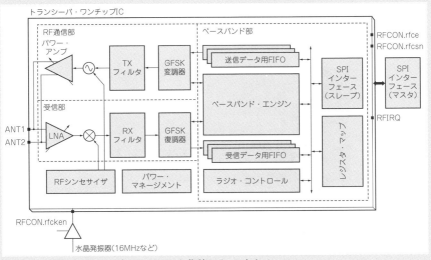

図5-B⁽¹⁾　図5-Aのアンプやフィルタを集積したICもある

5-1 — 一番シンプルな純抵抗とのインピーダンス・マッチング

図5-1に示す回路を例に,インピーダンス・マッチングとはどのようなテクニックなのか一番シンプルな回路で見てみましょう.

● 出力抵抗50 Ωのアンプの出力電力が一番よく伝わる負荷抵抗の値は？

図5-1に示すアンプの出力電力が,一番よく伝わる負荷抵抗の値はいくつでしょうか? 出力抵抗が50 Ωの信号源に抵抗(負荷抵抗)をつないで,その値を1〜500 Ωまで変化させ,負荷抵抗に加わる電力を調べればわかります.

付属DVD-ROMに収録したLTspiceシミュレーション(付属DVD フォルダ名:5-1)では,横軸:負荷抵抗,縦軸:出力電力のグラフが表示されます.各コマンドの意味は,図中の説明を参考にしてください.

● シミュレーションの準備…演算処理定義ファイル Plot.defsを編集する

LTspiceは,シミュレーションで得られたデータを元に演算処理して,その結果を波形で表示することができます.

まずPlot.defsファイルを開いてその数式を定義します.LTspiceのルート・フォルダ内にあるPlot.defsファイルをテキスト・エディタで開くか,LTspiceの波形表示ウィンドウ

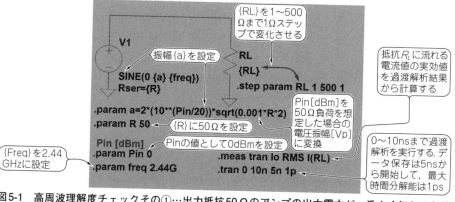

図5-1 高周波理解度チェックその①…出力抵抗50 Ωのアンプの出力電力が一番よく伝わる負荷抵抗(R_L)の値はいくつ？ (付属DVD フォルダ名:5-1)

を選択している状態で，[Plot Settings]-[Edit Plot Defs File]を選び，演算処理定義を記述します．図5-2は，plot.defs内のテキスト表示です．

　各定義式の意味は次のとおりです．本章では，PoRI(R, I)とPoVI(V, I)の2つの数式を使います．

▶PoRV(R, V)

抵抗値Rに生じる電圧値[V_{RMS}]から電力[dBm]を算出する数式です．

▶PoRI(R, I)

抵抗値Rに流れる電流値[A_{RMS}]から電力[dBm]を算出します．

▶PoVI(V, I)

電圧と電流値から電力[dBm]を算出します．

▶NF(R, T)

信号源抵抗がR[Ω]，絶対温度[K(ケルビン)]のときの雑音指数(Noise Figure, NF)を算出します．

▶Delta()とSF()

高周波アンプの安定係数(Stability Factor)を計算するための数式です．

● シミュレーション！ 負荷抵抗が50Ωのときに伝わる電力が最大になる

　図5-1の回路のシミュレーションを実行します．

　シミュレーションが終わると波形表示ウィンドウが現れます．このとき波形表示ウィンドウには何も表示されていません．

　ここで，波形表示ウィンドウの上で右クリックをすると図5-3のメニューが表示されます．[View]-[SPICE Error Log]を選択すると表示される図5-4のウィンドウ上で右クリッ

本章で使う定義式

```
* Calculation for dBm-Power from RMS Voltage, R: Reference resistance, V: RMS Voltage
.func PoRV(R,V) 20*log10(V/sqrt(0.001*R))

* Calculation for dBm-Power from RMS Current, R: resistance, I: RMS Current
.func PoRI(R,I) 20*log10(I*sqrt(R/0.001))

* Calculation for dBm-Power from RMS Voltage and Current, V: RMS Voltage, I: RMS Current
.func PoVI(V,I) 10*log10(V*I/0.001)
```

図5-2　出力抵抗50Ωのアンプの出力電力が一番よく伝わる負荷抵抗値をシミュレーションで調べる①…演算処理定義ファイル Plot.defs を編集する(付属DVD　フォルダ名：S5)
波形表示ウィンドウを選んだ状態で [Plot Settings]-[Edit Plot Defs File]

クして，[Plot .step'ed .meas data]を選びます．

　別の波形表示ウィンドウが表示されたら，そのウィンドウ上で右クリックして[Add Trace]を選びます．すると図5-5のウィンドウが表示されます．Expression(s) to addに次式を入力します．

　　PoRl(rl, io)

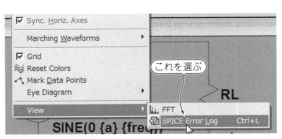

図5-3　出力抵抗50Ωのアンプの出力電力が一番よく伝わる負荷抵抗値をシミュレーションで調べる②…演算処理定義ファイル Plot.defsを編集する
波形表示ウィンドウを選択している状態で，[View]-[SPICE Error Log]を選ぶ

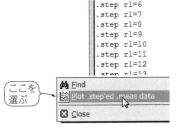

図5-4　出力抵抗50Ωのアンプの出力電力が一番よく伝わる負荷抵抗値をシミュレーションで調べる③…演算処理定義ファイル Plot.defsを編集する
[Plot .step'ed .meas data]を選ぶ．波形表示ウィンドウで右クリックする

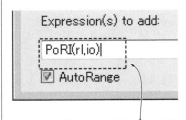

図5-5　出力抵抗50Ωのアンプの出力電力が一番よく伝わる負荷抵抗値をシミュレーションで調べる④…演算処理定義ファイル Plot.defsを編集する
Plot .step'ed .meas dataを選ぶ．SPICE Error Logウィンドウで右クリックする

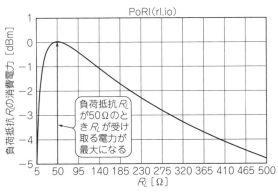

図5-6　図5-1の答え！負荷抵抗が信号源抵抗と同じ50Ωのときに最大出力電力が得られる（LTspiceシミュレーションを実行）

すると，図5-6に示すグラフが表示されます．図5-6では，縦軸や横軸のスケールを適宜調整しています．負荷抵抗値が$50\,\Omega$のときに，負荷で消費される電力が最大になっています．信号源の出力抵抗値と負荷抵抗値を等しくすることで，電力が効率良く伝わります．

5-2 — インダクタンスをもつ現実の $50\,\Omega$ 抵抗器との インピーダンス・マッチング

● インダクタンスの天敵「容量」でキャンセルする

純抵抗負荷ではなく，抵抗にインダクタ成分（コイル）が直列につながっている回路の場合を考えてみます．図5-7（付属DVD　フォルダ名：5-2）では，$50\,\Omega$抵抗に3nHのコイル（L_1）が直列につながっています．

このようなリアクタンス成分をもつ負荷に電力を効率よく伝える（インピーダンス・マッチングする）には，インダクタ成分$+jX$をコンデンサ成分$-jX$で相殺します．そうすれば，アンプから見た負荷が純抵抗成分（$50\,\Omega$）になります．

信号源の周波数fを2.44GHzとしたとき，3nHのインダクタンスのインピーダンスは次のとおりです．

$$j\omega L = +j2\pi \times 2.44 \times 10^9 \times 3 \times 10^{-9} \fallingdotseq +j45.99$$

これをキャンセルするには，直列に$-j45.99\,\Omega$を挿入すればOKです．$-jX$成分はコンデンサによって作ることができます．必要な静電容量は次式で求まります．

$$X = \frac{1}{\omega C} = 45.99$$

$$C = \frac{1}{2\pi \times 2.44 \times 10^9 \times 45.99} \fallingdotseq 1.42\text{pF}$$

● 1.42pF を追加してインピーダンス・マッチングに成功

図5-7（a）の回路シミュレーションを実行して，C_1が1.42pFで最大の電力伝達が行われるかを確認してみましょう．結果を図5-7（b）に示します．

予想どおり，虚数成分をキャンセルして，純抵抗成分である$50\,\Omega$にインピーダンス・マッチングを取ると最大電力を取り出せます．

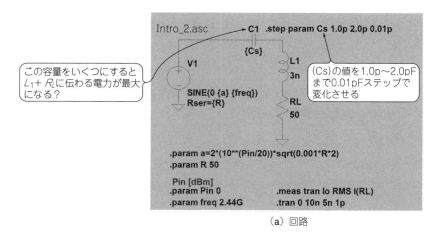

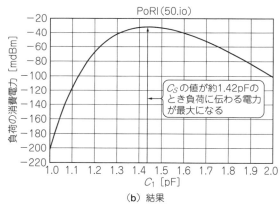

(b) 結果

図5-7　高周波理解度チェックその②…インダクタンスをもつ50 Ω抵抗器に反射なく電力が伝わるようにせよ（周波数は2.44GHz，付属DVD　フォルダ名：5-2）
3nHのインピーダンス（+*j*45.99 Ω）をコンデンサC_1でキャンセルする．1.42pFのコンデンサを負荷と直接につなぐと負荷インピーダンス（*LR*直列回路）が50 Ωになる

5-3 ── インダクタンスをもつ 50 Ω以外の抵抗器とのインピーダンス・マッチング

● 例題

　図5-8に示すのは，3nHのインダクタンスをもつ25 Ω抵抗器とそのマッチング回路です．付属DVD-ROMに収録した回路フォルダ名は，5-3です．

このインピーダンス・マッチング回路はイミッタンス・チャートを使って作りました
（第5章 Appendix Bに解説あり）.

● **インピーダンス・マッチング回路ができるまで**

　インピーダンス・マッチング回路を考えるときは，純抵抗50Ωではないインピーダン
スを純抵抗に近づけるというように考えます．イミッタンス・チャート上で考えるときは，
50Ωの中心からスタートするのではなく，中心（50Ω）からはずれたインピーダンスから
スタートして中心（50Ω）に移動させる方法を考えます.

▶STEP1　負荷インピーダンスをチャートにプロットする

　25Ω + 3nHのインピーダンス（2.44GHz）を50Ωで正規化してから，イミッタンス・
チャートにプロットします.

● 25Ωの正規化：25/50 = 0.5
● 3nHの正規化：$j\omega L/50 = +j2\pi \times 2.44 \times 10^{9} \times 3 \times 10^{-9}/50$

$$= +j45.99/50 \fallingdotseq +j0.92$$

　図5-9のイミッタンス・チャート上の（0.5 + j0.92）の点Aに丸を付けます.

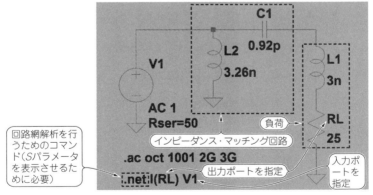

図5-8　高周波理解度チェックその③…インダクタンスをもつ25Ωの抵抗器
（L_1, R_Lの直列回路）**に反射なく電力が伝わるようにせよ**（周波数2.44GHz，付
属DVD　フォルダ名：5-3）

▶STEP2　コンデンサを負荷と直列に挿入して点A(0.5 + j0.92)を点B(0.5 − j0.5)に移動する

　コンデンサを負荷と直列に追加して，負荷インピーダンスの点A(0.5 + j0.92)を点B(0.5 − j0.5)に移動します．チャート上では**図5-9**のようになります．点B(0.5 − j0.5)にバッチリ移動するコンデンサの容量C_1は次式で求まります．

$$-j\frac{1}{\omega C_1} = -j0.5 - (+j0.92) = -j1.42$$

　この値は50Ωで正規化されています．本来のインピーダンスに戻すと次のようになります．

Column(5-Ⅱ)

アンプの出力が最大になるインピーダンス・マッチング回路 ≠負荷の消費が最大になるインピーダンス・マッチング?

　図5-8の回路で，アンプ(信号源)の出力が最大になる条件と，負荷抵抗の消費電力が最大になる条件は実は一致しません．

● シミュレーションしてみる

　これを**図5-10**に示す回路で調べてみましょう．付属DVD-ROMの回路フォルダ名は5-4です．**図5-C**に，シミュレーション結果を示します．
  ● 信号源側(「in」というラベルが付いているノード)で計算した電力PoVI(vi, ii)
  ● 25Ωの抵抗で消費される電力PoRI(25, io)
の計算結果が示されています．これを見ると，負荷抵抗で消費される電力のピークは，**図5-9**と**図5-10**で求めたインピーダンス・マッチング回路のC_1(0.92pF)からずれています(約0.93pF)．0.92pFのときに電力が最大になるのは，アンプ側の供給電力(インピーダンス・マッチング回路の入力部分の電力)PoVI(vi, ii)のときです．

● 結果を考察

　高周波回路においてインピーダンス・マッチングを取るということは，信号源，または前段の回路へ反射する無駄な電力を最小化すると考えたほうがしっくりきます．別の言い方をすれば，信号源から供給可能な電力を目いっぱい負荷側へ供給する条件です．

　信号源から目いっぱい電力を供給できても，負荷抵抗における消費電力が最大に

$$-j\frac{1}{\omega C_1} = -j1.42 \times 50 = -j71$$

$$X = \frac{1}{\omega C_1} = 71\ \Omega$$

よってC_1は次のように求まります.

$$C_1 = \frac{1}{2\pi \times 2.44 \times 10^9 \times 71} \fallingdotseq 0.92\mathrm{pF}$$

なっているとは限らないというのがややこしいです.しかし,供給電力最大の条件と,消費電力最大の条件のずれはわずかですから,近似値として考えれば実用的には気にしなくてもよいと思います.

　章末に示した電気回路の教科書[4]に記載されているとおり,共振回路の共振電流が最大値となる周波数条件とインピーダンスが最大(並列共振回路),または最小(直列共振回路)になる周波数条件との間には少しのずれがあることを考えれば,**図 5-C**の結果を理解できます.

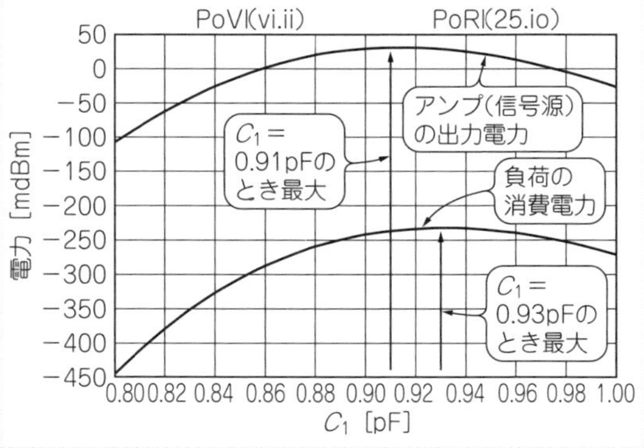

図5-C　アンプから負荷への供給電力最大の条件と負荷の消費電力最大の条件はわずかに違う
実用的にはほとんど同じなので気にしなくてもOK

　さらにコイルを負荷と並列に追加すると，負荷インピーダンスが50Ωに近づきます．**図5-9**のチャート上で，負荷のインピーダンスの点(0.5 − j0.5)を，中心点(1.0)，つまり50Ωの点に移動するコイルの定数を求めます．

　イミッタンス・チャート上のアドミタンスの値に注目してください．リアクタンス−j0.5は，サセプタンス j1.0です．したがって，

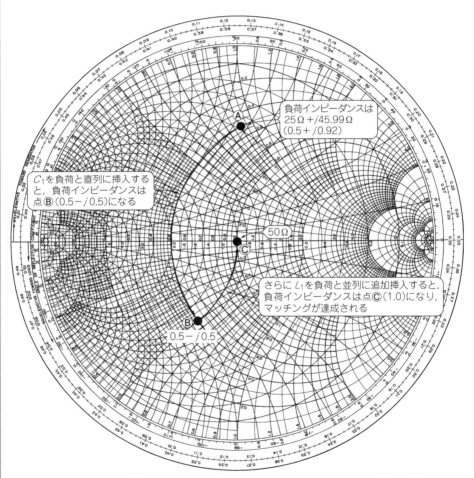

負荷インピーダンスは25Ω +j45.99Ω (0.5 + j0.92)

C₁を負荷と直列に挿入すると，負荷インピーダンスは点Ⓑ(0.5−j0.5)になる

50Ω

さらに L₁を負荷と並列に追加挿入すると，負荷インピーダンスは点Ⓒ(1.0)になり，マッチングが達成される

0.5−j0.5

図5-9　図5-8のインピーダンス・マッチング回路はイミッタンス・チャートを使って導出した
コンデンサC_1とコイルL_1を追加して負荷インピーダンスが50Ωになるようにした

$$X = \omega L = \frac{1}{B} \times 50 = 50 \; \Omega$$

となるコイルを並列に入れます. コイルのインダクタンスが次のように求まります.

$$L = \frac{50}{2 \; \pi \times 2.44 \times 10^{9}} \fallingdotseq 3.26\mathrm{nH}$$

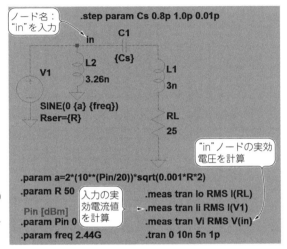

図5-10 高周波理解度チェックその④
…完成された50Ωインピーダンス・マッチング回路(付属DVD フォルダ名:5-4)

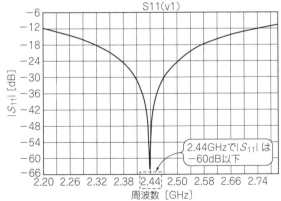

図5-11 C_1とL_1で構成した回路(図5-1)のインピーダンス・マッチング効果(LTspice シミュレーションの結果)インピーダンス・マッチングに成功している

● STEP4　完成したインピーダンス・マッチング回路の性能をシミュレーションで確認

　図5-10が完成したインピーダンス・マッチング回路です．LTspiceシミュレーション
を実行してみます．

　$|S_{11}|$を表示させたのが**図5-11**です．2.44GHzで，$|S_{11}|$は−60dB以下となっていて，確
かにインピーダンス・マッチングが取れています．

Column（5-Ⅲ）

位相がわかれば一人前

● 高周波信号は振幅だけじゃなく位相とセットで捕える

　図5-Dは，時間の関数である交流信号のベクトルを示したものです．

　オーディオなどの低周波回路では，振幅だけで信号のプロフィールを表現するこ
とがありますが，高周波ワールドでは通用しません．必ず，信号の振幅Mag（電圧，
電流）のほかに位相をセットにして捕えます．振幅と位相がセットのベクトル量で
考えます．

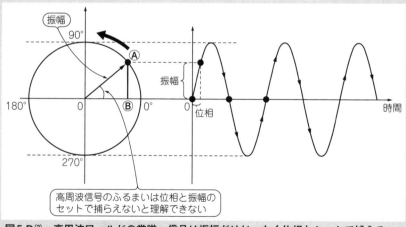

図5-D⁽²⁾　高周波ワールドの常識…信号は振幅だけじゃなく位相とセットで捕える
オーディオなどの低周波回路では，位相を考えず振幅だけで信号をプロファイルすることが多い

◆参考・引用*文献◆
(1)* nRF24LE1 Product Specification, Ver.1.6, Nordic Semi-conductor, Aug. 2010
(2)* 計測の基礎セミナ RF/マイクロ波コース ネットワーク・アナライザの基礎, 5988-6966JA, Agilent Technologies, Feb. 2013.
(3) ベクトル・ネットワーク解析の基礎, 5965-7707J, Agilent Technologies, Dec. 2013.
(4) 小郷 寛；交流理論, 電気学会, 1991.

〈川田 章弘〉

● 線路が波長より長いときは位置によって電圧や電流値が異なる

図5-Eに示すのは，マイクロストリップ・ラインと呼ぶ信号線路(伝送線路)を伝わる高周波信号の電流波形です．

入力信号の位相(時間)を変化させると，伝送線路上の電流が場所によって変化します．伝送線路上には，波が伝搬しているため，その波のもつ位相情報が伝送線路上の位置に現れます．言い換えるなら，伝送線路上の場所(位置)によって電圧や電流値が異なります．

低周波信号の場合，ケーブルに$1V_{RMS}$を加えたら，ケーブルのどの部分でも$1V_{RMS}$ですが，高周波信号のときはそうとは限りません．

簡単な目安としては，伝送線路に供給する信号の波長：$\lambda(300 \times 10^6/f)$ [m]の1/20よりも線路が長いときは，信号の位相についても考える(高周波信号として考える)必要があります．$\lambda/20$ルールと呼びます．個人的な感覚では，5GHz帯くらいになると，$\lambda/100$ルールくらいで考えるのが妥当です．

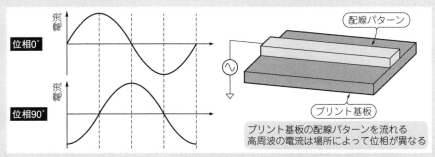

図5-E 高周波ワールドの常識…伝送線路上の高周波信号は場所によって位相が異なる

回路や部品の入出力特性をプロファイル！
高周波ではインピーダンスより S パラメータ

● 回路や部品の性能は入射，反射，伝送の3つの波の大きさの関係で表す

　図5-Fに示すように，高周波信号を回路や部品に加えたときのようすは，光学レンズに光を加えたときに似ています．入射した光(R)の一部は，レンズ表面で反射(A)し，一部は通過(B)します．レンズの反対側から光が入射したときも同じ現象が生じます．

　高周波ワールドでは，回路や部品に信号を加えたときの入出力特性を S(Scattering)パラメータで表すのが常識です．ほかにも次のようにいろいろなパラメータが存在しますが，いずれも S パラメータをもとに変換して求めることができます(後述)．

▶入射信号と反射信号の関係を表す

● S パラメータ(S_{11} と S_{22})

● 電圧定在波比($VSWR$)

● 反射係数(Γ, ρ)

● インピーダンス($R + jX$)とアドミタンス($G + jB$)

● リターン・ロス(RL)

▶入射信号と伝送信号の関係を表す

● S パラメータ(S_{21}, S_{12})

● 利得または損失

● 伝送係数(T, τ)

● 挿入位相

● 群遅延

図5-F[(2)]　高周波信号を回路や部品に加えたときのようすはレンズに光を入れるときに似ている

入射信号
R

反射信号
A

伝送信号
B

被測定デバイス(DUT：Device Under Test)

● 回路や部品の性能はSパラメータで表す

電気回路の4端子パラメータの多くは，入力や出力ポートをオープンにしたりショートした状態から導出されます．これは，2つの線を接続すれば0Ωになり，開放すれば∞Ωが容易に実現できる低周波ワールドでの話です．

高周波ワールドでは，回路が扱う周波数のすべてにおいて，ショート状態やオープン状態を作り出すことはできません．2点間を0Ωの配線でショートしたつもりでも，配線のインダクタンスが効く帯域ではコイルを接続したことと同じ状態になります．部品を取り除いてオープン状態を作っても，周波数によってはコンデンサを接続したことと同じ状態になります．

そこで高周波ワールドでは，図5-Gに示す入射波，反射波，そして伝送波のレベル比を表すSパラメータをよく使います．これは，入出力ポートを正規化インピーダンス（50Ω系なら50Ω）に接続した状態における入射波と反射波の関係から定義したパラメータです．

Sパラメータは高周波回路の実測に適しています．高周波では，ショート状態やオープン状態を実現しにくいため，あまり実測に向いていません．物理的に実現できない条件を

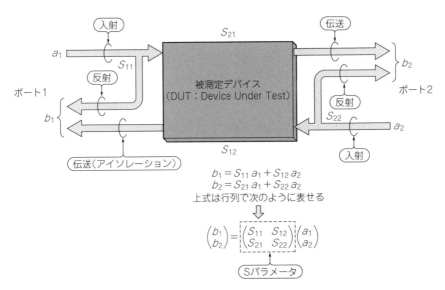

$$b_1 = S_{11} a_1 + S_{12} a_2$$
$$b_2 = S_{21} a_1 + S_{22} a_2$$

上式は行列で次のように表せる

$$\begin{pmatrix} b_1 \\ b_2 \end{pmatrix} = \begin{pmatrix} S_{11} & S_{12} \\ S_{21} & S_{22} \end{pmatrix} \begin{pmatrix} a_1 \\ a_2 \end{pmatrix}$$

Sパラメータ

図5-G[(2)] 高周波では入射波，反射波，伝送波のレベル比を表すSパラメータで回路の特性を表す
高周波ワールドでは，回路が扱う周波数のすべてにおいてショート状態やオープン状態を作ることができない

前提としたパラメータは使えませんが，50Ωの終端条件なら，実測のための環境を作りやすいのです．75Ωでも100Ωでも，高周波領域で理想的な抵抗値（終端条件）が作れるのであれば，50Ωでなくてもかまいません．

現実の高周波測定では，50Ωあるいは75Ωが採用されています．

● Sパラメータの表記法

図5-Hに，Sパラメータの読み方を示します．

電気回路の世界では，添え字の後ろ側から前側に向かって信号を定義することが一般的です．Sパラメータの読み方も同じです．

S_{21}は，ポート1から入る信号と，その信号が回路や部品を通り抜けてポート2に出てきた信号の比（振幅と位相）です．S_{11}は，ポート1から入る信号と，その信号が回路や部品に入ることなく跳ね返ってポート1に表れる信号の比（振幅と位相）です．

図5-Iに示すとおり，Sパラメータは振幅と位相成分をもったベクトルです．Sパラメータとして，dB値だけが記載されているグラフは，振幅成分だけを表示しているため，正確には絶対値記号を付けて表現します．たとえば，S_{11}[dB]であれば，$|S_{11}|$[dB]というように記載するのが正しい表現方法です．

振幅と位相成分をもつベクトル量は，複素平面上で実数と虚数によって表すこともできます．図5-Jに示すように，Sパラメータは，

(1) $20\log|S_{xx}|$[dB]，θ[°]

(2) $|S_{xx}|$，θ[°]

(3) a，b（aは実数成分，bは虚数成分，複素数としては$a + jb$）

というように3種類の表記方法があります．

$|S_{xx}|$という値は，比なので単位はありません．Sパラメータの振幅は，常用対数をとって20倍した値[dB]として記載することもあります．また，実数をa，虚数をbとおいて，

・**反射特性**
ポート1側の反射特性：S_{11}
ポート2側の反射特性：S_{22}

・**伝送特性**
ポート1からポート2側への伝送特性：S_{21}
ポート2からポート1側への伝送特性：S_{12}

S_{21}

被測定デバイスへの出力ポート番号（通常は2）　被測定デバイスへの入力ポート番号（通常は1）

図5-H[(2)]　Sパラメータの表記

$a+jb$ という複素数としてSパラメータを表記することもあります.

● Sパラメータとインピーダンス$R+jX$の変換

▶$R+jX$からSパラメータを求める式

ポート1を入力,ポート2を出力にもつ回路や部品(測定デバイスDUT)の入力インピー

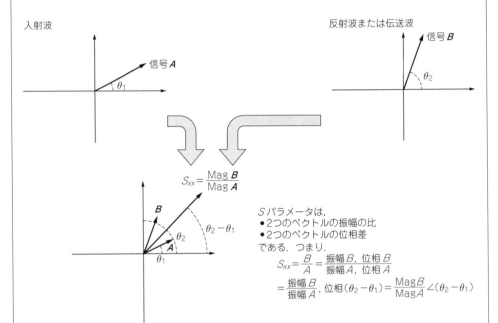

図5-I[(2)] Sパラメータの意味
振幅と位相成分をもったベクトルである

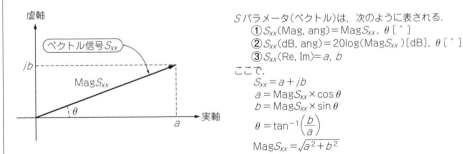

図5-J[(2)] ベクトル信号Sパラメータの数値表現

ダンス Z_{in} が $R + jX$ のときの S_{11} は，次式で求まります[2]．

$$S_{11} = \Gamma = \frac{Z_{in} - Z_0}{Z_{in} + Z_0} = \frac{\dfrac{Z_{in}}{Z_0} - 1}{\dfrac{Z_{in}}{Z_0} + 1} \quad\cdots\cdots\cdots\cdots\cdots\cdots\cdots\cdots\cdots\cdots\cdots\cdots\cdots \text{(5-A)}$$

$Z_{in} = 50\ \Omega$，$Z_0 = 50\ \Omega$ のとき $S_{11} = 0$

$Z_{in} = 0\ \Omega$，$Z_0 = 50\ \Omega$ のとき $S_{11} = 1 \angle 180°$

同様に，出力インピーダンス Z_0 が $R + jX$ のときの S_{22} は，次式で求まります．

$$S_{22} = \Gamma = \frac{Z_{out} - Z_0}{Z_{out} + Z_0} = \frac{\dfrac{Z_{out}}{Z_0} - 1}{\dfrac{Z_{out}}{Z_0} + 1} \quad\cdots\cdots\cdots\cdots\cdots\cdots\cdots\cdots\cdots\cdots\cdots\cdots \text{(5-B)}$$

S_{11} と S_{22} の絶対値($|S_{11}|$，$|S_{22}|$)が小さいほど，インピーダンス・マッチングがとれている(50 Ω に近い)ことを示しています．全反射のときは S_{11} と S_{22} は 0dB です．アクティブ回路で $|S_{11}|$ や $|S_{22}|$ が 0dB 以上の値となっているときは回路が発振しています．

▶S パラメータから $R + jX$ を求める式

高周波 MOSFET や高周波受動部品を低周波回路で使う場合，S_{11} ではなく，インピーダンス $R + jX$ の値を知りたくなります．

$Z_0 (50\ \Omega)$ で正規化された Z_{in} は S_{11} から次式で求まります．

$$\frac{Z_{in}}{Z_0} = \frac{1 + S_{11}}{1 - S_{11}} \quad\cdots\cdots\cdots\cdots\cdots\cdots\cdots\cdots\cdots\cdots\cdots\cdots\cdots\cdots\cdots\cdots\cdots\cdots \text{(5-C)}$$

$$= \frac{1 + |S_{11}|\cos\theta + j|S_{11}|\sin\theta\{(1 - |S_{11}|\cos\theta) + j|S_{11}|\sin\theta\}}{(1 - |S_{11}|\cos\theta) - j|S_{11}|\sin\theta\{(1 - |S_{11}|\cos\theta) + j|S_{11}|\sin\theta\}}$$

$$= \frac{1 - (|S_{11}|\cos\theta)^2 - (|S_{11}|\sin\theta)^2 + j2|S_{11}|\sin\theta}{(1 - (|S_{11}|\cos\theta)^2 + (|S_{11}|\sin\theta)^2}$$

$$= \underbrace{\frac{1 - (|S_{11}|\cos\theta)^2 - (|S_{11}|\sin\theta)^2}{(1 - |S_{11}|\cos\theta)^2 + (|S_{11}|\sin\theta)^2}}_{R} + j\underbrace{\frac{2|S_{11}|\sin\theta}{(1 - |S_{11}|\cos\theta)^2 + (|S_{11}|\sin\theta)^2}}_{X}$$

R は純抵抗成分，X はリアクタンス成分です．$+jX$ の場合，誘導性インピーダンス(L 性)であり，$-jX$ であれば容量性インピーダンス(C 性)です．

この式で求まる値($R + jX$)は $Z_0 = 50\ \Omega$ で正規化されているので，実際の値に戻すには，

表5-A⁽²⁾ 信号の反射の起こりやすさと伝わりやすさを表すパラメータ

反射特性を表す 変数のいろいろ	S_{11}で表すと…
反射係数	$\Gamma = \lvert S_{11}\rvert \angle\,\theta$
反射係数	$\rho = \lvert\Gamma\rvert = \lvert S_{11}\rvert$
リターン・ロス［dB］	$-20\log(\lvert S_{11}\rvert)$
電圧定在波比 $VSWR$	$(1+\lvert S_{11}\rvert)/(1-\lvert S_{11}\rvert)$

（a）反射特性の表現法のいろいろ

伝送特性を表す 変数のいろいろ	S_{21}で表すと…
伝送係数	$T = \lvert S_{21}\rvert \angle\,\theta$
伝送係数	$\tau = \lvert T\rvert = \lvert S_{21}\rvert$
利得・損失［dB］	$20\log(\lvert S_{21}\rvert)$
挿入位相	θ
群遅延	$-d\theta/d\omega$

（b）伝送特性の表現法のいろいろ

RとXそれぞれに50を掛けます.

● **伝わりやすさや反射の起こりやすさを表すパラメータ**

▶反射の起こりやすさを表すパラメータ

S_{11}を使うと，**表5-A**(a)に示す反射の起こりやすさを示すいろいろなパラメータを導出できます.

振幅成分しか表現されていないパラメータからは，位相成分をもつSパラメータを求めることはできません. たとえば，リターン・ロスからは，$\lvert S_{11}\rvert$を求めることはできても，S_{11}を求めることはできません.

▶伝わりやすさを表すパラメータ

S_{21}を使うと，**表5-A**(b)に示す伝わりやすさを示すいろいろなパラメータを導出できます.

S_{12}は，伝わりにくさ，つまりアイソレーション特性です. 伝送特性の場合，位相だけのパラメータや位相を周波数微分した群遅延というパラメータもあります. 〈川田 章弘〉

*L*や*C*を付け足して50Ωにチューン！
信号が正しく伝わるインピーダンス・マッチング回路作りに！ イミッタンス・チャート

● イミッタンス・チャートでインピーダンス・マッチング回路作り

　図5-Kに示すのは，イミッタンス・チャートと呼ばれるインピーダンス・マッチング設計のときに利用するグラフです．インピーダンスを極座標上に表示するスミス・チャート（インピーダンス・チャート）に，インピーダンスの逆数であるアドミタンス（アドミタンス・チャート）を重ね描きしたものです．インピーダンス・マッチング回路を作りたいときは，スミス・チャートよりもイミッタンス・チャートが便利です．円の真中は正規化インピーダンスの値であり，多くの高周波回路では50Ωを表します．

● インピーダンスの変化がチャート上に描かれる

▶リアクタンス成分のない純抵抗負荷のインピーダンス変化

　負荷インピーダンス($R + jX$)の抵抗成分Rを変化させたときの，インピーダンスの軌跡をイミッタンス・チャート上に書くと図5-Kになります．一番右が∞Ω，一番左が0Ωで

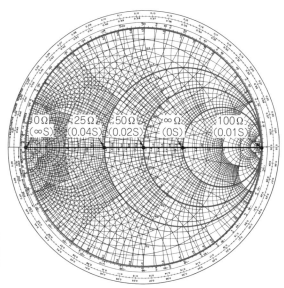

図5-K　負荷インピーダンス($R + jX$)**の抵抗成分*R*を変化させたときの負荷インピーダンスの軌跡をイミッタンス・チャート上に書くとこうなる**

す．リアクタンス（jX成分）が0の場合，すべて円の中央を横切る直線上に乗ります．

▶抵抗成分のないリアクタンス負荷のインピーダンス変化

図5-Lに，コイルやコンデンサを直列に挿入したり，並列に挿入したときの軌跡を示します．マッチング回路を作るときは，この動きを利用します．円の上半分がL性を，下半分がC性を示すことを覚えてください．数式を交えて表現すると，次のようになります．

● 上半分：$R + jX$，または$G - jB$

● 下半分：$R - jX$，または$G + jB$

直列にインダクタ（L）やコンデンサ（C）を挿入すると，スミス・チャートで示されている円（インピーダンス・チャート）上を移動し，並列に接続するとアドミタンス・チャート上を移動する，と覚えておくとよいかもしれません．私は，そのようにして覚えました．

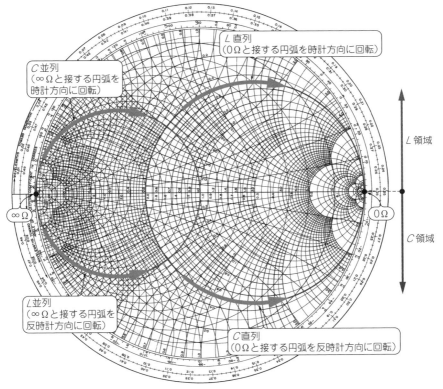

図5-L　コイルやコンデンサを直列に挿入したり，並列に挿入したときの軌跡をイミッタンス・チャート上に書くとこうなる

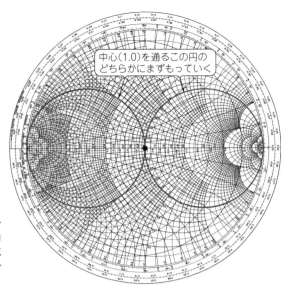

図5-M　インピーダンス・マッチングの第1ステップ…コイルまたはコンデンサを負荷と並列または直列に接続して，この円上にインピーダンスをもってくる

● **チャートを使ったインピーダンス・マッチング回路の作り方**

　インピーダンス・マッチングが取れていないとき，アンプの入出力インピーダンスや負荷のインピーダンスは，円の中心から遠いところに位置しています．これを，コンデンサやコイルを追加して，50 Ω（チャートの中心）に来るようにすればよいわけです．将棋やチェスに例えるならば，この作業は「王手（チェックメイト）」ですね．

▶マッチング回路には*LC*のみ使う

　コンデンサまたはコイルを1つずつ，計2個を使って，2ステップで中心にもっていくことができます．第1ステップは，コイルまたはコンデンサを1つ使って，負荷と並列または直列に接続して，図5-Mの円上にインピーダンスをもっていきます．第2ステップでも同様に，コイルまたはコンデンサを1つ使って，負荷と並列または直列に接続して，円の中心にチェックメイトします．第1ステップで，図5-Mの円上にインピーダンスを移動することに成功すれば，中心にもっていく最後の一手を打つことができます．

　抵抗を追加すれば，チャート上を横方向に移動させることができますが，高周波回路では抵抗は損失の原因となるため，通常使いません．コイルとコンデンサだけで，スミス・チャートの上下方向にインピーダンスを移動させながら真中に近づけます．

〈川田 章弘〉

第6章

ひずみ，雑音，周波数特性…仕上がり性能は一歩目で決まる
高周波プリアンプの設計①
「バイアス技術」

● 高周波アンプ作りの第一歩「バイアス設計」

　回路の基準電位（各部の電位）で仕上がり性能は大きく変わります．

　前章で無線通信機器／受信機などの高周波回路を作るための第一歩「インピーダンス・マッチング技術」を解説しました．第6章〜第8章では，もう一歩踏み込んで2.4GHz帯のロー・ノイズ・アンプ（LNA：Low Noise Amplifier）の基本的な設計方法を説明します．

　本章は，高周波LNAのバイアス回路の作り方を解説します．

　温度が変化してもトランジスタの動作点が変わらないようにするのが基本的な考え方です．バイアス電流を決めるときは，アンプの線形性（ひずみの少なさ）や雑音電圧の大きさなども考慮します．バイアス回路の設計後は，高周波バイポーラ・トランジスタのSPICEモデルをシミュレータ（LTspice）に組み込み，設計どおりに直流動作点が一致しているか，シミュレーションで確認します．

6-1── バイアス回路の机上計算

　高周波LNAで使用する能動素子は，バイポーラ・トランジスタです．バイポーラ・トランジスタを動作させるにはバイアス回路が必要です．

● アンプは熱雑音が小さくなる回路構成とする

　図6-1は，教科書でよく説明されているバイポーラ・トランジスタのバイアス方法（電流帰還バイアス回路）です．このようなバイアス回路を高周波LNAにそのまま適用すると，エミッタ抵抗（R_E）から発生した熱雑音は，コレクタ側に増幅されて現れます．

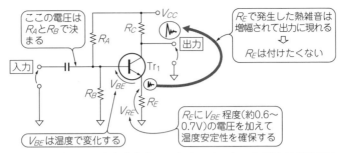

図6-1[(1)] バイアスを安定化させるためにはエミッタ抵抗が必要だけ
ど，この抵抗は熱雑音を発生する
エミッタ抵抗から発生した熱雑音が増幅されるため，雑音指数が悪化する

　最初に，図6-1の回路で入力信号源が存在しない場合，ベースの電位は固定されている
と考えることができます．熱雑音源の存在するエミッタ側を入力，コレクタを出力ととら
え直すと，図6-1の回路はベース接地増幅回路と考えることができます．抵抗R_Eから発生
する熱雑音は，ゲインGだけ増幅されます．

$$G = \frac{1}{\frac{1}{g_m} + R_E} \times (R_C // r_O)$$

g_mは，相互コンダクタンスであり，絶対温度が300K（摂氏温度27℃）のとき，次式のと
おり計算できます．

$$g_m = \frac{I_C}{26\text{mV}}$$

I_Cはバイアスとして流しているコレクタ電流です．r_Oは，バイポーラ・トランジスタ
の出力抵抗であり，アーリ電圧をV_Aとすると，次式のとおり計算できます．

$$r_O = \frac{V_A}{I_C}$$

　通常の設計では，R_EはR_Cよりも小さい値です．図6-1の回路ではR_Eから発生した熱雑
音が増幅されるため，雑音指数（NF）が増加してしまいます．

　図6-1の回路で高周波LNAを実現したいときは，R_Eから発生する熱雑音を小さくする
ために，R_Eに対して，並列にコンデンサを付けます．

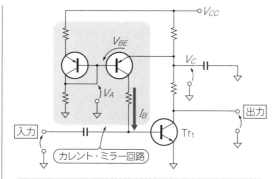

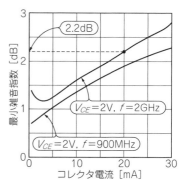

図6-3[4] トランジスタBFG425Wの
コレクタ電流と最小雑音指数の関係
コレクタ電流20mA時に最小雑音指数
は約2.2dBである

カレント・ミラー回路が構成されている.
抵抗分圧によりV_Aはほぼ一定となっている.
Tr_1のV_{BE}が温度上昇などによって下がり,コレクタ電流
が増えるとV_Cの電位が下がる.V_Aはほぼ一定であるとす
ると,図のV_{BE}が小さくなり,I_Bを下げる.その結果I_Cも
小さくなるという負帰還動作が実現できる

図6-2[2]　アクティブ・バイアスを使えば熱雑音を発
生させるエミッタ抵抗を使わずに直流動作点を安定化
できる

● 熱雑音対策！エミッタ抵抗ではなくアクティブ・バイアス回路で直列動作点を安定化
させる

　エミッタ抵抗を使わず温度安定性を確保する回路構成として,図6-2に示すアクティ
ブ・バイアス回路があります.この回路は,高周波アンプのバイアス回路として一般的で
す.

　アクティブ・バイアス回路は,高周波アンプのインピーダンス・マッチング回路への影
響をあまり与えず,バイアス電流の変更を容易にできます.今回は,このバイアス回路を
使うことにします.

● 雑音/ひずみ/周波数特性に影響するコレクタ電流を決める

　今回の高周波LNAは,$f_T = 25GHz$の高周波バイポーラ・トランジスタBFG425W(NXP
セミコンダクターズ)を使います.

　雑音指数は高周波バイポーラ・トランジスタに流すコレクタ電流の大きさによって,変
化します.この特性カーブを示したのが図6-3です.一般的にコレクタ電流を大きくする
と雑音も大きくなります.低雑音にしたい場合は,コレクタ電流は控えめにします.

　ゲインの周波数特性は,コレクタ電流を大きくしたほうが一般的には高域まで伸びます.

また，アンプにより発生するひずみもコレクタ電流を大きくしたほうが有利です．

高周波LNAの設計では，次の3つのトレードオフを考えて，コレクタ電流を決めます．

- 雑音
- ひずみ(最大出力電力)
- 周波数特性

図6-3の特性カーブからは，周波数が大きくなると，雑音指数が悪化することもわかります．$f = 2\text{GHz}$のカーブに注目すると，20mAのコレクタ電流でおよそ2.2dBが最小雑音指数であることがわかります．今回設計する高周波LNAは，2.4GHz帯用なので，この雑音指数よりも悪化すると思われます．

図6-3の特性カーブの傾向から判断すると，20mAのコレクタ電流であれば，3dB以下のNFは得られるだろうと予想できます．

今回はひずみもある程度小さく抑えたいため，コレクタ電流を22mAに設定することにしました．

● 使用するトランジスタのh_{FE}に着目する

バイアス回路を設計するためには，使用するバイポーラ・トランジスタの直流電流増幅率h_{FE}を確認する必要があります．

バイアス電圧/電流を作るための基準回路用のトランジスタには，2SA1576A(ローム)を使用します．

使用する2つのトランジスタのh_{FE}を表6-1に示します．BFG425Wが最小50，2SA1576Aが最小120です．これらの情報を元にバイアス回路を設計した結果を図6-4に示します．

図6-4の設計にあたって，決めなければならない値がもう1つあります．それは，図6-4のV_aの電圧値です．V_aの値は，Tr_1に供給される電源電圧で，今回は，2.2Vと決めました．この条件を決めれば，あとは計算式にしたがって定数を求めます．

● 負荷抵抗にコイルを使い交流信号のひずみをなくす

コレクタ抵抗(負荷抵抗)として抵抗器を使った場合，供給電圧V_aが2.2V，バイポーラ・トランジスタのコレクタ-エミッタ間電圧が2Vでは，図6-5(a)のようにひずんでしまいます．

しかし，負荷抵抗としてコイル(L_1)を用いることで，交流負荷線は図6-5(b)のようになるので，信号はひずみません．コレクタ-エミッタ間飽和電圧V_{CE}を0.5Vとすると，

表6-1 使用する2つのバイポーラ・トランジスタの電流増幅率h_{FE}

シンボル	パラメータ	条 件	最小	標準	最大	単位
V_{CBO}	コレクタ-ベース降伏電圧	エミッタ・オープン	–	–	10	V
V_{CEO}	コレクタ-エミッタ降伏電圧	オープン・ベース	–	–	4.5	V
h_{FE}	直流電流増幅率	$I_C = 25$ mA, $V_{CE} = 2$ V, $T_J = 25$℃	50	80	120	–
f_T	トランジション周波数	$I_C = 25$ mA, $V_{CE} = 2$ V, $f = 2$ GHz, $T_{amb} = 25$℃	–	25	–	GHz

(a)[4] BFG425Wの電気的特性

シンボル	パラメータ	条 件	最小	標準	最大	単位
BV_{CBO}	コレクタ-ベース降伏電圧	$I_C = -50$ μA	– 60	–	–	V
BV_{CEO}	コレクタ-エミッタ降伏電圧	$I_C = -1$ mA	– 50	–	–	V
h_{FE}	直流電流増幅率	$V_{CE} = -6$ V, $I_C = -1$ mA	120	–	390	–
f_T	トランジション周波数	$V_{CE} = -12$ V, $I_E = 2$ mA, $f = 100$ MHz	–	140	–	MHz

(b)[5] 2SA1576Aの電気的特性（周囲温度＝25℃）

$3V_{P-P}$程度の信号振幅を得られます．この信号振幅を実効値換算すると$1.06V_{RMS}$なので，出力電力P_Oは，次のとおり計算できます．

$$P_O = 10\log\left(\frac{\frac{1.06^2}{50}}{0.001}\right) \fallingdotseq 13.5\text{dBm}$$

6-2——LTspiceでシミュレーション

■ バイポーラ・トランジスタのモデルをシミュレータに組み込む

● 高周波バイポーラ・トランジスタのSPICEサブサーキットを自作する

バイポーラ・トランジスタなどのSPICEモデル・パラメータを半導体デバイス・メーカのWebサイトからダウンロードしてきてLTspiceに組み込んでいる人はたくさんいると思います．ダウンロードしてきたモデル・パラメータをLTspiceに組み込む方法も種々の書籍やWebサイトで解説されています．

一部のデバイスは，SPICEモデルが用意されていません．このようなときは一度データシートを確認します．モデルが用意されていなくても，SPICEパラメータがデータシー

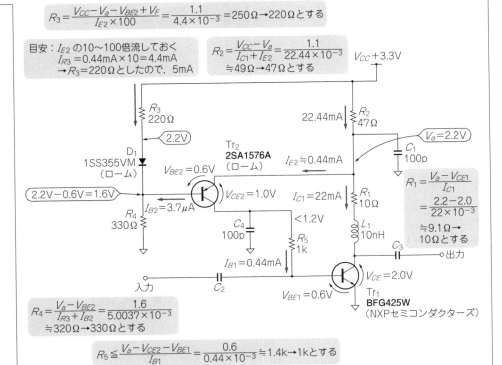

$$R_3 = \frac{V_{CC} - V_a - V_{BE2} + V_F}{I_{E2} \times 100} = \frac{1.1}{4.4 \times 10^{-3}} = 250\,\Omega \rightarrow 220\,\Omega とする$$

目安：I_{E2} の10〜100倍流しておく
$I_{R3} = 0.44\text{mA} \times 10 = 4.4\text{mA}$
→$R_3 = 220\,\Omega$ としたので，5mA

$$R_2 = \frac{V_{CC} - V_a}{I_{C1} + I_{E2}} = \frac{1.1}{22.44 \times 10^{-3}} \fallingdotseq 49\,\Omega \rightarrow 47\,\Omega とする$$

V_{CC} +3.3V

R_3
220Ω

22.44mA R_2
47Ω

V_a =2.2V

2.2V

C_1
100p

D_1
1SS355VM
（ローム）

Tr$_2$
2SA1576A
（ローム）

I_{E2}≒0.44mA

V_{BE2} =0.6V

I_{C1} =22mA R_1
10Ω

$$R_1 = \frac{V_a - V_{CE1}}{I_{C1}}$$
$$= \frac{2.2 - 2.0}{22 \times 10^{-3}}$$
$$\fallingdotseq 9.1\,\Omega \rightarrow$$
10Ωとする

2.2V−0.6V=1.6V

V_{CE2} =1.0V

I_{B2} =3.7μA

R_4
330Ω

C_4
100p

<1.2V

L_1
10nH

C_3

R_5
1k

出力

I_{B1} =0.44mA

入力

C_2

V_{CE} =2.0V

V_{BE1} =0.6V

Tr$_1$
BFG425W
（NXPセミコンダクターズ）

$$R_4 = \frac{V_a - V_{BE2}}{I_{R3} + I_{B2}} = \frac{1.6}{5.0037 \times 10^{-3}} \fallingdotseq 320\,\Omega \rightarrow 330\,\Omega とする$$

$$R_5 \leqq \frac{V_a - V_{CE2} - V_{BE1}}{I_{B1}} = \frac{0.6}{0.44 \times 10^{-3}} \fallingdotseq 1.4\text{k} \rightarrow 1\text{kとする}$$

図6-4　バイポーラ・トランジスタのh_{FE}などを元にバイアス回路を設計する
計算式からアンプを動作させるための各電流，電圧，定数を求める

トに記載されている場合があります．今回使用するBFG425Wは，データシートにSPICE
パラメータが記載されているので，テキスト・エディタで，サブサーキットを自作できま
す．

▶手順①回路図シンボルを作る

　サブサーキット・ファイルと関連付ける回路図シンボルを作成します．

　LTspiceのルート・ディレクトリ内に，"lib"ディレクトリが存在します．その中に，
"sym"ディレクトリがあるので開いてみてください．" ＊ .asy"というファイルがたくさん
入っていると思います．

　LTspiceの回路図は，このシンボルを利用して描けます．シンボルは，"sub"ディレク
トリ内にあるSPICEモデル・パラメータやサブサーキット・ファイルと関連付けられて
います．

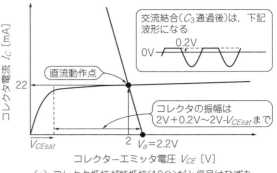

（a）コレクタ抵抗が純抵抗（10Ω）だと信号はひずむ

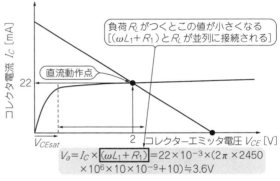

図6-5 負荷線でアンプの最大振幅を確認

（a）では，正側が＋0.2Vの出力となる．（b）では，負荷R_Lがない場合（無負荷時），コレクタは＋3.6Vまで振幅を出力できる

（b）コレクタ抵抗にコイルを使うと，供給電圧V_aとV_{CE}がほぼ等しくてもひずまない

"sym"内では，任意のディレクトリを作成することができます．例えば，自分で作ったシンボルを"Mysub"というように任意の名前のディレクトリに保存しておけば，元々存在する回路図シンボルと区別して管理できます．

ここでは，バイポーラ・トランジスタのシンボルを作成します．"sym"内にある"npn.asy"をコピーし，名前を"QBFG425W.asy"に変更します．

次に，"QBFG425W.asy"をダブルクリックし，LTspiceで開きます．［Edit］→［Attributes］→［Edit Attributes］を選択して，**図6-6**のように変更します．

Prefixは，最初"QN"になっています．"QN"はSPICEモデル・パラメータを参照する設定です．高周波トランジスタのようにパッケージ・モデルを組み込みたい場合は，サブサーキット用にPrefixをXに変更します．

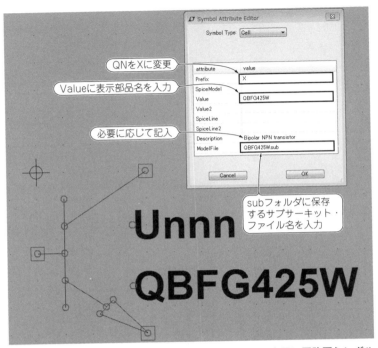

QNをXに変更
Valueに表示部品名を入力
必要に応じて記入
subフォルダに保存するサブサーキット・ファイル名を入力

図6-6　LTspiceのsymディレクトリ内にあるnpn.asyを元に回路図シンボルを作る（付属DVD　フォルダ名：6-1）
[Edit] → [Attributes] → [Edit Attributes] を選択後, ウィンドウ内に設定を入力する

Valueは, 回路図に表示されるデバイス名を指定します. 私はバイポーラ接合トランジスタの頭には"Q"をつけています. 部品名と同じにしたい場合は, BFG425Wとしても問題ありません. ModelFileには, "sub"フォルダに格納するサブサーキット・ファイル名を拡張子をつけて指定します.

▶手順②回路図シンボルのピン番号を確認する

サブサーキット・ファイルを作成する前に, 回路図シンボルのピンが, どのノード番号にアサインされているか確認しておきます.

図6-7に示すように, 四角で表示されているピンの上で右クリックすると, Pin/Port Propertiesウィンドウが開きます. そのウィンドウ上のNetlist Orderの数値がピン番号です. 調べてみると, 「コレクタ:1, ベース:2, エミッタ:3」となっていることがわかりました. この番号は, サブサーキット・ファイルを記述するときに必要になるので, どこかにメモしておきます.

シンボル・ピンを右クリックすると"Pin/Port Properties"ウィンドウが開くので「Netlist Order:」の番号を確認しておく

図6-7　サブサーキット・ファイルを作る前にシンボルのピン番号を確認する
この番号を元にサブサーキット・ファイル内でノードを記述する

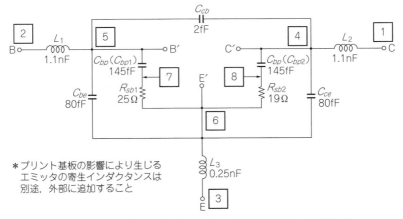

*プリント基板の影響により生じる
　エミッタの寄生インダクタンスは
　別途，外部に追加すること

図6-8[(4)]　BFG425Wのチップおよびパッケージの寄生素子を含んだ等価回路
任意のノード番号を付けてSPICEの等価モデルを作成する

▶手順③パッケージの寄生素子を記述する

　パッケージ・モデルは，寄生素子であるので，回路と同じ扱いをする必要があります．

　サブサーキット・ファイルを記述する前に，**図6-8**のような回路図を描いて，各接続点にノード番号を記載しておきます．**図6-8**の等価回路図やパラメータは，データシートを参照して調べます．

　前述したとおり，「コレクタ：1，ベース：2，エミッタ：3」だったので，等価回路のC，B，Eと上記の番号を一致させておきます．そのほかは，任意のノード番号を割り振ります．

▶手順④バイポーラ・トランジスタのサブサーキット内でSPICEパラメータを記述する

　.SUBCKTと.ENDSの間に，具体的なサブサーキット・モデル（回路）を記述します．

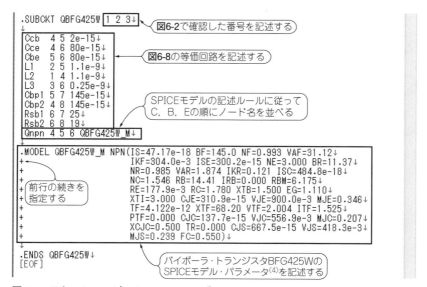

図6-9 テキスト・エディタでSPICEサブサーキットを作成する（付属DVD　フォルダ名：6-1）
完成したらQBFG425W.subとして保存する

図6-9に示しているとおり，サブサーキット・ファイルの先頭は，次のとおり記述します．

　.SUBCKT 部品名(サブサーキット名)　ノード番号1　ノード番号2…

バイポーラ・トランジスタは次の順番で記述します．

　Qxxx　コレクタ　ベース　エミッタ　モデル名

SPICEモデル・パラメータは，次のとおり記述します．

　.MODEL　モデル名　デバイス名(NPNなど)

　(SPICEモデル・パラメータ)

今回は，次のとおりNPNトランジスタのSPICEモデル・パラメータを記述しています．

　.MODEL QBFG425W_M NPN(xxxx)

NPN(xxxx)の"xxxx"部分には，データシートに記載されているSPICEパラメータを記述します．

サブサーキットの最後には，次のとおり記述して，モデルの区切りを入れます．

　.ENDS 部品名(サブサーキット名)

この.ENDSがないと，どこまでがサブサーキットなのか判断できません．

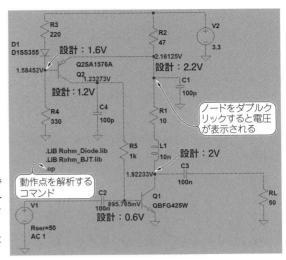

図6-10 シミュレータ(LTspice)で動作点を解析し，設計値と電圧が一致しているか確認する(付属DVD フォルダ名：6-2)
主要なノードは，ほぼ設計した動作点となっている

▶手順⑤回路図シンボルとSPICEサブサーキットを割り当てる

図6-9のように準備ができたら，ファイル名を"QBFG425W.sub"とします．作成したQBFG425W.subとQBFG425W.asyをLTspiceの回路ファイルと同じフォルダに保存します．ファイル名は，必ず図6-6のModel Fileで指定した名前と一致するようにしてください．

● バイアス発生回路用のSPICEモデルを組み込む

バイアス電圧/電流を作るための基準回路で使用するバイポーラ・トランジスタ2SA1576Aとダイオード1SS355(ローム)のSPICEモデルをLTspiceに組み込みます．

2SA1576AのSPICEモデルは，メーカのWebサイト[6]からダウンロードし，ファイル名をRohm_BJT.libに修正後，LTspiceの回路ファイルと同じフォルダにおきます．

1SS355のSPICEモデルも，メーカのWebサイト[7]からダウンロードし，ファイル名をRohm_Diode.libに修正後，上記と同じフォルダにおきます．モデル・ライブラリを取り込む方法の詳細については，参考文献(3)などのLTspiceの解説書を参照してください．

■ パソコンで回路を動かす

● LTspiceによって直流動作点を確認する

図6-10に動作点解析を行うための回路を示します．

解析は[Simulate] → [Run]を選択すると実行されます．解析終了後，別ウィンドウが開いて，各ノードの電圧値や電流値が表示されます．このウィンドウで表示されているノード番号はシミュレータ(LTspice)が自動的に割り当てたものなので，設計者には理解しにくいものです．電圧値を確認したい場合，各ノードの上でマウスの左ボタンをダブルクリックすると，そのノードの電圧値が回路図上に表示されます．

● 設計が終わったら動特性を解析する前に必ず動作点を確認する

バイアス回路の設計が終わったら，次に行うのは動作点解析です．

図6-10の動作点解析の結果から，自分の設計が間違っていないこと，あるいは計算間違いがないことを確認できます．ここでは，主要なノードの電圧値が設計値とほぼ同じであることがわかります．

回路設計が終わって，いきなり周波数特性や過渡応答を確認すると，回路動作に問題があった場合の原因がわからなくなるので，最初にバイアス条件が設計どおりであるかを確認することは重要です．

*　　　　*　　　　*

電子回路設計は，自ら経験してみないとなかなか身につかないものです．

本稿を読み終えた後は，設計条件(バイアス電流値など)を変更した上で，一連のシミュレーションを自らの手を動かしながら体験してみることをお勧めします．

◆参考・引用*文献◆

(1)* 実験＆シミュレーション！電子回路の作り方入門，トランジスタ技術Special No.123，p.133，図5-1，CQ出版社．
(2)* 実験＆シミュレーション！電子回路の作り方入門，トランジスタ技術Special No.123，p.134，図5-2，CQ出版社．
(3) 実験＆シミュレーション！電子回路の作り方入門，トランジスタ技術Special No.123，CQ出版社．
(4)* BFG425W Data sheet，NXP Semiconductors，Sep. 2010.
(5)* 2SA1576A Data Sheet，ローム，2012.01 Rev.C.
(6)* 2SA1576AのSPICEモデル．
 http://www.rohm.co.jp/web/japan/search/parametric/-/search/Bipolar%20Transistors/design/1
(7)* 1SS355のSPICEモデル．
 http://www.rohm.co.jp/web/japan/search/parametric/-/search/Switching%20Diodes/design/1

〈川田 章弘〉

第7章

感度，雑音，安定性にうるさいアンプの入出力部をチューン！
高周波プリアンプの設計②
「インピーダンス・マッチング回路」

● 高周波信号の受け渡しがうまくいくように調整「インピーダンス・マッチング回路」

本章では，2.4GHz帯のロー・ノイズ・アンプ(LNA；Low Noise Amplifier)の入出力のインピーダンス・マッチングを解説します．

入出力のインピーダンス・マッチング回路を作るためには，バイポーラ・トランジスタの動作点を決めた状態で，入出力の複素インピーダンス，またはSパラメータ[*1]を知る必要があります．シミュレータ(LTspice)を使うと，回路の複素インピーダンスやSパラメータの値を確認できます．

入出力のインピーダンス・マッチング回路は，コイルとコンデンサによって作ります．高周波回路では，エネルギ損失をできるだけ抑える必要があるため，抵抗器を使ったマッチング回路は基本的に使いません．発振防止であったり，広帯域のインピーダンス・マッチングが必要など，場合によっては抵抗器や減衰器を使ってインピーダンス・マッチングを行うこともあります．

● 回路シミュレータ LTspice で設計して実機で確認する

インピーダンス・マッチングは，イミッタンス・チャートと手計算で行います．

回路シミュレータによってマッチング回路を確認して，パラメトリック解析を使いながら，コンデンサとコイルの定数をチューニングします．

Sパラメータの結果からLNAの安定性を判断する方法も紹介します．

高周波帯では，現実の部品に存在する寄生成分などの影響によるシミュレーションと

[*1]：Sパラメータとは，通過信号と反射信号の組み合わせで表現される回路パラメータのこと．高周波帯では，入射波，反射波，伝送波のレベル比を表すSパラメータを使う．

実測のずれも考えられるので，実機による確認を行います．

　回路シミュレータの結果は，2.4GHz帯であっても，実機とそれなりに合うことを示します．

7-1 —— STEP1：アンプの入出力インピーダンスを測る

● 入出力インピーダンスを表示するコマンド

　図7-1は，高周波LNAの入出力インピーダンスを調べる回路です．

　LTspiceで.netコマンドを使うと，入出力インピーダンスを表示できます．

　次のように.netコマンドを使って記述します．

　　.net I(RL) V1

　$I(xx)$のxx部分には，出力側の負荷抵抗のリファレンス名R_Lを入力します．V_1は入力信号源のリファレンス名です．

● 入出力インピーダンス値を直読する

　シミュレーションを実行後，何も表示されていない波形表示ウィンドウ上で右クリックし，[Add Trace]を選択します．

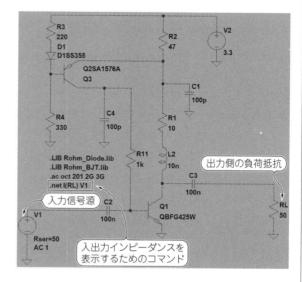

図7-1　高周波プリアンプの入出力インピーダンスを調べる（付属DVD　フォルダ名：7-1）
.netコマンドで入力信号源V_1と出力側の負荷抵抗R_Lを指定することでシミュレーション実行後，インピーダンスを確認

図7-2に示すウィンドウが表示されたら，[Z_{in}(v1)]を選択し，[OK]ボタンを押します．

グラフが表示されたら，Left Vertical Axisの設定を変更します．図7-3のように Representationを[Bode]から[Cartesian]に変更します．これで入力インピーダンスの$R + jX$のグラフが得られます．

▶入力インピーダンスを表示する

図7-4(a)から，周波数2.45GHzのときの入力インピーダンス(バイポーラ・トランジスタ単体の順方向の反射係数S_{11}に相当)を調べると，次のとおりです．

$Z_{in} = 25.0\ \Omega + j\,8.2\ \Omega$

▶出力インピーダンスを表示する

Z_{out}(v_1)のグラフを表示させてマーカで値を読み取った結果を図7-4(b)に示します．出力インピーダンス(バイポーラ・トランジスタ単体の逆方向の反射係数S_{22}に相当)は次のとおりです．

$Z_{out} = 49.6\ \Omega - j\,19.8\ \Omega$

▶順方向の伝送係数S_{21}と逆方向の伝送係数S_{12}を表示する

前述したZ_{in}とZ_{out}の表示と同じ方法で，Add Traces to Plotウィンドウで，[S_{21}(v_1)]や[S_{12}(v_1)]を選択すると，SパラメータS_{21}とS_{12}のグラフが得られます．デフォルトでは，振幅(dB値)と位相が表示されています．

Z_{in}，Z_{out}のときと同様に，Left Vertical Axisの設定を[Cartesian]に変更し，実数と虚

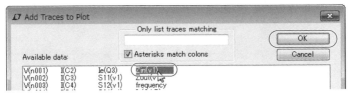

図7-2　入力インピーダンスZ_{in}(v_1)を選択する

図7-3　$R + jX$を表示させるために"Cartesian"を選択する
グラフ表示ウィンドウで左クリックするとLeft Vertical Axis設定ウィンドウが表示される

数成分$(a + jb)$の値を確認できます.

図7-5のようにマーカで読み取ったところ，次の値でした.

$S_{21} = 2.92 + j6.17$

$S_{12} = 0.027 + j0.047$

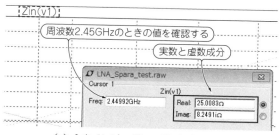

（a）入力インピーダンス Zin (v1)の表示

図7-4　2.45GHzにおける入力/出力インピーダンスをマーカで直読する
入力インピーダンスは25.0 Ω +j8.2 Ω (0.5 +j0.164)，出力インピーダンスは49.6 Ω −j19.8 Ω (0.992 −j0.396)である

（b）出力インピーダンス $Zout$ (v1)の表示

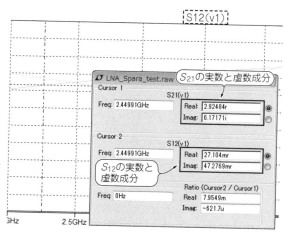

図7-5　$S_{21}(v_1)$と$S_{12}(v_1)$をグラフ表示させて，2.45GHzにおける実数と虚数成分の値をマーカで読み取る
S_{21}は2.92 +j6.17，S_{12}は0.027 +j0.047である

これらのインピーダンス値は，後述するマッチング回路の設計で使うので，メモしておきます．

7-2 —— STEP2:入出力部に加えるインピーダンス・マッチング回路の構成を決める

● データシートからノイズ・データを確認する

表7-1に，LNAの設計に使用するノイズ・データを示します．これらの数値は，高周波バイポーラ・トランジスタのデータシートに記載されています．データシートに記載されていないときは，半導体メーカに確認してみると良いでしょう．

設計するLNAは，2.4GHz帯を対象としましたが，データシートには2GHzの値しか載っていません．今回は，2GHzの値から，おおよその値を類推して設計しました．

コレクタ電流は，前章で決めたとおり，22mAなので，表7-1の$I_C = 20$mAと25mAの値を参考にします．

今回の設計では，ノイズ・データとして次の値を使いました．

F_{min}[dB]　= 2.3

Γ_{mag}　　= 0.2

Γ_{angle}[°]　= − 153

r_n[Ω]　　= 0.21

r_nは，50 Ωで正規化された値です．F_{min}は最小雑音指数，Γ_{mag}は真数，Γ_{angle}は角度[°]です．

● インピーダンス・マッチング設計に使う計算式

入力マッチング回路の設計に使う基本式をまとめました．各数値は，真数，あるいは複素数であるため，dB値のときは真数にしてから計算します．

表7-1[(2)]　高周波バイポーラ・トランジスタ BFG425W のノイズ・データ
コレクタ電流I_C＝20mA と 25mA の値を参考にする

周波数 f[MHz]	コレクタ 電流 I_C[mA]	最小雑音 指数 F_{min}[dB]	振幅 Γ_{mag}	角度 Γ_{angle} [°]	雑音抵抗 r_n [Ω]
2000	15	1.9	0.13	− 162.1	0.20
	20	2.2	0.17	− 155.5	0.20
	25	2.5	0.22	− 152.2	0.21
	30	2.8	0.27	− 150.8	0.25

▶雑音指数円を求める

円の中心C_Fは式(7-1)のとおりです.

$$C_F = \frac{\Gamma_{opt}}{N+1}$$ ·· (7-1)

円の半径R_Fは式(7-2)のとおりです.

$$R_F = \frac{\sqrt{N(N+1-|\Gamma_{opt}|^2)}}{N+1}$$ ····························· (7-2)

ここで,Nは式(7-3)のとおりです.

$$N = \frac{F-F_{min}}{4 \times rn}|1+\Gamma_{opt}|$$ ···································· (7-3)

ただし,

F:LNAの雑音指数(真数,設計者が決める),

F_{min}:使用する能動素子の最小雑音指数(真数,データシートから読み取る),

r_n:雑音抵抗(50Ωで正規化した値,データシートから読み取る),

Γ_{opt}:雑音指数で最適化した信号源インピーダンス(複素数,データシートから読み取る)

▶ゲイン円を求める

円の中心C_Sは式(7-4)のとおりです.

$$C_S = \frac{g_S S^*_{11}}{1-(1-g_S)|S_{11}|^2}$$ ······························· (7-4)

「＊」は共益複素数です.

円の半径R_Sは式(7-5)のとおりです.

$$R_S = \frac{\sqrt{1-g_S}(1-|S_{11}|^2)}{1-(1-g_S)|S_{11}|^2}$$ ······················· (7-5)

ここで,入力マッチング回路の正規化ゲイン指数g_Sは式(7-6)のとおりです.

$$g_S = G_S(1-|S_{11}|^2)$$ ·· (7-6)

G_Sは任意で決めます.

入力マッチング回路のインピーダンスΓ_Sは式(7-7)のとおりです.

$$\Gamma_S = \frac{B_1 \pm \sqrt{B_1^2 - 4|C_1|^2}}{2C_1}$$ ······················· (7-7)

ただし,

$$B_1 = 1 + |S_{11}|^2 - |S_{22}|^2 - |\Delta|^2$$
$$C_1 = S_{11} - \Delta S^*_{22}$$
$$\Delta = S_{11}S_{22} - S_{12}S_{21}$$

● イミッタンス・チャートを使って入力マッチング回路の構成を検討する

前述した式を使って数値を求めるには複素数演算が必要になり，手計算で行うには煩雑です．表7-2のようなExcelなどの表計算ソフトを作っておくと便利です．

表7-2　LNA入力マッチング回路設計シートに値を入力すると，イミッタンス・チャートを描画するための雑音指数円とゲイン円の値を計算できる(付属DVD フォルダ名：Tools)
煩雑な計算があるときは，Excelシートなどで計算式を定義しておくと便利

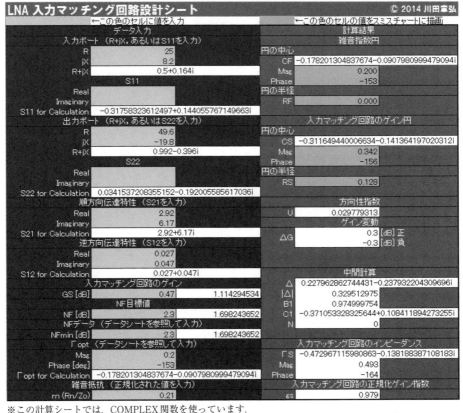

※この計算シートでは，COMPLEX関数を使っています．
［ファイル］→［オプション］→［アドイン］→管理［Excelアドイン］［設定］ボタンをクリックし，"分析ツール"にチェックを入れてください．

表計算ソフトを使って，NF = 2.3dB，2.5dB および，G_S = 0.53dB，0.47dB としたときの雑音指数円とゲイン円を**図7-6**のようにイミッタンス・チャート上に描画します．

円を描くときの半径は，イミッタンス・チャートの一番下にあるスケールを使って決め

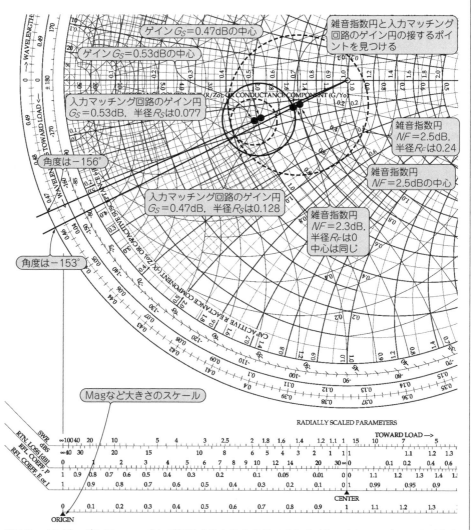

ゲイン G_S=0.47dBの中心

ゲイン G_S=0.53dBの中心

雑音指数円と入力マッチング回路のゲイン円の接するポイントを見つける

入力マッチング回路のゲイン円 G_S=0.53dB，半径R_Sは0.077

雑音指数円 NF=2.5dB，半径R_Fは0.24

雑音指数円 NF=2.5dBの中心

角度は−156°

入力マッチング回路のゲイン円 G_S=0.47dB，半径R_Sは0.128

雑音指数円 NF=2.3dB，半径R_Fは0 中心は同じ

角度は−153°

Magなど大きさのスケール

図7-6 インピーダンス・マッチング設計するためのグラフであるイミッタンス・チャートで入力マッチング回路を検討する
表7-2の計算結果を使い，雑音指数円とゲイン円を描画して，接するポイントを見つける

ます．手作業で描画を行うときは，イミッタンス・チャートをプリントアウトしておき，定規とコンパスを使います．

図7-6を見ると，$NF = 2.3\mathrm{dB}$，$G_S = 0.53$のときに2つの円（$NF = 2.3\mathrm{dB}$の半径R_Fはゼロ）が接することがわかります．マッチング回路の定数を決めるときは，このように雑音指数円とゲイン円の接するポイントを見つけるようにします．

次に，2つの円の接点からスタートして，イミッタンス・チャートの中央（50Ω）にインピーダンスを移動させる方法（軌跡）を考えます．移動のさせ方は，第5章で解説したとおりです．Cを直列，Lを並列に入れることで図7-7のようにインピーダンスを中央（50Ω）に移動させることができます．

7-3 —— STEP3：インピーダンス・マッチング回路の定数をチューニングする

● 現実的なコンデンサとコイルの値で入力側のマッチング回路を確認する

図7-7に示したとおり，イミッタンス・チャートと簡単な計算から入力マッチング回路の定数を決めることができました．

図7-7で求めた，$C_2 = 4.06\mathrm{pF}$，$L_3 = 4.51\mathrm{nH}$は現実的な素子定数ではありません．C_2の値は，4pFに丸め，L_3の値は，3.9nH，4.3nH，4.7nH，5.1nHと変化させて，どの値が最適かを回路シミュレーションで調べます．

▶入力マッチング回路のL_3の値を変化させる

L_3を変化させるための回路を図7-8に示します．

図7-8では，.measコマンドを使って，2.45GHzにおけるS_{11}の値をグラフ化できるようにしています．

L_3の値を変化させたときの結果を図7-9に示します．L_3の値を変化させても，あまり$|S_{11}|$は変化しないことがわかりました．

▶入力マッチング回路のC_2の値を変化させる

図7-10のようにL_3の値を4.3nHに固定して，C_2の値を変化させます．図7-11の結果のように，C_3の値を2.8pFより小さくしておけば，$|S_{11}|$は$-14\mathrm{dB}$以下となります．

$C_3 = 4\mathrm{pF}$という値は，雑音指数を最適化する条件で求めた値であり，入力マッチングを良好にするための条件ではありません．そこで，$|S_{11}|$は，$-13\mathrm{dB}$程度であれば良いという妥協を行い，$C_3 = 3\mathrm{pF}$に仮決定します．

ここまでの検討で，$C_2 = 3\mathrm{pF}$，$L_3 = 4.3\mathrm{nH}$という部品定数が決まりました．

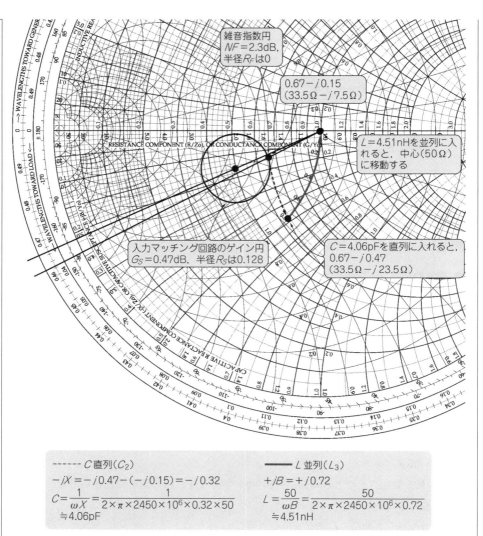

図7-7 LNAの入力インピーダンスと直列にC, 並列にLを加えると, そのインピーダンスはCと Lの定数しだいで50 Ω（中心）に近づけられることがわかる

雑音指数円とゲイン円の接するポイントのインピーダンスに対してコンデンサを直列, コイルを並列に入れ てマッチングを完成させる

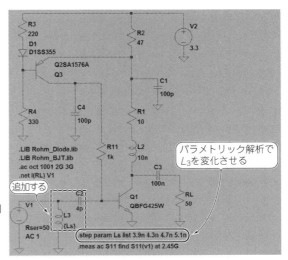

図7-8 入力にC_2を直列，L_3を並列に入れたマッチング回路（付属DVDフォルダ名：7-2）

L_3を変化させてS_{11}を確認する

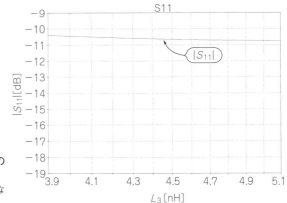

図7-9 L_3を変化させたときのS_{11}の結果

Lを変化させても$|S_{11}|$はあまり変わらないので4.3nHにしておく

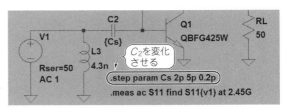

図7-10 C_2を変化させるためのマッチング回路（付属DVD フォルダ名：7-3）

パラメトリック解析によって最適なC_2の値を確認する

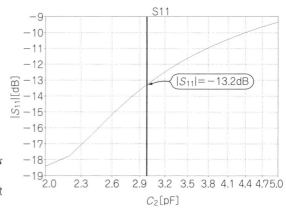

図7-11 C_2を変化させると$|S_{11}|$が
大きく変化する
なるべく4pFに近い値とし，*NF*も考慮
して3pFとした

グラフ内の注釈: $|S_{11}| = -13.2\text{dB}$

縦軸: $|S_{11}|$[dB]
横軸: C_2[pF]

<hr />

7-4 —— STEP4：出力側のマッチングを行う

　出力マッチング回路について検討します．出力インピーダンスを調べるための回路を**図7-12**に示します．$Z_{out}(v_1)$をグラフ表示させ，**図7-13**のようにマーカで2.45GHzにおける値を読み取ると，次のとおりでした．

　　実数成分：48.8162 Ω

　　虚数成分：− 29.0695 Ω

　実数成分は約50 Ωなので，虚数成分をゼロにすればOKです．虚数成分は負の値なので，容量性であることがわかります．これをキャンセルするためには，正の成分（インダクタンス）を直列に挿入すればOKです．

　図7-13に示した計算結果を丸めて，$L_1 = 1.8\text{nH}$とします．

● チューニングした定数でマッチング回路を確認する

　$L_1 = 1.8\text{nH}$，$L_3 = 4.3\text{nH}$，$C_2 = 3\text{pF}$と入出力マッチング回路のすべての定数が決まったので，**図7-14**の回路で再確認します．

　図7-15から，出力マッチング回路を追加したために$|S_{11}|$の値が若干ずれていることがわかります．$|S_{11}|$は，− 13dB程度にしておきたいため，これを再調整します．

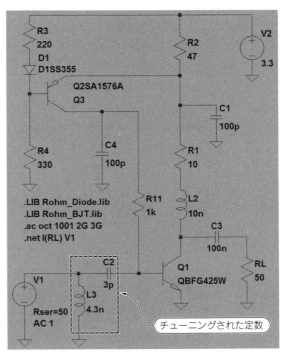

図7-12　出力インピーダンスを調べる回路（付属DVD　フォルダ名：7-4）
入力マッチング回路の定数 $C_2 = 3\mathrm{pF}$，$L_3 = 4.3\mathrm{nH}$ を入力後，出力インピーダンスを調べる

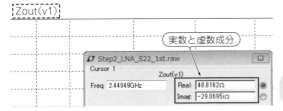

実数と虚数成分

$$L = \frac{X}{\omega} = \frac{29.1}{2 \times \pi \times 2450 \times 10^6} = 1.89\mathrm{nH}$$

図7-13　出力インピーダンスは 48.8 Ω − j29.1 Ω
出力に $L_1 = 1.89\mathrm{nH}$（+j29.1 Ω）を直列に挿入すれば−j29.1 Ω を相殺できる

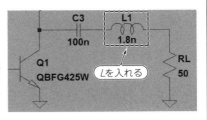

図7-14　出力側に $L_1 = 1.8\mathrm{nH}$ を直列に挿入した回路
（付属DVD　フォルダ名：7-5）
入出力のすべての定数が決まったので，マッチング回路のインピーダンスを再確認する

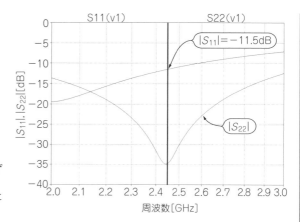

図7-15 入力のマッチングが少しず
れている
$|S_{11}|$が13dB程度となることを目標に
Cを再調整する

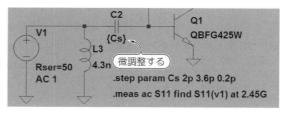

図7-16 C_2を微調整するための回路
（付属DVD フォルダ名：7-6）
再びパラメトリック解析で最適な定数を
見つける

7-5—STEP5：入力マッチング回路の再調整

　図7-16の回路を使って，C_2の値を2p 〜 3.6pFまでの間で0.2pFステップで変化させて
みた結果を図7-17に示します.

　この結果から，C_2 = 2.2pFとしておけば，$|S_{11}|$は，約 − 13dBになることがわかります.
C_2の値は，2.2pFに変更します.

● 現実のコンデンサに存在する等価直列インダクタンスの影響を考えて値を決める

　ここまでのシミュレーションでは，C_3の容量は，インピーダンスが十分に小さくなる
ように0.1 μFとしました.

　現実的なコンデンサは，自己共振周波数が存在します. 自己共振周波数よりも高い周波
数においてコンデンサはインダクタンス成分を持ちます. そこで，インダクタンスの影響

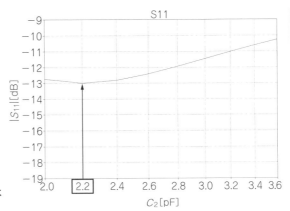

図7-17 $|S_{11}|$が13dB程度となるよう入力のC_2を2.2pFに変更する

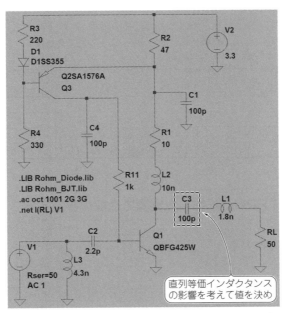

図7-18 マッチング設計が完了した回路（付属DVD フォルダ名：7-7）
最終回路でSパラメータのシミュレーションを行う

が小さくなるように，C_3の値を100pFに変更して，**図7-18**の最終回路で確認しました．

Sパラメータの結果は，**図7-19**のようになり，主な特性は**表7-3**のとおり，目標仕様をおおむね満足する結果です．

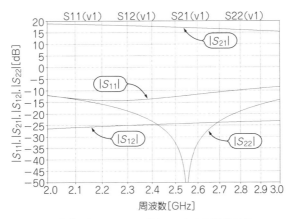

図7-19 設計したLNAのSパラメータの周波数特性
目標仕様をおおむね達成できた

表7-3 LNAの目標仕様とシミュレーション結果の比較
目標の仕様をおおむね満足する

項　目	条　件	目標値	シミュレーション結果
ゲイン	@2.45GHz	15dB程度	17.5dB
ゲイン・フラットネス	2.4G～2.48GHz	1dB以下	0.3dB
$\|S_{11}\|$	2.4G～2.48GHz	−10dB以下	−12.8dB以下
$\|S_{22}\|$	2.4G～2.48GHz	−10dB以下	−23.5dB以下

7-6 — STEP6：試作した実機で性能を評価する

● Sパラメータの測定結果

　LNA基板を手作りして特性を評価しました(**写真7-1**). 実測はネットワーク・アナライザE5071C(キーサイト・テクノロジー)を使いました. 校正面は, コネクタ端であるため, 基板両端のコネクタの影響を含む特性を確認しています.

　図7-20にSパラメータの測定結果を示します. 試作基板での特性は, 次のとおりです.

　　ゲイン@2.45GHz：15.3dB

　　ゲイン・フラットネス(2.4G～2.48GHz)：0.4dB

　　$\|S_{11}\|$(2.4G～2.48GHz)：−13.1dB以下

　　$\|S_{22}\|$(2.4G～2.48GHz)：−12.5dB

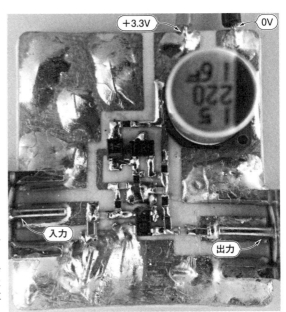

**写真7-1　LNA基板を実際に作って
シミュレーションを評価してみた**
基板は，レーザ・プリンタのトナーをア
イロンで熱転写する方法でエッチングに
より作成した（基材：MCL-LX67F（日立
化成），両面基板，誘電体厚：0.8mm）

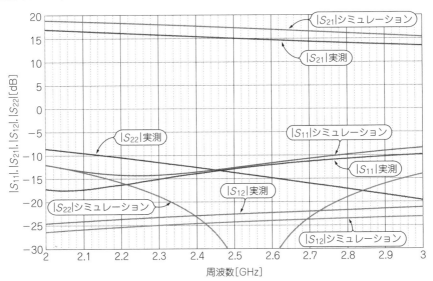

図7-20　Sパラメータのシミュレーションと実測結果の比較（実測はネットワーク・アナライ
ザ：E5071C, Keysight Technologiesにて測定．校正面は，コネクタ端であるため，基板両端の
コネクタの影響を含む特性）
$|S_{22}|$の値が実測とシミュレーションでずれがある．C_3＝100PFの直列等価インダクタンスの影響かもしれない

ゲインが若干小さいほかは，すべて実用レベルです.

● 結果の考察

$|S_{22}|$ の値が悪化しているのは，$C_3 = 100\mathrm{pF}$ の等価直列インダクタンス (ESL) の影響かもしれません.

実用化するときは，$C_3 = 100\mathrm{pF}$ を少し減らしてみるか，$L_1 = 1.8\mathrm{nH}$ を少し減らすなどの調整が必要です.

実用化を目的とした高周波回路設計では，試作回路に対してカット＆トライを行い，定数を微調整して特性を追い込みます.

集中定数による回路シミュレーションだけで，2.4GHzのLNAがどこまで設計できるかを知りたいという筆者の興味もあったため，あえて今回は部品定数の追い込み（カット＆トライ）はしていません.

7-7 ── STEP7：発振の気がないか確認する

● 高周波アンプの安定係数

LTspiceによる S パラメータのシミュレーション結果から高周波アンプの安定性を確認します.

高周波アンプが発振しないかどうかは，S パラメータを使って安定係数を計算して判断できます.

図7-21に安定係数の計算方法を示します.

● 安定係数の計算式を定義する

図7-21に示すようにLTspiceの演算処理定義ファイルPlot.defsに計算式を追加して，$\varDelta$，K の値を計算できるようにします. 追加した定義式において，安定係数は $SF()$ としています.

$K()$ を $SF()$ とした理由は，$K()$ を使ったときに，エラーが出てしまったからです. K は，LTspiceにおけるボルツマン定数としての予約語なのかもしれません.

● シミュレーション結果は1G 〜 10GHzで安定する

シミュレーションが終わったら，図7-22のように "Add Traces to Plot" ウィンドウに定

```
* Calculation for Stability Factor.
.func Delta() S11(v1)*S22(v1)-S12(v1)*S21(v1)
.func SF() {(1-abs(S11(v1))**2-abs(S22(v1))
**2+abs(Delta())**2)/(2.0*abs(S21(v1))*abs
(S12(v1)))}
```

"**2"は2乗, "abs"は絶対値を意味する

$$|\Delta| = |S_{11}S_{22} - S_{12}S_{21}|$$

$$K = \frac{1 + |\Delta|^2 - |S_{11}|^2 - |S_{22}|^2}{2|S_{21}||S_{12}|}$$

図7-21　Plot.def内に|Δ|とKの計算式を入力する(付属DVD フォルダ名:7-8)
Kは安定係数. K>1かつ|Δ|<1であれば回路は無条件に安定する

図7-22　"Add Traces to Plot"ウィンドウに定義したabs(Delta())とSF()を入力する

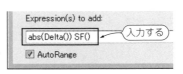

Expression(s) to add:
abs(Delta()) SF() ← 入力する
☑ AutoRange

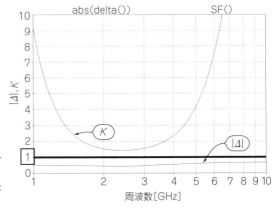

abs(delta())　　　　　　SF()

|Δ|,K

K

|Δ|

周波数[GHz]

図7-23　安定係数のシミュレーション結果
1G～10GHzの帯域でK>1, |Δ|<1を満たし, 無条件に安定している

義式を入力して[OK]ボタンを押せばグラフが描画されます.

　図7-23のとおり, 設計したLNAは, 1G～10GHzにおいて安定であることがわかります.

● 試作したアンプも1G～10GHzで安定する

　試作基板を使って安定係数を実測してみました.

　測定には, ネットワーク・アナライザを使用し, 得られたSパラメータをTouchstone形式で出力してからExcelに取り込み, 複素数演算することによってΔとKの値を求めました.

　図7-24のとおり, 試作回路の測定からも, 安定な(発振しない)アンプであることがわかりました.

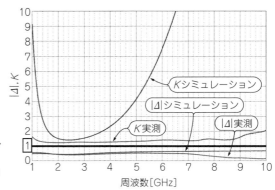

**図7-24 安定係数のシミュレーション
と実測結果の比較**
実測も1G〜10GHzの帯域で*K*>1，|*Δ*|<1
を満たし，安定している

◆参考・引用*文献◆

(1)* BFG425W Data sheet, NXP Semiconductors, Sep. 2010.
(2) Behzad Razavi，黒田 忠広監訳：RFマイクロエレクトロニクス，丸善，2002.
(3) David M. Pozar：Microwave Engineering(4th Ed)．John Wiley & Sons, Inc., 2012.

〈川田 章弘〉

第8章

雑音指数*NF*，入力レベルの上限*P*₁dB，相互変調ひずみ*IMD*

高周波プリアンプの設計③「3種の性能評価」

第6章と第7章で，雑音からひずみまでLNAの基本性能に影響の大きいバイアス回路と入出力部のインピーダンス・マッチング回路の作り方を紹介しました．本章では，次の3つの性能を回路シミュレーションで調べます．

(1) 雑音指数*NF*(Noise Figure)

(2) 入出力の直線性が保たれる入力電圧の最大値P_{1dB}

(3) 相互変調ひずみ*IMD*(Inter Modulation Distortion)

8-1── 雑音指数 *NF* のシミュレーション検討

● 雑音指数の意味と受信性能との関係

雑音指数(*NF*：Noise Figure)とは，入力信号の*SN*比と出力信号の*SN*比の「比」を表したものです．*SN*比とは，信号と雑音のレベル差を表しています．

雑音指数の定義は次のとおりです．

$$NF[\text{dB}] = 20\log\frac{V_{Sin}/v_{Nin}}{V_{Sout}/v_{Nout}}$$

$$= 20\log\frac{SN_{in}}{SN_{out}}$$

ただし，V_{Sin}：入力部の信号，v_{Nin}：入力部の雑音，V_{Sout}：出力部の信号，v_{Nout}：出力部の雑音，SN_{in}：入力部の*SN*比，SN_{out}：出力部の*SN*比

オーディオ・アンプや交流電圧計などの計測器の場合，雑音電圧(雑音電圧密度)を使ってシステム設計するのが一般的です．オーディオ・アンプから発生する雑音は，入力信号

がない場合でも，スピーカやヘッドホンから出力され耳障りです．交流電圧計の内部回路から発生する雑音が大きいと，入力信号がないときでも電圧表示が0Vになりません．これらの機器では，雑音電圧値そのものが小さいことが要求されます．

典型的な高周波システムである無線機はどうでしょうか？雑音が大きくても，それ以上に信号が大きければ信号として雑音から分離できます．無線機の入力回路(本稿で説明するLNA)が低雑音であれば，当然弱い信号を受信できます．無線機にも低雑音性能は求められます．しかし，大切なのはLNAで発生する雑音が信号よりも十分に小さいか，信号レベルと雑音レベルは十分に離れているか(SN比が大きいか)ということです．

高周波システムの設計では，信号レベルのことなんて知ったこっちゃない指標である雑音電圧よりも，信号レベルと雑音レベルをペアで表現している雑音指数のほうが便利です．

● シミュレーションの方法

▶STEP1

シミュレーション用のLNAを図8-1(第7章 図7-18と同じ)に示します．LTspiceで入力換算雑音電圧を求めるときは，.noiseコマンドを利用します．

▶STEP2

図8-2のように次の式をPlot.defs定義ファイルに書き込みます．

$$NF(R, \ T) = 20\log\frac{V_{NI}}{\sqrt{4kTR}}$$

ただし，V_{NI}：入力換算雑音電圧密度[V_{RMS}]，k：ボルツマン定数(1.38×10^{-23})[J/K]，T：絶対温度[K]，R：信号源抵抗(50Ω系なら50)[Ω]

この式で入力換算雑音電圧から雑音指数(NF)が求まります．

▶STEP3

図8-1の解析が終わったら，図8-3に示すようにAdd Traces to Plotウィンドウに"NF(50, 300)"と入力します．50Ω系の回路なので"R = 50"とします．想定している周囲温度は27℃(絶対温度は約300K)なので"T = 300"とします．

▶STEP4

図8-4のグラフが表示されたら，マーカ機能を利用してNFを読み取ります．結果を次に示します．

    3.02dB@2.405GHz
    3.06dB@2.484GHz

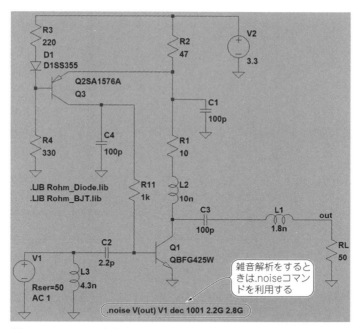

図8-1　LNAの*NF*をシミュレーションで求める方法を説明する（付属
DVD フォルダ名：8-1）

第6章でバイアス回路の最適化を，第7章で入出力のインピーダンス・マッチン
グの最適化をしたLNA．この回路の*NF*とP_{1dB}をシミュレーションで評価する方
法を解説する

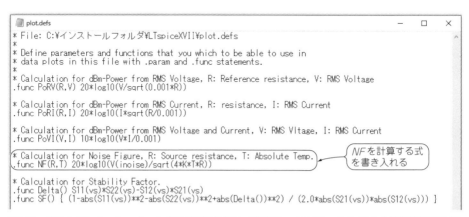

**図8-2　図8-1のシミュレーションを実行する前に，定義ファイルPlot.defsに入力換算雑音電圧を
*NF*に換算する数式を書き込んでおく**

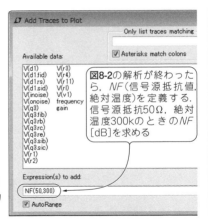

図8-3　図8-1のNFのシミュレーションを実行したら
Add Traces to Plotウィンドウに"NF (50, 300)"と入力
する

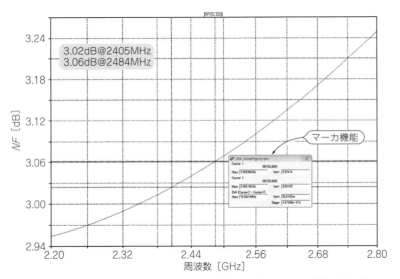

図8-4　図8-1のNFの周波数特性からマーカ機能を利用してNFを読み取る（シミュレーション）

　NFは3.1dB以下で，目標としていた3dBより少し悪い値です．使用したバイポーラ接合トランジスタ (BJT) BFG425Wのデータシートに2.4GHzにおけるNFは記載されていません．また設計したコレクタ電流条件におけるNFの記載もありません．BFG425Wを使った場合，NFは目標性能(3dB，第6章)を満足しない可能性があります．

＊　　　　＊　　　　＊

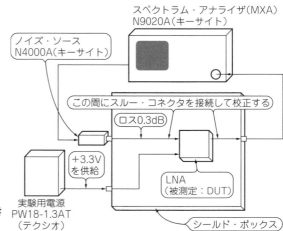

スペクトラム・アナライザ(MXA)
N9020A(キーサイト)

ノイズ・ソース
N4000A(キーサイト)

この間にスルー・コネクタを接続して校正する

ロス0.3dB

+3.3V
を供給

LNA
(被測定：DUT)

実験用電源
PW18-1.3AT
（テクシオ）

シールド・ボックス

**図8-5　実際のLNAのNFを測るとき
の接続**（測定結果は**図8-6**）

　SPICEモデル・パラメータというものは，正確に実デバイスの特性を反映しているとは限りません．回路シミュレータは，あくまでもモデル・パラメータに基づいて計算しているだけ，ということを決して忘れてはいけません．

　量産設計であれば，シミュレーション結果に基づいて，もっと低雑音なBJTに変更すべきと判断してよいでしょう．しかしアマチュア，あるいは一品モノ的には，SPICEモデル・パラメータが実デバイスの性能を正確に反映していないだけかもしれないという可能性にかけて，試作・実測して性能確認してみてもよいと思います．シミュレーション結果が目標とするNFから1dB以上乖離しているなら諦めてBJTを変更すべきだと思いますが，0.5dB程度の違いであれば，実測してみる価値があります．

● 実際の回路を試作してNFを測ってみた

　実際に回路を試作して雑音指数を実測してみました．**図8-5**に測定法を示します．NF測定オプションの組み込まれたスペクトラム・アナライザとノイズ・ソースを使いました．

　図8-6に測定結果を示します．雑音指数は，2.5 〜 2.6dBであり，シミュレーションよりも少しよい値でした．目標仕様である3dBを満足しています．

　この程度のシミュレーションと実測の乖離はよくあることです．BFG425Wの雑音に関するSPICEモデル・パラメータ抽出がそれほど正確ではないか，実デバイスのばらつきにより，たまたま実験に使ったデバイスが性能のよい個体だったのかもしれません．

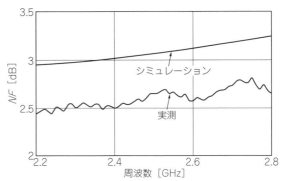

図8-6 図8-1の回路を実際に作って
*NF*を測ってみた
NF = 2.5 ～ 2.6dBでシミュレーション
（約3dB）より良好な結果が得られた

BFG425Wを使って*NF* = 3dB以下のLNAを量産するには，評価サンプル数を増やし，十分に検証してからでないと製品の歩留まりに影響します．

実験室にある無線LANが測定に悪影響を及ぼしていたため，被測定回路全体をシールド・ボックスに入れました．また，ケーブルの損失をあらかじめ測っておいて，ノイズ・ソースから被測定回路までのケーブル・ロス分を補正しました．

● インピーダンス・マッチングが改善されても雑音指数が小さくなるとは限らない

LNAの設計経験があまりないと，*NF*が悪くなるのは，入出力のインピーダンス・マッチングが不十分だからでは？と考えるかもしれません．

図8-7のように入出力マッチング回路を修正して，十分なインピーダンス・マッチングが得られている回路で*NF*を再確認してみます．この回路の*S*パラメータは，図8-8のとおりで，確かにインピーダンス・マッチングは改善されています．この回路定数のまま，図8-9の回路によって雑音指数をシミュレーションしてみたところ，図8-10のようになりました．つまり，

  NF = 3.31dB@2.405GHz

  NF = 3.31dB@2.484GHz

です．最初の回路よりも*NF*は悪化しています．入出力のインピーダンス・マッチングが改善されても，*NF*が改善するとは限らないことが確認できました．

LNAの場合は，実用十分な入出力インピーダンス・マッチングを行なったうえで，なるべく雑音指数が小さくなるようにマッチング回路を設計することが大切です．入出力インピーダンスを50Ωに調整したことで，*NF*が逆に悪化することがあります．

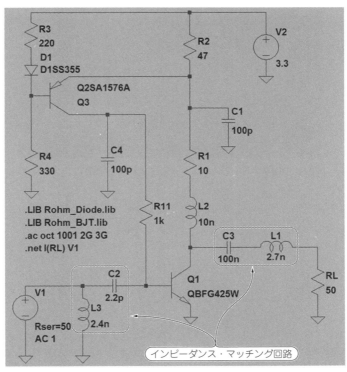

図8-7　図8-1よりもインピーダンス・マッチング状態の良好なLNA
(付属DVD　フォルダ名：8-2)
インピーダンス・マッチング状態がよいLNAは*NF*も良くなるかどうかを調べる

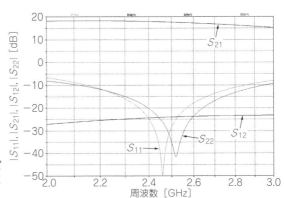

図8-8　図8-7は図8-1よりもインピーダンス・マッチング状態がよいことを確認

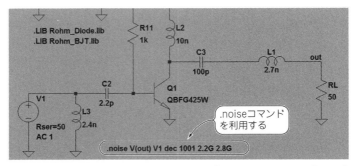

.LIB Rohm_Diode.lib
.LIB Rohm_BJT.lib

.noiseコマンド
を利用する

.noise V(out) V1 dec 1001 2.2G 2.8G

図8-9　図8-7の*NF*をシミュレーションする（付属DVD　フォルダ名：8-3）

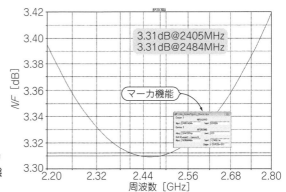

3.31dB@2405MHz
3.31dB@2484MHz

マーカ機能

図8-10　図8-7は図8-1（図8-4）より
もインピーダンス・マッチング状態
が良好なのに*NF*は悪い

パワー・アンプの場合は，入出力のインピーダンス・マッチングを最適化したほうがよい結果が得られることが多いです．LNAのように雑音指数を最適化する場合は，そうとは限りません．

8-2── 入力レベルの上限 $P_{1\mathrm{dB}}$ のシミュレーション検討

■ $P_{1\mathrm{dB}}$ の意味と受信性能との関係

現実の高周波アンプは，入力信号が大きくなってくると必ずどこかで出力振幅が飽和します．その飽和するレベルを表す指標を $P_{1\mathrm{dB}}$ と呼びます．

アンプの線形領域では，入力レベルが大きくなるほど，出力レベルはゲイン倍されて直線的に上昇します．入力信号が一定以上になると，出力振幅が飽和してくるため，ゲインよりも小さな振幅しか出力できなくなります．ゲインが1dB小さくなったとみなせるときの出力レベルをP_{1dB}と定義しています（**図8-11**）．

■ シミュレーションの方法

● 過渡解析モードを利用する

出力信号が飽和したときの入出力の関係は非線形です．非線形な関係をシミュレーションするときは過渡解析を利用します．AC解析は線形回路シミュレーションなので，飽和という非線形な現象を計算することはできません．

● STEP1

図8-12に示す回路でシミュレーションします．入力信号の振幅を.stepコマンドで変化させながら，複数回の過渡解析を実行します．

● STEP2

.measコマンドで求まる出力電圧の実効値を電力に変換する式 PoRV（R，V）を plot.defsファイルに記載しておきます（**図8-13**）．

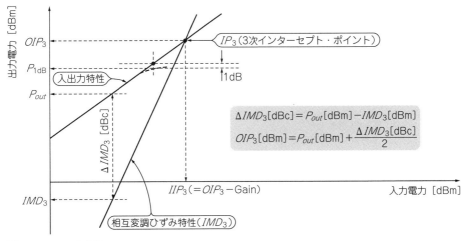

図8-11 P_{1dB}の定義

$$\Delta IMD_3[\text{dBc}] = P_{out}[\text{dBm}] - IMD_3[\text{dBm}]$$
$$OIP_3[\text{dBm}] = P_{out}[\text{dBm}] + \frac{\Delta IMD_3[\text{dBc}]}{2}$$

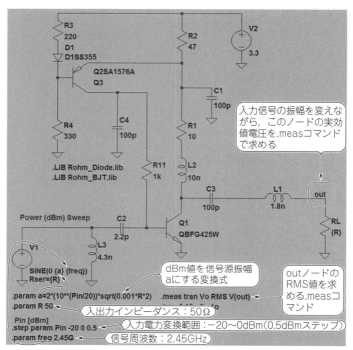

図8-12　LNAのP_{1dB}をシミュレーションで求める方法を説明する
（付属DVD　フォルダ名：8-4）

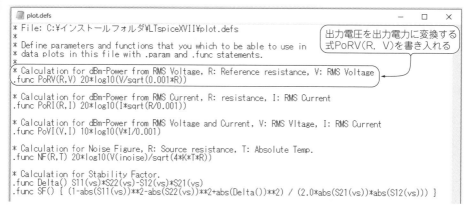

図8-13　図8-12のシミュレーションを実行する前に，.measコマンドで求まる出力電圧の実効値を電力に変換する式 PoRV(R, V) を plot.defs ファイルに記載しておく

● STEP3

図8-14に解析結果を示します. .measコマンドによる解析結果の表示方法は, 第5章を参照してください.

● STEP4

図8-14の縦軸の出力電圧を出力電力に変換します. 図8-15のように, Add Traces to Plotウィンドウに式 "PoRV(50, vo)" を入力します.

● STEP5

[OK] ボタンを押すと, 入力電力対出力電力のグラフ (図8-16) が表示されます. 図8-14のグラフから, Add Traces to Plotによって表示データを追加すると, 2つのカーブ

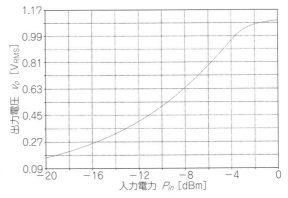

図8-14 図8-12の入出力特性 (シミュレーション結果)

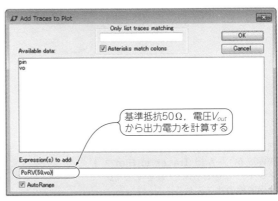

図8-15 Add Traces to Plotウィンドウに "PoRV (50, vo)" を入力して図8-14の縦軸を電圧から電力に変換する

基準抵抗50Ω, 電圧V_{out}から出力電力を計算する

が表示されます(必要のないカーブは削除した).

● STEP6
▶P_{1dB}の値を正確に読み取る

図8-16に1次比例直線を上書きします.まず,入力電力が-20dBmのときの出力電力(-2.70082dBm)をマーカで求めて1次比例直線の式を作ると次のようになります.

$$P_o = P_{in} + |-2.70082 - (-20)| = P_{in} + 17.29918$$

この式をAdd Traces to Plotウィンドウに入力すると(**図8-17**),**図8-18**のように1次比例直線が重ね描きされます.入力電力-13dBm以上で直線性が悪くなります.

次に,Add Trace to Plotウィンドウに,入出力特性と1次比例直線との差分(リニアリティ誤差と呼ぶ)を計算する式を入れて(**図8-19**),グラフを描かせます(**図8-20**).縦軸が

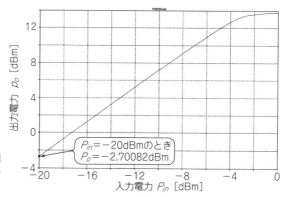

図8-16　図8-15の設定によって図8-14の縦軸が出力電圧から出力電力に変わる

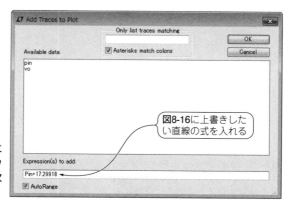

図8-17　図8-16からP_{1dB}値を正確に読み取る①…Add Traces to Plotウィンドウに図8-16に上書きする1次比例直線の式を入れる

－1.0dBとなる入力電力レベルをマーカで読み取ると約－3dBmです.

リニアリティ誤差と入出力特性を重ね描きしたグラフが**図8-21**です.マーカで読み取ると,入力電力－3dBmのときの出力電力,つまりP_{1dB}は13.3dBmです.目標仕様の10dBmを満足しています.

● **回路を試作して実測**

試作基板のP_{1dB}を測定してみました.

ネットワーク・アナライザのパワー・スイープ機能を使います.測定周波数は2.45GHzで,パワー・スイープの範囲は－20〜0dBmです.

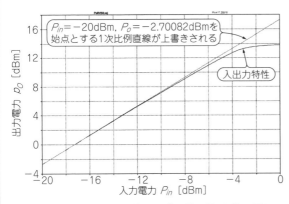

図8-18 図8-16からP_{1dB}値を正確に読み取る②…図8-16に1次比例直線が上書きされた

図8-19 図8-16からP_{1dB}値を正確に読み取る③…Add Trace to Plotウィンドウに入出力特性と1次比例直線との差分を表示させる数式を入れる

図8-20 図8-16からP_{1dB}値を正確に読み取る④…図8-18の入出力特性と1次比例直線との差分が表示される

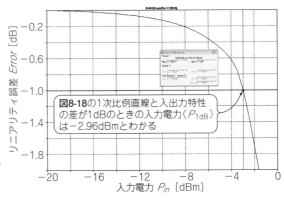

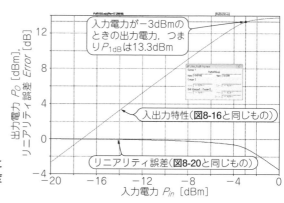

図8-21　図8-16からP_{1dB}値を正確に読み取る⑤…図8-16と図8-20を一度に表示させる

図8-22(a)に入出力特性の測定結果を示します．このままではP_{1dB}が読み取りにくいので，図8-22(b)のように，出力電力と1次比例直線との差分であるリニアリティ誤差のグラフをExcelで作り直しました．その結果，1dBのゲイン圧縮が生じるときの入力電力は－6dBであることがわかりました．図8-22(a)に戻って，入力電力が－6dBのときの出力電力，つまりP_{1dB}を求めると8.2dBmでした．

目標仕様の10dBmに満たない結果ですが，LNAで大切なのは，P_{1dB}よりも雑音指数と相互変調ひずみ特性なので，相互変調ひずみの結果を踏まえてOK/NGを判断します．

シミュレーションよりもP_{1dB}が小さくなっているのは，動作点がシミュレーション結果と異なる可能性や，実デバイスの非線形性がSPICEモデル・パラメータに正確に反映されていないことなどが原因と考えられます．

● P_{1dB}を悪化させる主な原因と改善方法

P_{1dB}が悪化する原因として，最初に考えられるのは直流動作点が不適切であることです．第6章で負荷線を使って直流動作点の概念を説明しました．BJTの出力は，直流動作点を基準に振幅が変化します．P_{1dB}が思いのほか低い場合は，最初に直流動作点を確認します．

直流動作点に問題がないのであれば，より大振幅が得られるようコレクタ電流を増やしたり，大出力可能なBJTに変更する対策が必要です．

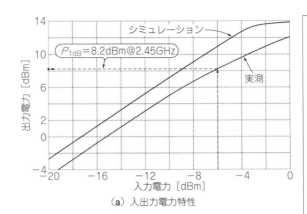

（a）入出力電力特性

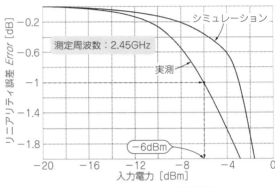

図8-22　図8-12の回 路（図8-1と同じ）を実際に作って P_{1dB} を測ってみた（校正面はコネクタ端なので基板両端のコネクタの影響を含む．ネットワーク・アナライザ E5071C を使用）

図(a)から Excel で図(b)を作成する．図(b)において出力電力が1dB圧縮されるときの入力電力を読むと−6dBmである．図(a)に戻り，入力電力が−6dBのときの出力電力から，P_{1dB} は8.2dBmとわかる

（b）入力電力-リニアリティ誤差特性

8-3── 相互変調ひずみ *IMD* のシミュレーション検討

● **マルチキャリア信号に対するひずみにくさを表す指標 IP_3** [2]

　相互変調ひずみは，周波数の近接した2つの信号が同時にデバイスを通過するときに生じるひずみです．

　現代の無線通信方式では，高周波LNAに入力される信号が単一キャリアであることはまれです．多くの場合は，本来の入力信号の近傍に他の信号（キャリア）が存在します．また，入力信号がマルチ・キャリアの変調波のときは，複数の周波数成分を含みます．

　このようなマルチ・キャリア信号を扱うことの多い高周波アンプでは，相互変調ひずみが小さいことが求められます．相互変調ひずみの大きさは，IP_3 という指標で比較するの

が一般的です. IP_3 が大きいほど, ひずみの小さいアンプです.

■ 準備…2つの信号源でFFT解析を正しく実行できるか確認

● [STEP1]合成して2つの信号を作る

ひずみのシミュレーションを実行する前に, FFT解析に耐えうる良好な信号源になっているかを確認しておくことが大切です.

まず良好な2つの信号源をシミュレーション回路上に置きます. 図8-23に示す信号源は, 2信号3次ひずみをシミュレーションするために作った2つの信号源です.

▶ .optionコマンドで解析分解能を上げる

FFTを行ったときの振幅分解能を上げるために, ".option numdgt = 7" を設定します.

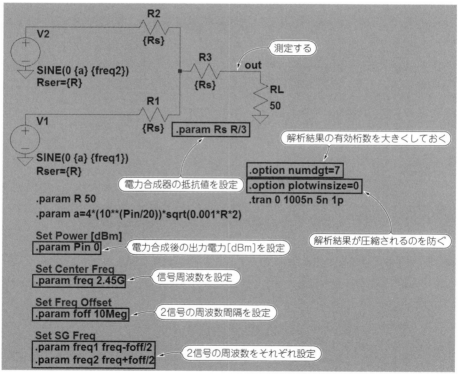

図8-23 相互変調ひずみの測定に使う2信号(2トーン)を作る回路(付属DVD フォルダ名:8-5)
LNAのひずみシミュレーションを実行する前に, FFT解析を正確に実行できる良好な信号源となっているかを確認する

解析結果の圧縮を防ぐために，".option plotwinsize = 0"も設定します．こうするとFFT
を行った後のダイナミック・レンジを改善できます．

▶.paramコマンドで変数を定義する

信号源の出力電力レベルや，周波数を簡単に変更できるように，.paramコマンドで値や
計算式を設定します．

● [STEP2]過渡解析完了後に，FFTを実行する

2信号の品質を確認するために，**図8-23**の回路でシミュレーションを実行します．過
渡解析が終わったら，[View]-[FFT]を選び，**図8-24**のようにV(out)ノードのFFT解析
を実行します．設定項目は，デフォルトのままで良いです．

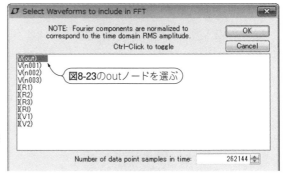

**図8-24 シミュレーションの実行を完
了した後に，FFT解析を行う**
設定項目はディフォルトのままにする

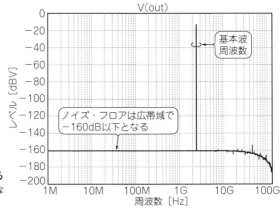

図8-25 2信号の信号純度を確認する
ノイズ・フロアは広帯域で－160dBとな
っている

● [STEP3]作った信号源のFFT結果を確認する

　図8-25に，FFTの結果を示します．ノイズ・フロアは，広帯域にわたって−160dBになっています．**図8-26**に，2信号の周波数分解能やレベルを確認した結果を示します．LTspiceのFFTは，0dB＝1V$_{RMS}$と定義されるので，0dBmは次の式で表せます．

$$20\log\left(\frac{\sqrt{0.05}}{1V_{RMS}}\right)\fallingdotseq 13.05dB$$

　FFTで得られたdB値をLTspiceでdBmに換算するには，＋13dBを加算します．
　周波数分解能は2MHzなので，今回のFFT解析には十分使えます．

■ 実行…LNAに組み込んで*OIP*$_3$を調べる

● [STEP4]作った2つの信号源をLNAに組み込む

　図8-27のように，作成した2信号源を回路に組み込んでシミュレーションを実行します．
▶信号源の設定
　LNAへの入力電力は−30dBm，周波数は2.445GHzと2.455GHzの2信号（周波数オフセット：10MHz）を設定しました．

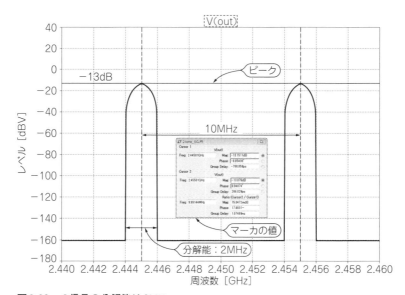

図8-26　2信号の分解能は2MHz
LTspiceのFFTは1V$_{RMS}$を0dBとして表示する．FFTの結果で得られたdB値をdBmに換算するときは，＋13dBすればよい

▶過渡解析の設定

　能動素子（バイポーラ接合トランジスタ）と直流バイアス回路が含まれた回路なので，直流動作点が安定するまでの時間5nsの過渡解析結果（データ）を捨てて，1005nsまで解析を行います．最初の5ns分のデータは捨てているので，実質的な解析データ時間は1000ns分になります．時間分解能は1psです．

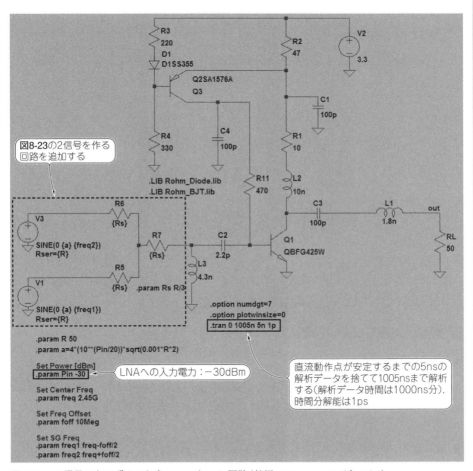

図8-27　2信号3次ひずみのシミュレーション回路（付属DVD　フォルダ名：8-6）
LNAへの入力電力は－30dBm，周波数は2.445GHzと2.455GHzの2信号とする

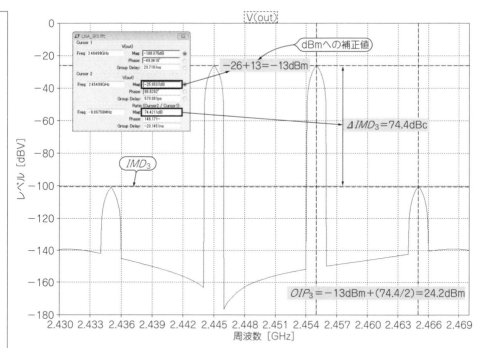

図8-28　*OIP*₃のシミュレーション結果は24.2dBm
LTspiceでFFT解析して*OIP*₃を求めるときは，＋13dB補正を忘れず行う

● ［STEP5］出力3次インターセプト・ポイント *OIP*₃のシミュレーション結果

　図8-28にシミュレーション結果を示します．マーカの値を読み取り，*OIP*₃を計算すると，24.2dBmです．これは，目標仕様20.0dBmを満足する値でした．

■ 実測…実機で*OIP*₃を測定

● *OIP*₃用の測定システムの構成

　*OIP*₃を実測する測定システムを図8-29に示します．実験ベンチ周辺の無線LANの影響を減らすために，この測定ではLNAを銅はくで覆う方法を試してみました．

● 実測結果…目標仕様をかろうじて満足する

　試作基板を使って，実測した結果を図8-30（p.198）に示します．やはり，銅はくで覆うだけでは不十分なようで，周辺の無線LANの信号が観測されています．高周波回路の実

験ベンチはオフィスから隔離して，無線LANなどの信号が飛び交っていないところに設置する必要があることがわかります．測定結果から，OIP_3を計算すると20.3dBmです．かろうじて目標仕様を満足する結果になりました．

■ まとめ…シミュレーションと実機結果

● 出力インピーダンスだけは実機での再調整が必要

目標仕様，シミュレーション結果，実測，それぞれの特性を**表8-1**に示します．2.4GHz帯では，LNAとして実用的な性能が得られています．ただし，この回路を実用化するときは，出力インピーダンス・マッチングをカット＆トライによって改善した方が良いでしょう（第7章）．

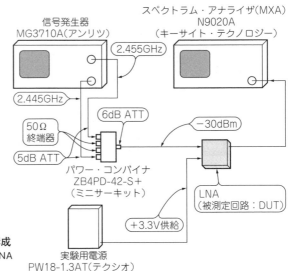

図8-29　OIP_3の測定システムの構成
無線LANによる影響を減らすため，LNAを銅はくでシールドした

表8-1　試作したLNAの性能

項　目	条　件	実　測	シミュレーション	目標仕様
ゲイン	@2.45GHz	15.3dB	17.5dB	15dB程度
ゲイン・フラットネス	2.4G～2.48GHz	0.4dB	0.3dB	1dB以下
$\|S_{11}\|$	2.4G～2.48GHz	−13.1dB以下	−12.8dB以下	−10dB以下
$\|S_{22}\|$	2.4G～2.48GHz	−12.5dB以下	−23.5dB以下	−10dB以下
NF	2.4G～2.48GHz	2.6dB	3.1dB	3dB以下
P_{1dB}	@2.45GHz	8.2dBm	13.3dBm	10dBm程度
OIP_3	@2.45GHz	20.3dBm	24.2dBm	20dBm程度

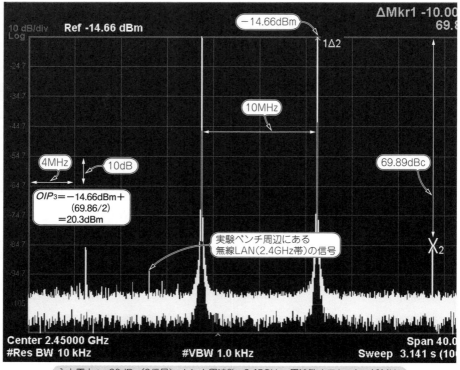

ΔMkr1 -10.00
69.8

10 dB/div Log **Ref -14.66 dBm**

−14.66dBm

↑1Δ2

10MHz

4MHz 10dB

69.89dBc

$OIP_3 = -14.66\text{dBm} +$
$(69.86/2)$
$= 20.3\text{dBm}$

実験ベンチ周辺にある
無線LAN(2.4GHz帯)の信号

X₂

Center 2.45000 GHz   **Span 40.0**
#Res BW 10 kHz   **#VBW 1.0 kHz**   **Sweep 3.141 s (10**

入力電力：−30dBm(2信号)，センタ周波数：2.45GHz，周波数オフセット：10MHz

図8-30　OIP_3の実測結果は20.3dBm@2.45GHz
表8-1の目標性能の20dBmをかろうじて満足した

＊　　　＊　　　＊

● フリーのLTspiceで2.4GHz帯ぐらいまでなら，設計に使えそう

　GHz帯の高周波回路設計では，プリント基板パターンの影響も考慮することが一般的
です．その検討には，ANSYS Designer(アンシス・ジャパン)など，電磁界解析エンジン
をもつ高周波回路シミュレータを使います．しかし，私には，次の2つの疑問がありました．

(1)　最近一般化している1005サイズ(または0603サイズ)のチップ部品を使えば，集中定
　　数回路として設計できないか？

(2)　電子回路シミュレータ(LTspice)だけでも，2.4GHz帯のアンプくらいは，それなり
　　に設計できるのではないか？

　今回のシミュレーション結果からは，2.4GHz帯くらいまでであれば，回路の実装方法

さえケアしておけば，1005のチップ部品を使った集中定数回路としての設計もできるかも知れないという感触を得ました．LTspiceを含むSPICE系の電子回路シミュレータであっても，2.4GHz帯までであれば，次に示すように活用できると考えられます．

(1) ライセンス本数の制限などで，高価な高周波回路シミュレータが使えないときに，仮設計を進めておく

(2) 高周波回路のビギナが集中定数による高周波回路設計を始める

ただし，使用するアクティブ・デバイスのSPICEモデル・パラメータがメーカから公開されていること，または，入手できることなどの条件が必要です．

◆参考・引用*文献◆
(1) Behzad Razavi，黒田 忠広 監訳：RFマイクロエレクトロニクス，丸善，2002.
(2)* 川田 章弘；第15章 帯域100k ～ 100MHzの低雑音プリアンプ 補足，トランジスタ技術Special No.123, CQ 出 版 社，2013（http://shop.cqpub.co.jp/hanbai/books/MSP/MSP201307/TRSP123_hosoku PDF.zip).
(3)* 川田 章弘；高周波アナログセンスアップ講座，トランジスタ技術2015年3月号，p.179，CQ出版社.

〈川田 章弘〉

3次相互変調ひずみ*IMD*と*IP*₃$^{(2)}$

● 3次相互変更ひずみと*IP*₃の定義

図8-Aは，3次相互変調ひずみIMD_3(3rd Inter Modulation Distortion)が発生しているアンプの出力信号のスペクトラムです．周波数間隔Δfの小さい(例えば，$\Delta f = 100$kHzや1MHz) 2つの信号，つまり周波数f_1と周波数f_2の信号を同時にアンプに入力した場合のスペクトルを示しています．

3次相互変調ひずみは，f_1，またはf_2とΔfだけ離れた周波数($2f_1 - f_2$, $2f_2 - f_1$)に生じます．

アンプへの入力信号レベルを増加させると，f_1, f_2の基本波出力信号レベルは増加します．さらに，相互変調ひずみのレベルも増加します．それぞれの増加量は，f_1やf_2といった基本波成分が入力信号レベルの増加に対して傾き1で増える一方で，相互変調ひずみはその3倍の傾きで増加します．図8-Bにこのようすを示します．

図8-Bに示す式で計算すると，図8-Aの相互変調ひずみの観測結果から，OIP_3(Output 3rd Order Intercept point)の値が求まります．OIP_3[dBm]の値から，ゲイン[dB]を引き算するとIIP_3[dBm]の値が求まります．OIP_3は出力3次インターセプト・ポイントで，IIP_3は入力3次インターセプト・ポイントです．

● *IP*₃を実機で測定する方法

IP_3測定のコツは，アンプへ入力する信号レベルがP_{1dB}よりも十分に小さい値(目

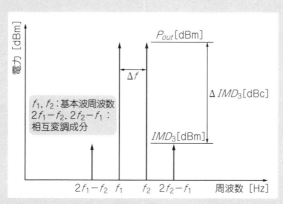

図8-A$^{(1)}$　　**3次相互変調ひずみのスペクトラム測定**

安としてはP_{1dB}に達する入力レベルの-20dB)で測定することです．また，標準信号発生器のALC(Automatic Level Control：標準信号発生器の出力レベルを一定に保つ回路)が2つの標準信号発生器間で干渉することで生じる相互変調ひずみを防ぐために，それぞれの標準信号発生器の出力に6dB程度の減衰器，またはアイソレータを挿入すると良いでしょう．被測定回路(DUT：Device Under Test)の入力にもリターン・ロス改善のために，3dB程度の減衰器を入れておくとベストです．

IP_3は，単一周波数の入力信号レベルにおける測定値から計算してもよいのですが，より正確にIP_3を測定したいときは，入力信号レベルを徐々に変化させながら図8-Bのようなグラフを作成します．図8-Bのようなグラフが完成したら，基本波レベル，相互変調ひずみレベルのそれぞれのデータを最小2乗法により近似直線を引き，その交点からOIP_3を求めます．

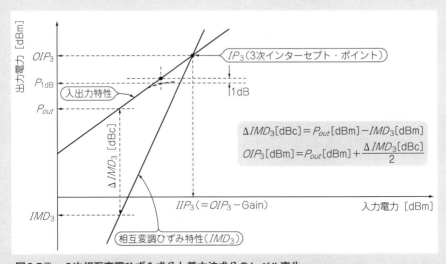

$$\Delta IMD_3[\text{dBc}]=P_{out}[\text{dBm}]-IMD_3[\text{dBm}]$$
$$OIP_3[\text{dBm}]=P_{out}[\text{dBm}]+\frac{\Delta IMD_3[\text{dBc}]}{2}$$

図8-B[(3)]　3次相互変調ひずみ成分と基本波成分のレベル変化
より正確にOIP_3を測定するときは，入出力特性と相互変調ひずみ特性の近似直線を引き，その交点から求める

第9章

高速応答/高安定/低スプリアス…3拍子そろった負帰還回路もすぐに
周波数シンセサイザの
スピード仕上げ術

　本章では，LTspiceで利用してPLLループ・フィルタの最適な定数や周波数シンセサイザICの設定値を正確に予測する方法を解説します．

　ループ特性を評価するときは数百万円もするネットワーク・アナライザを利用することもあります．測定器が高価なだけでなく，周辺環境のノイズの影響を受けたり，インピーダンスを考えて追加の回路を作ったりと測定も一筋縄ではいきません．

　LTspiceがあれば，無料で周波数特性や過渡応答特性を確認しながら最適設計ができます．実機の確認はオシロスコープさえあればOKです．

　PLLシンセサイザICを実際の回路で記述するとAC信号源で正弦波を発生させます．それをカウンタ回路で分周，位相比較器をロジック回路で組んで解析すると計算時間が膨大となり，うまく収束しないことがあります．

　本章では，LTspiceなどの電子回路シミュレータに標準装備されている電圧制御電圧源と電圧制御電流源を利用してPLLシンセサイザICの回路のふるまい(ビヘイビアという)をモデル化します．これにより圧倒的に高速で論理的な見通しのよい回路解析ができるようになります．

　図9-1に例題を示します．本回路は，ソフトウェア無線機のループ・フィルタやモータの制御ループなど帰還がかかった回路の定数最適化などに活躍してくれます．

9-1 —— 本器の回路構成

● シンセサイザの構成

　PLLシンセサイザを構成するブロックは図9-1に示したとおり，4つに分かれています．

▶電圧制御発振器(VCO：Voltage Controlled Oscillator)

　VCOは発振周波数が制御電圧によって変えられる発振器です．この発振器の周波数範

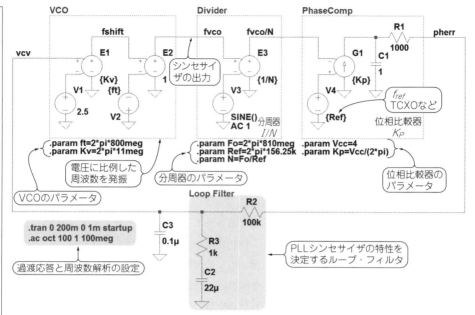

図9-1 PLL周波数シンセサイザのひな形モデル(付属DVD フォルダ名:9-1)

PLL周波数シンセサイザはVCO, 分周器, 位相比較器, ループフィルタの4つのブロックから構成される.
本ひな形モデルを利用すると, LTspiceで周波数特性や波形を確認しながらループ・フィルタの最適な定数
やPLLシンセサイザの設定値をチューニングできる

囲がPLLシンセサイザICの出力可能周波数範囲になります.

ゲインは次式で表されます.

$$K_v = 2\pi f_S \ [\text{rad/V} \cdot \text{s}] \quad \text{(9-1)}$$

▶分周器

高周波信号を分周できるカウンタ回路です. 分周比 $N = 1000$ の場合, 分周器に1kHzを
入力すると出力は1Hzです.

ゲインは次式で表されます.

$$N = \frac{f_{VCO}}{f_{ref}} \quad \text{(9-2)}$$

▶位相比較器

分周した周波数と水晶振動子の周波数を比較して, その位相差を電圧または電流で出力
する回路です. キーになる部分なので, 後述します.

▶ループ・フィルタ

フィードバック回路なので基本的に1次のローパス・フィルタで構成されます．PLLシンセサイザの主要な性能を決定するため重要な部分です．

ループ・フィルタの出力は再び最初のVCOに戻されフィードバック・ループが形成されます．

● 位相比較器

図9-2に位相比較器の動作を示します．

水晶振動子から生成したf_{ref}周波数と，VCO出力を$1/N$分周したf_{VCO}/Nの周波数を比較し，位相が遅れている場合は，V_{CC}電圧を出力，位相が進んでいる場合はGND電圧を出力します．位相が一致している場合はハイ・インピーダンス(HiZ)になります．

図9-3は位相比較器の出力であるチャージ・ポンプの等価回路です．

ハイサイド側のMOSFETまたはロー・サイド側のMOSFETを制御して図9-2の状態を作り出しています．ループ・フィルタのコンデンサに充電，または放電を切り替えているわけです．

位相が一致した場合は，充電も放電も行わない両サイドがOFFのハイ・インピーダンス状態になりコンデンサの電圧は一定値で維持されます．

このコンデンサの電圧がVCO制御電圧になるため，この電圧は発振周波数と比例関係にあります．

位相差と出力電圧の関係を図9-4に示します．フィードバックの働きで位相差0のポイントに収束します．±2π以上の位相差がある場合は最初の0付近の出力電圧に戻ります．周波数が大きく異なる場合(位相差が$\geqslant 2\pi$)，収束するまでに何度もこの電圧の山と谷を通ってきます．これをサイクル・スリップと呼びます．

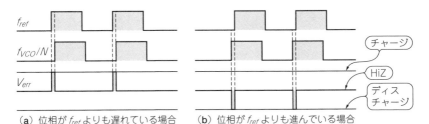

（a）位相がf_{ref}よりも遅れている場合　　（b）位相がf_{ref}よりも進んでいる場合

図9-2　f_{ref}に対して入力周波数が遅れていればチャージに，進んでいればディスチャージに切り替える
位相比較器の動作

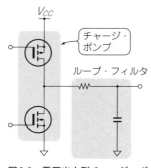

図9-3　電圧出力型チャージ・ポンプの等価回路
MOSFETスイッチでV_{CC}またはGND接続を切り替える．両サイドOFFでハイ・インピーダンス（開放）状態になる

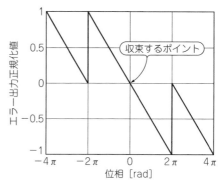

図9-4　位相比較器の出力と位相差の関係
位相差±2π以内の範囲はリニアな特性である．±2π以上ではまた元に戻って，これを周期的に繰り返す

位相比較器の感度を表すとき，±2π以内では位相比較器のゲインK_Vは次式で決まります．

$$K_P = \frac{V_{CC}}{2\pi} \, [\text{V/rad}] \quad\text{(9-3)}$$

● **ループ・フィルタ**

ループ・フィルタの役割はチャージ・ポンプの短形波を平滑し，リプルのないDC電圧に変換することです．ここにリプルが残っているとVCOが変調されてサイド・スプリアス特性が悪化します．

サイド・スプリアス特性が悪いと出力信号にジッタが発生し，アプリケーションでのS/N低下やエラー率の悪化などを引き起こします．

もう1つの役割はフィードバック・ループの時定数をこのループ・フィルタが決めているため，フィードバックの収束性やロックアップ・タイムなどシステム応答性能を決定します．

図9-5はフィードバックの収束のようすを一般化したグラフです．縦軸は正規化した出力応答でVCO制御電圧またはVCO出力周波数を表しています．横軸はループ・フィルタの周期です．

複数の線は収束特性ダンピング・ファクタの違いを表しており，安定で素早く収束する制御回路を作る上ではダンピング・ファクタ0.5〜0.7を理想としています．

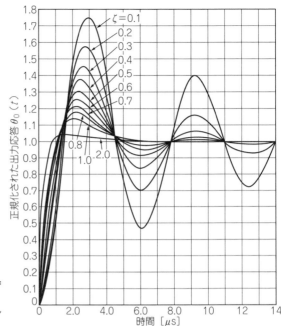

図9-5　ダンピング・ファクタ ζ ＝ 0.5 〜 0.7 が理想的
PLL シンセサイザの応答特性を一般化したグラフ

この後，ダンピング・ファクタ0.5 〜 0.7で自分の求めるカットオフ周波数を得る方法を示します．

● ラグリード・フィルタ
ラグリード・フィルタはカットオフ周波数とダンピング特性を独立して設定できるため，PLLシンセサイザのループ・フィルタで最もよく使われる回路です．
使用するVCOの感度やf_{ref}周波数と発振したい周波数からシステム全体のループ・ゲインを求めます．
式(9-1)〜式(9-3)の計算でループ・ゲインKが求まります．

$$K = \frac{K_P K_V}{N} \, [/\mathrm{s}] \cdots\cdots\cdots\cdots\cdots\cdots\cdots\cdots\cdots\cdots\cdots\cdots\cdots\cdots\cdots\cdots\cdots\cdots\cdots\cdots (9\text{-}4)$$

次に実際の計算例を示します．
VCO感度が11MHz/Vの場合，ゲインK_Vは次式で求まります．
$$K_V = 2\pi \times 11\mathrm{MHz} = 69.08 \times 10^6$$

位相比較器が $V_{CC} = 4$V とすると，ゲイン K_P は次式で求まります．

$K_P = V_{CC}/2\pi = 0.637$ 倍

ただし，ヘッドルームを0.5Vとした場合，$V_{CC} = 5.0 - 0.5 - 0.5$

$f_{ref} = 156.25$MHz時の分周比 N は，次式で求まります．

$N = 810$MHz$/156.25$kHz$ = 5184$

ループ・ゲイン K は次式で求まります．

$K = 69.08 \times 10^6 \times 0.637/5184 = 8483$

ラグリード・フィルタのカットオフ周波数は次式から求められます．

$$\omega_n = \sqrt{\frac{K}{CR_1}}\,[\text{rad/s}] \cdots\cdots\cdots\cdots\cdots\cdots\cdots\cdots\cdots\cdots\cdots\cdots\cdots\cdots\cdots\cdots\cdots\cdots\cdots (9\text{-}5)$$

Column (9-I)

PLLシンセサイザとは

PLLシンセサイザがまだ普及していなかった時代は，必要な周波数の水晶振動子を複数用意する，またはそれを逓倍するしかなかったため，細かいステップで広い周波数範囲の信号を得ることができませんでした．

PLLシンセサイザの技術を使うと1個の水晶発振子を基準として，それを上回るさまざまな周波数をほぼ連続的に細かいステップで取り出せるようになりました．

70年代終わりころからPLL ICが安価に出回るようになり，チャネル数の多い海外向けCB無線機やアマチュア無線機，短波ラジオなどから普及が始まり，次第にテレビやAM・FMラジオなどの家電にも普及し，現在ではマイコンやFPGAなどのデバイスにも内蔵されています．

PLLシンセサイザICは発振周波数の位相を検出してフィードバックをかける負帰還回路です．そのためタイムドメイン（過渡応答）解析が得意なLTspiceなどのSPICE系電子シミュレータと相性がよいのです．

周波数シンセサイザIC ADF4351（アナログ・デバイセズ）の高速ロック機能を使えば周波数変更時だけ高速用の広帯域ループ・フィルタ回路に切り替えられ，チャージ・ポンプも容量を増やして高速化します．ロックアップが完了するとループ・フィルタを狭帯域のスプリアス，ノイズ性能優先に切り替え，チャージ・ポンプの電流も絞ります．

これら相反する2つのループ特性のシミュレーションをLTspiceで正確に予測できるため，2つの動作モードの最適な定数やシンセサイザICの設定値を設計できます．

ここで$f_C = 10\text{Hz}$とすると，式(9-5)より，

$CR_1 = K / (2\pi f_C)^2 = 2.151$

$C = 22\,\mu\text{F}$とすると$R_1 = 100\text{k}\Omega$です.

ラグリード・フィルタのダンピング・ファクタは次式から求められます.

$$\zeta = \frac{CR_2\,\omega_n}{2} \cdots\cdots\cdots\cdots\cdots\cdots\cdots\cdots\cdots\cdots\cdots\cdots\cdots\cdots\cdots\cdots\cdots\cdots\cdots\cdots\cdots\cdots\cdots\cdots\cdots\cdots\cdots (9\text{-}6)$$

ここで$\zeta = 0.5$とすると式(9-6)より，

$CR_2 = 2\zeta / (2\pi f_C) = 0.035$

$C = 22\,\mu\text{F}$なので$R_2 = 1\text{k}\Omega$です.

これらの式が成立する条件として$R_1 \gg R_2$にします.

求めた定数からLTspiceを使った解析を実行するため，図9-1の回路を作成しました.

9-2 — 検 証

● 各ブロックの設定

▶VCO

電圧制御発振器は，出力される周波数は電圧に置き換えて表現します.

このVCOは制御電圧(vcv)が2.5Vの時に800MHzを出力すると定義されています.

$vcv = 2.5\text{V}$の時，出力は2π・800MVです.

周波数の単位はrad(ラジアン)になります.

▶Divider

周波数を$1/N$倍するので，伝達関数を$1/N$とします.

同時にAC解析用の信号源を片方に追加しています.

▶PhaseComp

位相比較器はf_{ref}周波数と入力周波数の差を取って$K_P = V_{CC}/2\pi$倍します.

制御電圧をループ・ゲイン(K)倍した電圧が，ここの出力から得られます. 慎重にならなといけないのは式(9-4)のようにここの単位が［/s］であることです.

1秒あたりゲインがK倍になるということを表しているため，そうなるように位相比較器の出力を電流とし容量1Fのコンデンサで電圧に変換します.

こうすることで$V = it/C$からループ・ゲインを［/s］の単位に変換しています.

最後の$1000\,\Omega$はチャージ・ポンプの内部抵抗です.

● 解析結果

周波数特性を解析するとき, f_{VCO} ノードを観測します.

図9-6の解析結果のように, 予定どおりカットオフは10Hz付近になっています.

ループ・フィルタは1次なので, 振幅特性も位相特性も理想的な1次の特性になっています.

位相比較器のリプル周波数である159kHz付近は, −80dBになっています. ここで

Column (9-Ⅱ)

高速伝送コネクタのSPICEモデル

● 入手先

電子機器に欠かせない部品の1つにコネクタがあります. コネクタはトランジスタやICとは異なり, 理想的な特性とみなされ, 最近までは, 電気特性を示すシミュレーション用モデルの要求は, 特殊なケースを除いてはありませんでした.

ここ数年で, 民生機器のディジタル回路においても, 10Gbpsを超えるようなインターフェースが登場してきたので, コネクタのわずかな反射や損失, クロストークを試作前に調べることが多くなりました. フリーの回路シミュレータが身近になったことも影響して, いくつかのコネクタ・メーカはウェブ・サイトでSPICEモデルを公開しています.

- ● 日本航空電子

http://www.jae.com/z-jp/s-slist2_jp.cfm?sFlg7=1

- ● Samtech

https://wwws.samtec.com/signal-integrity-center.aspx

リストAは日本航空電子のコネクタ KX24, KX25 のSPICEモデルのネットリスト例(一部抜粋)です.

コネクタ・モデルは受動素子なので, 抵抗, コンデンサ, コイルを使った等価回

リストA　KX24-25-LT(日本航空電子工業)**のコネクタ・モデル**(抜粋)
コネクタのSPICEモデルと端子が対応するシンボルを作成すればLTspiceでも使えるようになる

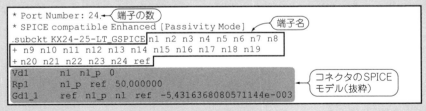

```
* Port Number: 24.← 端子の数
* SPICE compatible Enhanced [Passivity Mode]   端子名
.subckt KX24-25-LT_GSPICE n1 n2 n3 n4 n5 n6 n7 n8
+ n9 n10 n11 n12 n13 n14 n15 n16 n17 n18 n19
+ n20 n21 n22 n23 n24 ref
Vd1     n1 n1_p 0                          コネクタのSPICE
Rp1     n1_p ref 50.000000                 モデル(抜粋)
Gd1_1   ref n1_p n1 ref -5.4316368080571144e-003
```

－120dBの減衰量が欲しい場合は，**図9-7**に示したとおり，もう1つポールを追加します．追加したポールのカットオフは10Hzよりもずっと高い値にします．

ゲインの高い10Hz付近に2つのポールが重なると，2次特性になり，位相が回りすぎて発振条件になります．

図9-8のように，ポール同士を離すことで10Hzのメイン・ループに影響を与えずにスプリアスだけ除去できます．

路で記述されています．一部，周波数特性を表現するために，電圧や電流制御の従属電源が使われます．このようなSPICEネットリストで提供されているコネクタ・モデルは，LTspiceなどの回路シミュレータでも解析することができます．

● 利点

電子機器内部の構成に自由度を持たせるためには，基板を複数に分割して，コネクタやケーブルで接続すると，メインテナンス性が向上します．このような用途に，コネクタ・モデルを基板トレース・モデルに追加して過渡応答解析を実行し，所望の性能が得られるかどうか調べることができます．

PCI－Expressのように基板間をコネクタで接続するような構造や，電子機器間をUSB3.1ケーブルで接続する場合，基板のトレースやコネクタ，フィルタなどの電子部品を含めて，信号伝送経路全体の解析ができます．コネクタやケーブルを介して，基板や機器間を接続した場合，どのビット・レートまで信号を伝送できるのかを確認できます．

後々のメインテナンスを考えて，基板を複数の構成にして，コネクタで接続しても，正しく動作するかの判断や，画像を出力するような機器とモニタを接続するケーブル長が，どの程度の長さまで伸ばせるかの検討でき，机上での性能調査，価格，保守性などのバランスを基板設計する前に調べることができます．

● 提供されるモデルの形式

SPICEモデルのほか，部品メーカからSパラメータでコネクタなどのモデルが提供さることがあります．Sパラメータは，周波数毎にデバイスの反射特性や通過特性をテーブルで表しています．市販の数百万円を超えるシミュレータは，Sパラメータを直接扱えますので，コネクタのモデルとして転用できます．

残念ながらLTspiceではSパラメータを直接解析することができません．BroadBand SPICE(Cadence)のようなSパラメータをSPICEモデルに変換する市販のソフトウェアを利用すると，LTspiceでもSパラメータ形式で提供される部品モデルのシミュレーションができるようになります．　　　　　〈池田　浩昭〉

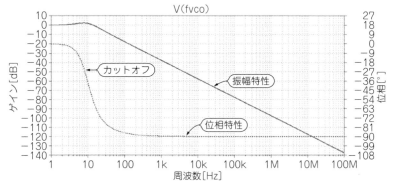

図9-6　PLLシンセサイザのゲイン周波数特性（シミュレーション）
1つのポールだけの最も基本的な結果

**図9-7　メインのポールよりもずっと高い周波数に
設定することで，応答特性に影響を与えずスプリ
アスだけを落とす**
さらにポールを追加する

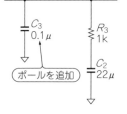

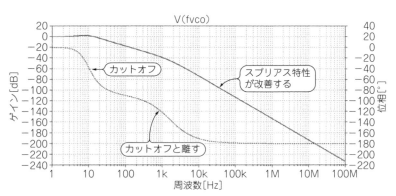

**図9-8　追加したポールはメインのポールに影響を及ぼさないくらい高い周波数に
置いてある**（シミュレーション）
156kHzのスプリアスも十分に落とせている

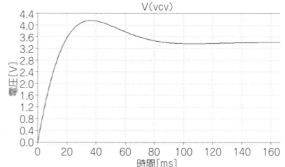

図9-9 追加したポールの有無では，この過渡応答波形に影響は出ていない（シミュレーション）
*vcv*電圧の過渡応答波形

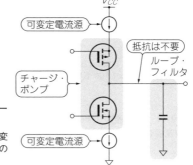

図9-10 電流出力型チャージ・ポンプの等価回路
定電流源は設定値を柔軟に変更できるため，ソフト制御の対応がやりやすい

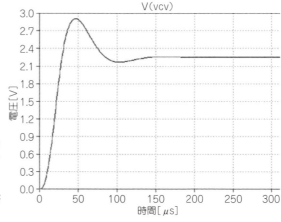

図9-12 0Vからのロックアップ・タイムは150μs以内で収束している（シミュレーション）
高速ロックアップ機能OFF，チャージ・ポンプ出力電流I_o＝0.63mAの過渡応答波形

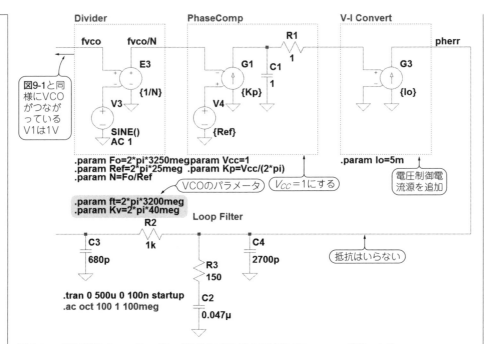

Divider　　　　　　PhaseComp　　　　　　V-I Convert

fvco　　fvco/N　　　　　　　　　R1　　　　　　　　　　　pherr
　　　　　　　　　　　　　　　　　1

図9-1と同
様にVCO
がつなが
っている
V1は1V

E3　　　　　　　　G1　　　　　　　　　　　G3
　　　　　　　　　　　　　C1
{1/N}　　　　　{Kp}　　　1　　　　　　　{Io}

V3　　　　　　V4

SINE()　　　　{Ref}
AC 1

.param Fo=2*pi*3250megparam Vcc=1
.param Ref=2*pi*25meg .param Kp=Vcc/(2*pi)
.param N=Fo/Ref

VCOのパラメータ　　$V_{CC}=1$にする

.param Io=5m

電圧制御電
流源を追加

.param ft=2*pi*3200meg
.param Kv=2*pi*40meg　　Loop Filter

R2
1k

C3　　　　　　　　　　　　C4
680p　　　　　　　　　　　2700p

R3
150

抵抗はいらない

C2
0.047μ

.tran 0 500u 0 100n startup
.ac oct 100 1 100meg

図9-11　定電流型チャージ・ポンプのひな形モデル(付属DVD　フォルダ名：9-2)
*V-I*変換を追加し，ループ・フィルタのシリーズ抵抗は不要になる

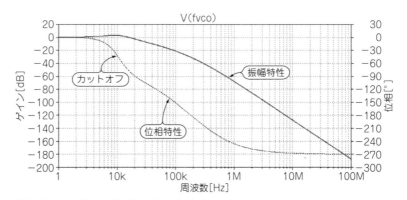

図9-13　カットオフは10kHzにある(シミュレーション)
高速ロックアップ機能OFF，チャージポンプ出力電流I_o= 0.63mAのゲイン周波数特性

LTspiceで*vcv*の過渡応答を観測した結果を**図9-9**に示します．追加ポールの有無でこの波形に影響はほとんど認められませんでした．

● チャージ・ポンプが電流出力の場合

最近多くなったVCOまで内蔵した広帯域ワンチップ・シンセサイザICでは，電流出力

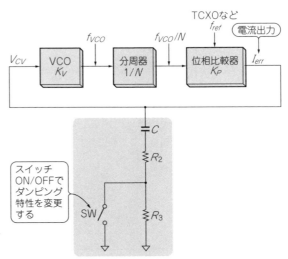

図9-14 チャージ・ポンプの電流を変えた際のダンピング・ファクタを最適化するために，抵抗値を変更するスイッチを内蔵したシンセサイザICがある

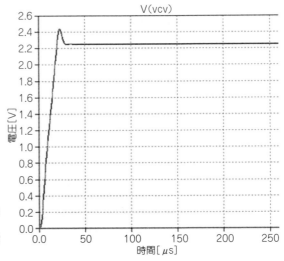

図9-15 30μsでロックアップが完了している（シミュレーション）
高速ロックアップ機能ONの時のvcv電圧波形

型のチャージ・ポンプがよく採用されています（**図9-10**）.

定電流源は設定値を変更できるためロックアップ・タイムやスプリアス特性などをソフトウェア的に切り替えられる利点があります.

　電流駆動を解析する場合，**図9-11**に示したとおり，$V_{CC} = 1$として電圧の項を消して，$V\text{-}I$変換のための電流源を追加します．ループ・フィルタのメイン・ポールに抵抗は不要になります．抵抗があっても定電流駆動なので，駆動側の電圧がシフトするだけで特性には何も影響を及ばさないためです.

　解析結果を**図9-12**，**図9-13**に示します．この回路は，トランジスタ技術2017年1月号[1]で製作したソフトウェア受信機で利用した高速ロックアップPLL IC（ADF4351）なので，

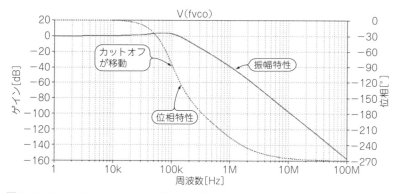

図9-16　カットオフが100kHzに広がって高速動作が可能になる（シミュレーション）
高速ロックアップ機能ON時のゲイン周波数特性

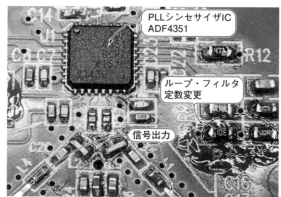

写真9-1　AD4351（アナログ・デバイセズ）評価ボードのシンセサイザIC周辺部の拡大
高速ロックアップ用の実装はされていないので自分で改造する

ロックアップ・タイム150 μsと速い動作になっています.

ADF4351(アナログ・デバイセズ)には，高速ロックアップ・モードが付いています．複数のチャージ・ポンプを並列動作させ素早いチャージ・アップを行うと同時に，**図9-14**のようなダンピング抵抗の値を一定時間1/4の大きさにすることで高速動作時のダンピング特性の最適化も行います．

I_C = 5mA，ダンピング抵抗150 Ωとしたときの解析結果を**図9-15**，**図9-16**に示します．このようにループ帯域が10倍になりロックアップ・タイムも30 μsまで高速化，同時にダンピング特性も適正な収束波形です．

ループ帯域が狭いとノイズ性能が向上するため，受信時には有利です．周波数変更時はノイズ性能を一時的に犠牲にしてロックアップ・タイムの高速化を図ります．このように低ノイズ化と高速ロックアップという相反する性能を両立しているわけです．

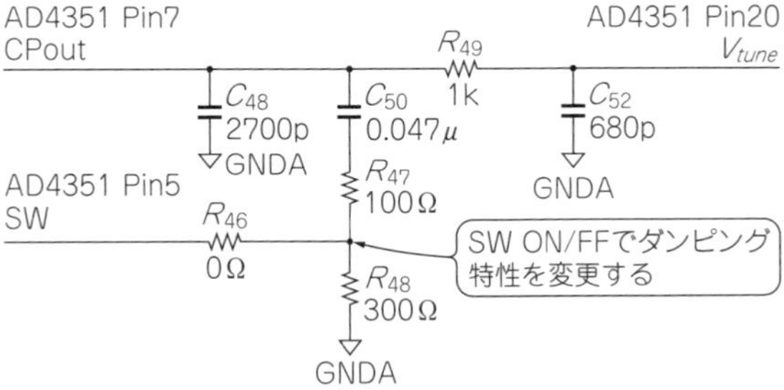

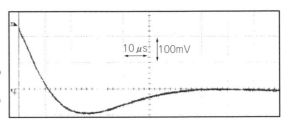

図9-17 R_{46}，R_{47}，R_{48}をこの定数に変更して高速ロップアップ対応に改造する
トランジスタ技術2017年1月号[1]で紹介したソフトウェア受信機のループ・フィルタの定数を変更した

図9-18 AD4351評価ボードでの実測波形
高速ロックアップ機能OFF. 図9-12のシミュレーション結果と同じである

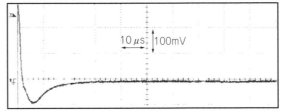

図9-19 AD4351評価ボードでの実測波形
高速ロックアップ機能ON. 図9-15のシミュレーション結果と同じである

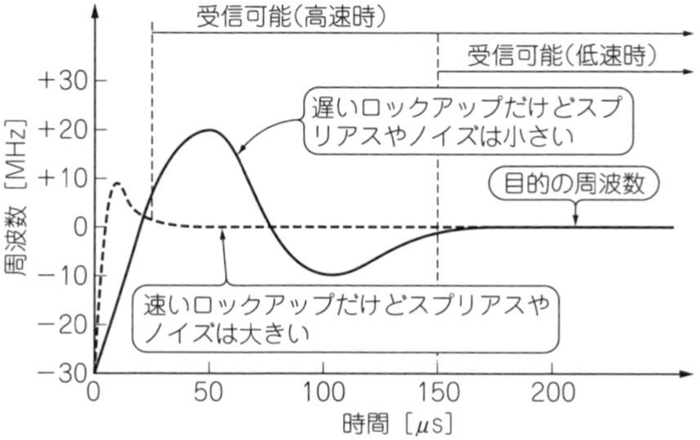

図9-20　PLLシンセサイザを利用して遅いロックアップと速いロックアップを切り替えて使用できる
周波数変更時だけ速くすれば相反する性能を両立できる．以前は遅いロックアップまたは速いロックアップのどちらかを選択していたためソフトウェア受信機で中間の性能を使用していた

● 実測でも確認した

　写真9-1に示す今回 ADF4351評価ボードを使って LTspice で解析した高速ロックアップの動作確認を行いました．

　実験した回路を**図9-17**に示します．この基板の*vcv*波形を実測した結果が**図9-18**，**図9-19**です．

　図9-18は高速ロックアップ機能を OFF にした時の波形で，シミュレーション結果（**図9-12**）と同じものです．応答波形の周期やダンピング特性などほぼシミュレーションどおりの結果が出ています．

　図9-19は高速ロックアップ機能を ON にした時の波形で，**図9-15**と同じです．こちらは $I_C = 5mA$ とした場合に実測と似た波形になることから，ADF4351内部で高速ロックアップ時の電流値がこのあたりまで増やされているようです．

＊　　　＊　　　＊

　今回の結果をもとにトランジスタ技術2017年1月号[1]で紹介したソフトウェア受信機を高速ロックアップ化しました（**図9-20**）．

　これまで周波数変更時に復調信号が一瞬途切れる感じがありました．今回の解析結果をもとに改造後は周波数を変更してもほとんど途切れる感じはなくなり，ロータリ・エンコーダでのチューニングもスムーズになりました．

◆参考文献◆

(1) 加東 宗：電波解読マシン Pi ラジオの製作，トランジスタ技術2017年1月号，CQ出版社．

〈加藤　隆志〉

第10章

ダイレクト・アンダーサンプリング方式用！
リード部品を使わないソリッド・タイプ！
フルディジタルFMラジオ用
アンチエイリアスBPF

　最新のディジタル処理をする受信機でも，入力部にはアナログ・フィルタが使われています．

　アナログ・フィルタとしては，次の2通りが考えられます(図10-1)．

(1) 受信している周波数に自動的にその中心周波数が追従する「トラッキング・フィルタ」

(2) イメージ混信，エイリアス混信に対して十分な排除能力をもった，周波数特性固定の「バンドパス・フィルタ」

　前者のトラッキング・フィルタを使うときは，受信周波数に合わせ，同調用のアナログ制御電圧をテーブルなどから補間して生成したり，多数のコンデンサをスイッチなどで切り替えるためのON/OFF信号を生成する必要があります．しかし，同時に増幅したりA-D変換したりする信号の数を少なくでき，ダイナミック・レンジや相互変調の問題が生じにくくなる利点があります．測定器のような使い方，電界強度計のようなメジャリング・レシーバ，中継用受信機は，性能重視なので，トラッキング・フィルタを使います．

　後者の広帯域なバンドパス・フィルタを使うときは，フィルタの周波数特性を制御する回路が基本的に不要になるという利点があります．しかし，同時に扱う信号の数が増えるので，高周波増幅器を飽和させないよう，信号レベルを抑える必要があります．また，レベルの高い信号を混合状態で扱うことになるので，相互変調による混信の問題についても，十分に留意する必要があります．

　FMチューナ用として使うのであれば，十分な性能を出せて，手間いらずの広帯域バンドパス・フィルタがよいでしょう．

　本章では，近年，周波数範囲が一部拡大された76M 〜 95MHzのFM放送バンド用の

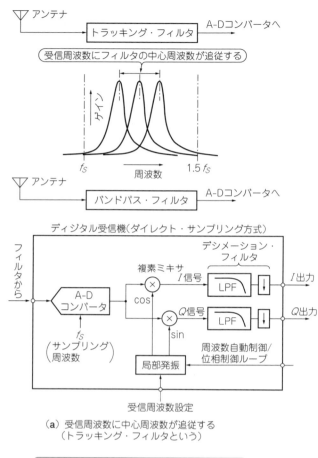

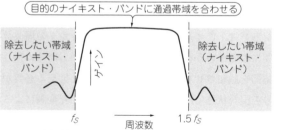

(a) 受信周波数に中心周波数が追従する
（トラッキング・フィルタという）

(b) 周波数特性固定のバンドパス・フィルタ

図10-1　FPGAを使ったフルディジタルFMラジオの入力部に使えるエイリアス混信除去用BPFを製作
本章では，A-Dコンバータのサンプリング周波数の1〜1.5倍の周波数範囲（第3ナイキスト・バンド）を受信することを想定してバンドパス・フィルタを作る

表10-1 FM放送受信用入力部に使用するバンドパス・フィルタの目標仕様
アンテナ入力回路のバントパス特性も合わせた総合的な周波数特性. 遮断量の減衰量は, 上側, 下側ともに50dBとした

項　目	目標値
通過帯域	76M ～ 95MHz（幅 19MHz）
通過帯域リプル	3dB以内
低域遮断特性	62MHz以下の周波数において50dB以上
高域遮断特性	108MHz以上の周波数において50dB以上

バンドパス・フィルタをLTspiceの助けを借りながら作ります. 減衰極の挿入によって, エイリアス混信を十分除去できる急峻な特性を実現します.

● VHF/UHF帯のフルディジタル受信機ではアンダーサンプリングの手法が使われる

ダイレクト・サンプリング方式でRF信号を直接ディジタル信号にする（ディジタイズ）方法が, 現在では高性能受信機の方式の主流になりつつあります. 受信周波数に比べ, A-Dコンバータのサンプリング周波数を十分に高くできるのであれば, アンチエイリアシング・フィルタは単なるローパス・フィルタで良く, その特性も極端に急峻な特性を要求されるわけではありません.

しかし, 現在入手できる高速A-Dコンバータが扱えるサンプリング周波数, その後のデシメーション・フィルタの動作周波数を考えると, 第2または, 第3ナイキスト・バンドで高周波信号をサンプリングする「アンダーサンプリング」の手法が, VHF帯, UHF帯を受信周波数とする受信機では, 今後も広く使われていくと思います.

今回は, サンプリング周波数をf_Sとしてf_S ～ $1.5f_S$（第3ナイキスト・バンド）だけをA-Dコンバータに入力する方法を使います.

10-1 —— 目標の周波数特性

● バンドパス・フィルタに求められる性能

今回設計するバンドパス・フィルタは, 表10-1に示すような特性を目標にします. RF増幅部の入力側に用意するアンテナ入力回路のバンド・パス特性も合わせた総合的な周波数特性です. 今回, 遮断域の減衰量は上側, 下側ともに実用的な50dBとします.

● 周波数変換を使わず直接A-D変換する方式でFM放送バンドを受信するときに必要な遮断特性

図10-2は, 第3ナイキスト・バンドで76M ～ 95MHzのFM放送バンドをディジタイズ

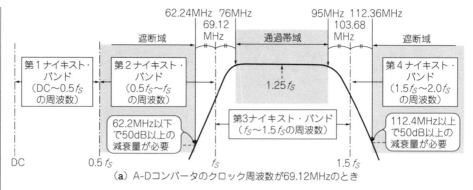

（a）A-Dコンバータのクロック周波数が69.12MHzのとき

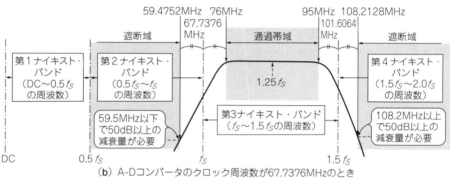

（b）A-Dコンバータのクロック周波数が67.7376MHzのとき

図10-2　76M～95MHzのFM放送バンドを第3ナイキスト・バンドで受信する
入力部に実装するフィルタとして要求される特性を考察したもの．A-Dコンバータのクロック周波数として，69.12 MHz と 67.7376MHz を想定

するダイレクト・サンプリング方式の受信機の受信帯域と，エイリアス混信を起こす隣接するナイキスト・バンド，A-Dコンバータのサンプリング周波数などの関係を示します．

　第3ナイキスト・バンドを利用するとき，受信帯域の中央をA-Dコンバータのサンプリング周波数の「1.25倍」に設定すれば，受信帯域を第3ナイキスト・バンドの中央に置くことができます．

　A-Dコンバータのサンプリング周波数としては，最終的な復調出力のサンプリング周波数との比率，因数を考慮して，69.12MHz（ = 48kHz × 16 × 6 × 15）と67.7376MHz（ = 44.1kHz × 16 × 7 × 16）の2種類の周波数を想定しています．非同期サンプル・レート変換（ASRC：Asynchronous Sample Rate Converter）を使うときは，単純な整数比の関係にこだわる必要はありません．今回はデシメーション処理を簡素化するために，このようなサ

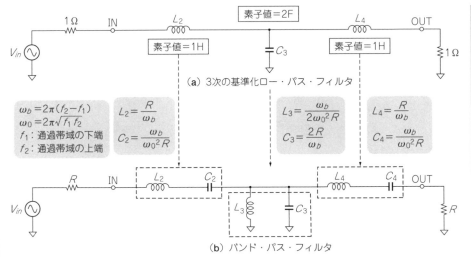

$$\omega_b = 2\pi(f_2 - f_1)$$
$$\omega_0 = 2\pi\sqrt{f_1 f_2}$$
f_1：通過帯域の下端
f_2：通過帯域の上端

$$L_2 = \frac{R}{\omega_b}$$
$$C_2 = \frac{\omega_b}{\omega_0^2 R}$$

$$L_3 = \frac{\omega_b}{2\omega_0^2 R}$$
$$C_3 = \frac{2R}{\omega_b}$$

$$L_4 = \frac{R}{\omega_b}$$
$$C_4 = \frac{\omega_b}{\omega_0^2 R}$$

（b）バンド・パス・フィルタ

図10-3　基準化ローパス・フィルタからバンドパス・フィルタを生成する
コンデンサは並列共振回路，インダクタンスは直列共振回路に置き換える

ンプリング周波数を想定しています．

　図10-2で示したとおり，2つのサンプリング周波数を考えたとき，下側の第2ナイキスト・バンドからの混信を避けるためには，62MHz以下の周波数で十分な減衰量が必要であることが分かります．上側の第4ナイキスト・バンドからの混信をさけるためには，108 MHz以上の周波数で十分な減衰量が必要です．

10-2── バンドパス・フィルタのチューニング方法

① 減衰極をもたないバンドパス・フィルタの周波数特性を調べる

● 基準化ローパス・フィルタから作成したバンドパス・フィルタ

　バンドパス・フィルタは基準化ローパス・フィルタをもとにします．

　周波数変換の手法を使い，コンデンサは並列共振回路，インダクタンスは直列共振回路に変換して設計します．この周波数変換の手法はフィルタの教科書に必ず出てくる方法です（**図10-3**）．

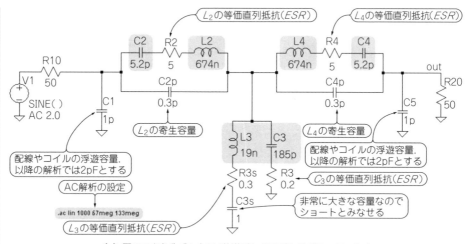

（a）図10-3から生成したFM放送バンド用バンドパス・フィルタ

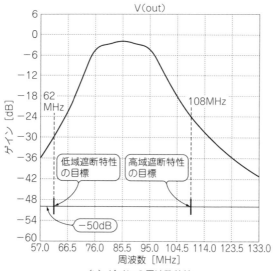

（b）ゲインの周波数特性

図10-4　第2，第4ナイキスト・バンドからの混信を抑えるには，遮断特性が不十分（付属DVD
フォルダ名：10-1）
検討の段階で寄生容量，等価直列抵抗（*ESR*：Equivalent Series Resistance）などをある程度見込んでおく．
回路は対称で$L_2 = L_4$，$C_2 = C_4$

● 減衰極を持たないバンドパス・フィルタではちょっと物足りない

　図10-4は，図10-3にコンデンサやコイルの寄生成分を挿入したLTspice用のバンドパス・フィルタの回路とその周波数特性です．

　62MHz，108MHzの2つの周波数における減衰量はそれぞれ30dB，24dB程度です．**表10-1**のエイリアス除去の目標には性能が不足していることがわかります．ここでは帯域内に少しリプル持たせ，より急峻な遮断特性が得られるようにしていますが，それでもまだ，減衰量は不足しています．フィルタの次数を5次(5ポール)～7次(7ポール)に増やすと目的とする特性を得ることはできそうですが，かなり大げさな回路になってしまいます．

2 遮断帯域端に減衰極をもたせる

● 各アームにコンデンサを1つずつ追加して減衰極を生成し，急峻な減衰特性を実現する

　コンデンサ，コイルから成る共振回路に，コンデンサを1つ追加します．1つの共振回路で，直列と並列の2つの共振を起こします．

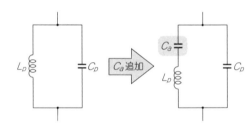

（a）並列共振回路のコイルに直列コンデンサC_aを追加する

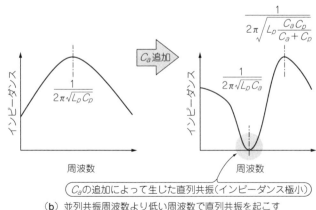

図10-5　並列共振回路にコンデンサをさらに1つ追加した場合のインピーダンス特性 インピーダンスが極小になる共振が生じる

C_aの追加によって生じた直列共振(インピーダンス極小)

（b）並列共振周波数より低い周波数で直列共振を起こす

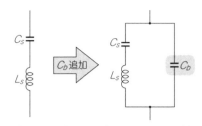

（a）直列共振回路にコンデンサ C_b を並列に追加する

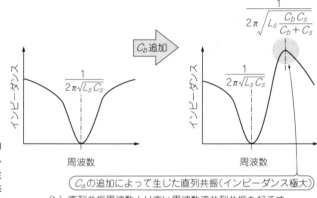

図10-6　直列共振回路にコンデンサをさらに1つ追加した場合のインピーダンス特性
インピーダンスが極大になる共振が生じる

C_a の追加によって生じた直列共振（インピーダンス極大）

（b）直列共振周波数より高い周波数で並列共振を起こす

　図10-5に示すように，並列共振回路のコイルに直列コンデンサ C_a を追加すると，並列共振周波数よりも低い周波数でいったん直列共振を起こし，インピーダンスが極小になります．直列共振回路に並列コンデンサ C_b を追加すると，直列共振周波数よりも高い周波数で並列共振を起こし，その周波数でインピーダンスが極大になります（図10-6）．

● 下側に1つ，上側に2つの減衰極を生じることを確認する

　前述した現象を利用し，図10-4の3ポールのバンドパス・フィルタ内の3つの共振回路にコンデンサを各1つずつ追加して減衰極を作り，フィルタの特性を改善します．

　バンドパス・フィルタ内の並列共振回路の並列共振周波数はフィルタの中心周波数に合致していますが，コンデンサの追加によって，新たに生じる直列共振は並列共振周波数（フィルタの中心周波数）よりも低い周波数に生成されます．並列共振回路に追加されたコンデンサによって，フィルタの通過帯域よりも低い周波数に減衰極を生じる効果があることがわかります．同じようにバンドパス・フィルタ内の直列共振回路では，その直列共振

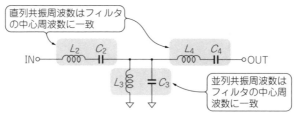

（a）バンド・パス・フィルタでは**図10-4**のように減衰極のない特性

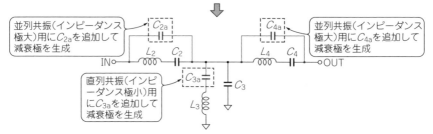

（b）共振回路にコンデンサを追加すると，周波数特性に
減衰極が作られ遮断特性は改善する

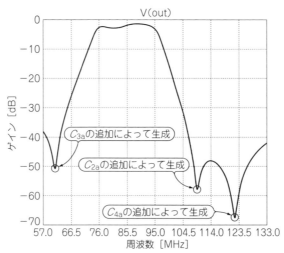

（c）減衰極が付いた周波数特性になる

図10-7　下側の減衰域に1つ，上側の減衰域に2つの減衰極が生成する

周波数はフィルタの中心周波数に合致しています．新たに生成される並列共振は直列共振
周波数（フィルタの中心周波数）よりも高い周波数に生じるので，フィルタの通過帯域より
も高い周波数に減衰極を生じます（**図10-7**）．

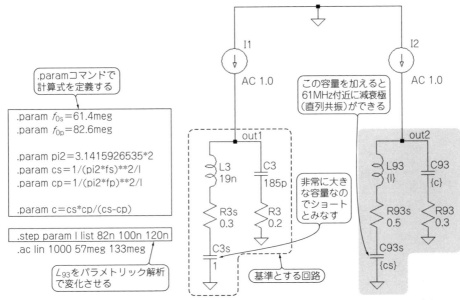

.paramコマンドで
計算式を定義する

.param f_{0s}=61.4meg
.param f_{0p}=82.6meg

.param pi2=3.1415926535*2
.param cs=1/(pi2*fs)**2/l
.param cp=1/(pi2*fp)**2/l

.param c=cs*cp/(cs-cp)

.step param l list 82n 100n 120n
.ac lin 1000 57meg 133meg

L_{93}をパラメトリック解析
で変化させる

この容量を加えると
61MHz付近に減衰極
(直列共振)ができる

out1

L3
19n

C3
185p

R3s
0.3

R3
0.2

C3s
1

非常に大き
な容量なの
でショート
とみなす

基準とする回路

out2

L93
{l}

C93
{c}

R93s
0.5

R93
0.3

C93s
{cs}

I1
AC 1.0

I2
AC 1.0

(a) L_3を初期パラメータとし,ほかの素子値は並列共振周波数 f_{0p} と直列共振周波数 f_{0s} から求める

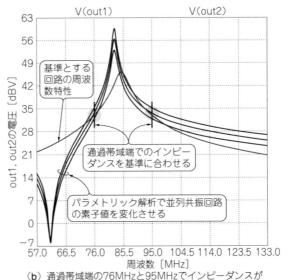

基準とする
回路の周波
数特性

通過帯域端でのインピー
ダンスを基準に合わせる

パラメトリック解析で並列共振回路
の素子値を変化させる

(b) 通過帯域端の76MHzと95MHzでインピーダンスが
基準とする回路と一致する素子値を選ぶ

図10-8 L_3とC_3を含む並列共振回路に減衰極を挿入する(付属DVD フォルダ名:10-2)
もとの並列共振回路と減衰極を挿入した回路を同時にシミュレーションする

③ 61MHz付近に減衰極をもたせ下側のナイキスト・バンドからの混信を抑える

● ラダー・フィルタを構成する各アームのインピーダンスのふるまいを調べる

　新たに追加したコンデンサにより生じる減衰極の周波数は計算で簡単に求まりますが，このコンデンサの追加によって共振回路のふるまい（インピーダンスの周波数特性）は影響を受けます．単に減衰極の周波数を考慮してコンデンサを追加するだけでは，フィルタの周波数特性（通過帯域における特性）は大きく乱れてしまいます．

　フィルタの特性の乱れを最小限に留め，有効な減衰極を挿入するためには，LTspiceによって各アームのインピーダンスの周波数特性を調べることが有効です．

● 通過帯域端のインピーダンスが一致するように並列共振回路の3素子の値をチューニングする

　図10-8はL_3とC_3の並列共振回路を含むアームのインピーダンスを調べるために，もとの2素子のアームと，減衰極を生じさせるためにコンデンサを追加した3素子のアーム（L_{93}, C_{93}, C_{93s}）を定電流源に接続しています．両端に発生する電圧をLTspiceで観測することによってアームのインピーダンスを確認できます．

　減衰極を生じるアームには3つの素子がありますが，これらの値のすべてを闇雲に変更しても有意な試行は行えません．コイルL_3をプライマリなパラメータとし，並列共振周波数f_{0P}，直列共振周波数f_{0S}を設定することで，C_3とC_{3s}を計算によって求めるアプローチが有効です．LTspiceの.paramコマンドで計算式を使うと，このような試行を効率的に行うことができます．

　並列共振回路のアームに挿入する減衰極f_{0S}は下側の遮断域側に配置できます．1つ目の減衰極は，下側ナイキスト・バンドからのエイリアス混信を除去するために必要（保証減衰量を設定するポイント）です．今回は61MHz付近に配置します．並列共振周波数f_{0P}は，通過帯域のほぼ中央に配置し，3つのL_3の値でシミュレーションを実行します．通過帯域の端（76MHzと95MHz）において，2つの回路のインピーダンス値がほぼ一致するように，L_3とf_{0P}の値を調整します．L_3, f_{0P}, f_{0S}の値が決まれば，C_3とC_{3p}を計算できます．

● もとのバンドパス・フィルタにチューニングした値を組み込む

　図10-9は，もと（図10-4）のバンドパス・フィルタの回路に，図10-8で求めた素子値を適用した結果です．61MHz付近に減衰極を生じ，下側のナイキスト・バンドからの混信

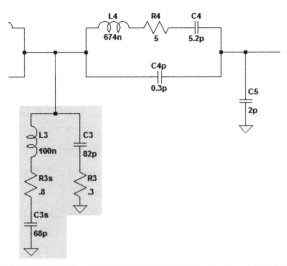

（a）図10-8で求めた素子値を図10-4のバンドパス・フィルタに適用

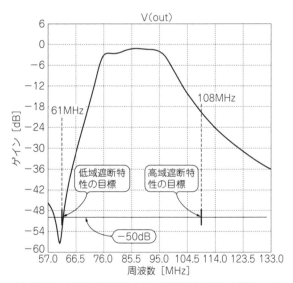

（b）61MHz付近に減衰極を生じ，通過帯域の特性は保持される

図10-9　L_3とC_3の並列共振回路を減衰極付に変更する（付属DVD　フォルダ名：10-3）

を抑制できます.

4 109MHz付近に減衰極をもたせ上側のナイキスト・バンドからの混信を抑える

● 直列共振回路の3素子で109MHz付近の遮断域に減衰極をもたせる

図10-10はL_2とC_2の直列共振回路を含むアームのインピーダンスを調べるために，もとの2素子のアームと，減衰極を生じさせるためにコンデンサを追加した3素子のアームを定電圧源に接続しています．流れる電流をLTspiceで観測することによってアームのアドミタンス（インピーダンスの逆数）を観測しています．

通過帯域の端（76MHzと95MHz）において，2つの回路でインピーダンスと値がほぼ一致するように，L_2，f_{0P}，f_{0S}の値を調整します．3つの値が決まれば，C_2，C_{2p}を計算できます．直列共振回路のアームに挿入する減衰極f_{0P}は，上側の遮断域側に配置できるので，1つ目の減衰極は，上側のナイキスト・バンドからのエイリアス混信を除去するために必要となります．今回の例では，109MHz付近に配置します．

● 図10-9で作ったバンドパス・フィルタにチューニングした値を組み込む

図10-11は，図10-9のバンドパス・フィルタの回路に，図10-10で求めた素子値を適用した結果です．109MHz付近に減衰極を生じ，上側のナイキスト・バンドからの混信を抑制できるようになります．

5 フィルタを構成する素子値を入手しやすい素子値に丸めて最終的なフィルタ回路を決定する

● 109MHzのさらに上側の122MHz付近に減衰極をもたせる

上側の周波数帯域には，アナログTVの周波数変換された配信，地デジの配信など強力な信号があるので，上側の遮断域の減衰量は，多目に取ります．

残ったL_4，C_4からなる直列共振回路を含むアームについては総合的な特性を何度か試行，確認した上で122MHz付近に減衰極を配置するようにしました（図10-12）.

● 最終的なバンドパス・フィルタの回路構成

図10-13にこれまでの作業で設計完了したバンドパス・フィルタ回路を示します．

最終的に容量値を部品として入手しやすい値に丸めています．10pFまではE系列の標準数ではなく，pFの整数値としました．

C_3についてはL_2，L_4の対グラウンド容量（寄生容量）を正確に見積もることが困難なの

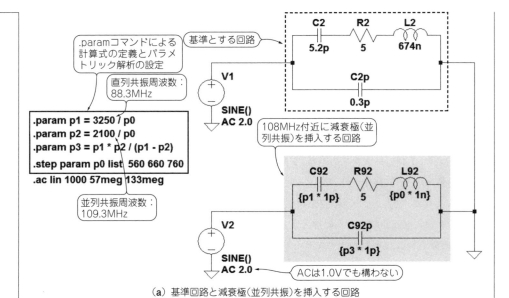

.paramコマンドによる
計算式の定義とパラメ
トリック解析の設定

基準とする回路

```
C2      R2      L2
5.2p    5       674n

         C2p
         0.3p
```

V1
SINE()
AC 2.0

直列共振周波数：
88.3MHz

```
.param p1 = 3250 / p0
.param p2 = 2100 / p0
.param p3 = p1 * p2 / (p1 - p2)
.step param p0 list  560 660 760
.ac lin 1000 57meg 133meg
```

108MHz付近に減衰極（並
列共振）を挿入する回路

並列共振周波数：
109.3MHz

```
C92         R92     L92
{p1 * 1p}   5       {p0 * 1n}

            C92p
            {p3 * 1p}
```

V2
SINE()
AC 2.0

ACは1.0Vでも構わない

（a）基準回路と減衰極（並列共振）を挿入する回路

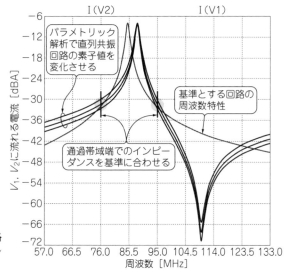

I(V2)   I(V1)

パラメトリック
解析で直列共振
回路の素子値を
変化させる

基準とする回路の
周波数特性

通過帯域端でのインピー
ダンスを基準に合わせる

図10-10　L_2とC_2を含む直列共振回路に減衰極を挿入する（付属DVD フォルダ名：10-4）
L_2を初期パラメータとした．上側の遮断域に減衰極をもせることができる

（b）通過帯域端の76MHzと95MHzでインピーダンスが基準と一致する素子値を選ぶ

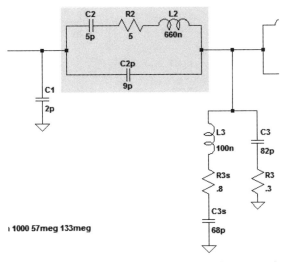

（a）図10-10で求めた素子値を図10-9のバンドパス・フィルタ
　　回路に適用する

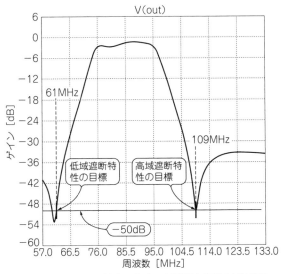

（b）61MHz付近の減衰極に加え，109MHz付近の減衰極も
　　追加できた

図10-11　L_2，C_2の直列共振回路を減衰極付に変更する（付属DVD　フォルダ名：10-5）

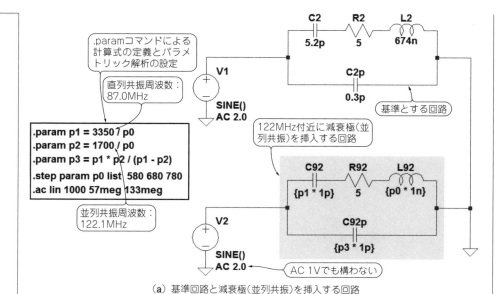

（a）基準回路と減衰極（並列共振）を挿入する回路

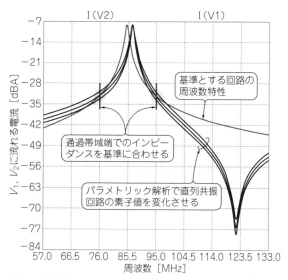

（b）通過帯域端の76MHzと95MHzでインピーダンスが基準と
　　一致する素子値を選ぶ

図10-12　L_4, C_4を含む直列共振回路に減衰極を挿入する（付属DVD　フォルダ名：10-6）
上側の122MHz付近に減衰極を追加して上側の遮断特性を改善する

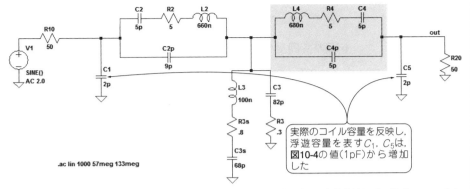

（a）図10-12で求めた素子値を図10-11のバンドパス・フィルタ回路に適用した最終的なバンドパス・フィルタ

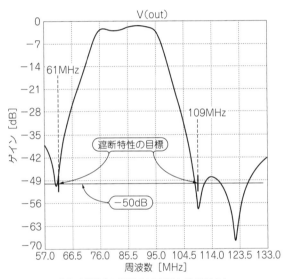

（b）122MHz付近の減衰極も追加できた

図10-13　減衰極を最大限（3個）まで追加した3ポールのバンドパス・フィルタ（付属DVD　フォルダ名：10-7）
通過帯域端のインピーダンスだけに着目している簡便法であるため，通過帯域内のリプルはやや増加することがシミュレーションから予測できる

で，これらの寄生容量を含めて調整できるように一部，トリマを使うことを想定しています．コイルの*ESR*は，コイルの*Q*を実測，またはデータシートから読み取り，シミュレーションに反映します．

市販の共同受信用ブースタの周波数特性

　アナログTV放送が終了し，FM補完放送（90M～95MHz）の開始に伴って，放送受信用のブースタの製品ラインアップが整理されてきました．現在，FM放送帯をカバーするブースタとして市販されている製品は，FM放送とV-Lowと呼ばれるマルチメディア放送のVHF帯と地デジのUHF帯の両方をカバーします．

　図10-A(a)に示すのは，「UHF・V-Low・FMブースタ」として市販されている共同受信用ブースタを購入し，その増幅度の周波数特性を測定した結果です．本文中の**図10-17**と同じスケールで表示しているので，特性を比較できます．遮断特性としては下側，上側ともにかなり「緩やか」です．特に100MHz以上のV-Lowの周波数帯は125MHz付近まで，当然のこととして十分なゲインを保っています．今回のように，ダイレクト・サンプリング方式のFM受信機のアンチエイリアス・フィルタとして使用するには，まったく不適切な特性ということがわかります．

　図10-A(b)に示すのは，同じメーカがFM補完放送開始以前に販売していたFM帯と地デジのUHF帯の両方をカバーする製品の周波数特性を測定した結果です．こちらは90MHz以上の周波数を減衰させるように設計されていますが，100MHz付近の第4ナイキスト・バンドの減衰は20dB程度です．今回のようにアンチエイリアス・フィルタとして使用するには，やや力不足と言えます．FM補完放送の上端の95MHzにおける減衰が10dB以上になっていて，この点でも残念な特性になっています．

　「市販のブースタが使えない」ということが，今回のバンドパス・フィルタ設計のきっかけになりました．

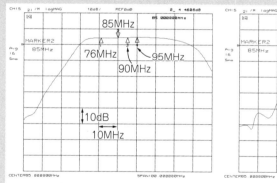 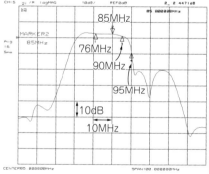

(a) FM補完放送対応の製品　　　　　　(b) FM補完放送未対応の製品

図10-A　市販のFM，V-Low，UHF帯共同受信用ブースタの帯域特性
この2例は同一メーカの世代の異なる製品．30dBのアッテネータを使って測定しているので，実際のゲインはここで表示された値より30dB大きい．

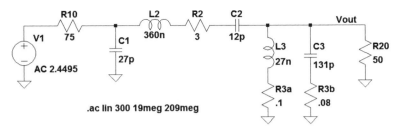

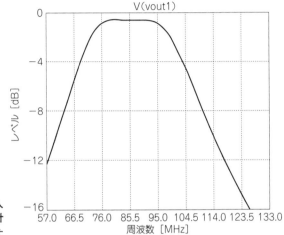

図10-14　アンテナ入力回路は，挿入損失をなるべく少なくなるように設計し，入力インピーダンスは75Ωとした
（付属DVD　フォルダ名：10-8）

（b）周波数特性

● 通過帯域内のリプルは1.5dB増加するが，放送受信用の入力部のゲインとしては十分許容できる

　もともとは通過帯域内のリプルとして0.5dBを許容する基準化ローパス・フィルタからスタートした設計ですが，次の理由などにより，帯域内の減衰量のリプルは1.5dBほど増加しています．

●減衰極を挿入する際に，通過帯域端の周波数での素子インピーダンスを回路シミュレーションで一定に保つという簡便法を採っている

●使用する素子の値を入手しやすい値に丸めている

●素子の損失の影響がある

　放送受信用の入力部のゲイン偏差としては，十分許容可能な範囲にとどまっていると考えられます．

10-3 — アンテナ入力回路のバンドパス・フィルタ

● アンテナ入力回路を追加して入力部全体の特性を仕上げる

　設計したバンドパス・フィルタはRF増幅部の中間点，または後段に使用することを想

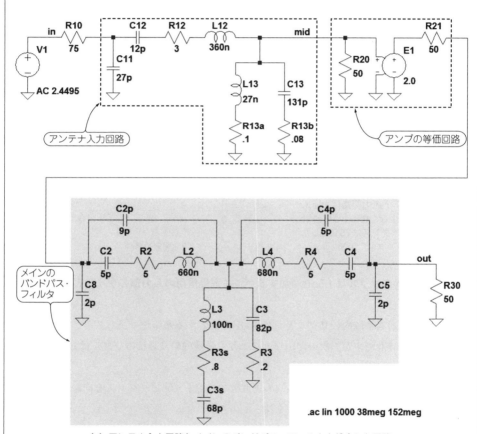

（a）アンテナ入力回路とメインのバンドパス・フィルタを総合した回路

図10-15　アンテナ入力回路とメインのバンドパス・フィルタを総合して周波数特性を確認する
（付属DVD　フォルダ名：10-9）
入力インピーダンスを75Ωとしたため，入力電圧源の大きさは2.45V（=2×√1.5）とした．アンプのゲインはこのときを1としてある

定しています．これはフィルタの通過域における損失により，RF増幅部の入力に使った
ときには，受信機のノイズ・フィギュア(NF：Noise Figure)の増加が懸念されるためで
す．図10-14はRF増幅部の入力(アンテナ入力回路)に使用することを想定した2ポール
の低損失なバンドパス・フィルタです．減衰極を設けず，入力側にシャント容量を置き，
入力インピーダンスとして75Ωの整合を行っています．

● アンテナ入力回路と図10-13のバンドパス・フィルタを合わして周波数特性を確認する
　図10-15に，このアンテナ入力回路の周波数特性と，図10-13のバンドパス・フィルタ
を一緒に使ったときの総合周波数特性を示します．当初目標としていた，隣接ナイキスト・
バンドでの減衰量は50dB以上を確保できます．

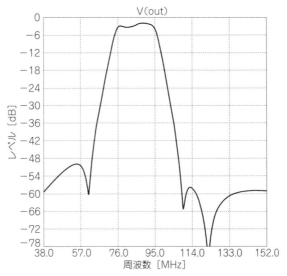

（b）周波数特性

図10-15　アンテナ入力回路とメインのバンドパス・フィルタを総合して周波数特性を確認する
(付属DVD　フォルダ名：10-9)（つづき）
入力インピーダンスを75Ωとしたため，入力電圧源の大きさは2.45V($=2×\sqrt{1.5}$)とした．アンプのゲイ
ンはこのときを1としてある

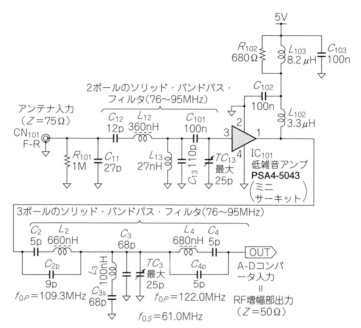

図10-16　FPGA FMチューナのRF増幅部をバンドパス・フィルタに改修するときの回路
L_{12}, L_2, L_4は市販のインダクタンス可変の磁気コア入りコイル(80MHz用)を巻き直して使用した.
L_2, L_3はチップ部品の高Qコイルを使用

10-4── 実機で設計したバンドパス・フィルタの伝送特性を評価する

● **FPGA FMチューナ基板のRF増幅部を設計したバンドパス・フィルタに置き換える**

　筆者がここ数年頒布してきたFPGA FMチューナ基板のRF増幅部を今回設計したバンドパス・フィルタに置き換えました. **図10-16**に改修したチューナの入力部の回路図を示します. **写真10-1**は実機のプリント基板にバンドパス・フィルタを実装しています.

● **RF増幅部の総合周波数特性を評価する**

　出来上がった回路の調整はネットワーク・アナライザを使い，周波数特性を直視して行います.

▶① アンテナ入力回路の周波数特性

　アンテナ入力回路の周波数特性を，初段のモノリシック・マイクロ波集積回路

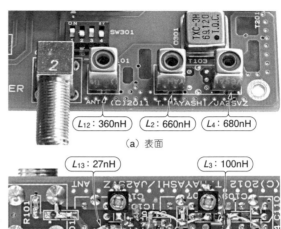

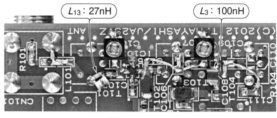
(a) 表面

(L13: 27nH)　(L3: 100nH)

写真10-1　設計したバンドパス・フ
ィルタを実機のプリント基板に実装
した
もともと固定同調の狭帯域フィルタ用に
使ってきたプリント基板を流用

(b) はんだ面側

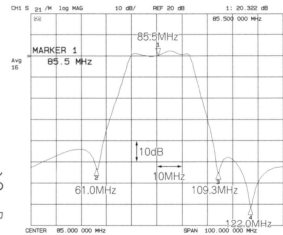

図10-17　バンドパス・フィルタ化し
たFPGA FMチューナのRF増幅部の
総合周波数特性の実測
アンテナ入力からA-Dコンバータ入力
(＝RF増幅部出力)までの特性

(MMIC：Monolithic Microwave Integrated Circuit)を実装する前に，単独で確認してお
きます．比較的ブロードな帯域特性なので，L_{12}，TC_{13}を調整して平たん性に注意しなが
ら，通過帯域の位置を目的の周波数(76M ～ 95MHz)に合わせます．

▶② メインのバンドパス・フィルタ

　メインのバンドパス・フィルタについては，減衰極の位置の調整が基本です．L_2とL_4

についてはそれぞれが担当する減衰極の周波数を設計時に設定した周波数（109.3MHz，122.0MHz）に合わせます．固定素子，L_3，C_{3s}によって作られる減衰極を調整することはできないので，設計値（61.0MHz）から数％以上ずれていないことを確認します．

　減衰極の位置を調整することで通過帯域の特性もほぼ平たんになるので，最終的にはTC_3を調整して，通過域の特性をなるべく平たんになるようにします．

　このように調整したRF増幅部の総合周波数特性を**図10-17**に示します．

＊　　　＊　　　＊

C o l u m n（10-Ⅱ）

リード部品をいっさい使わないソリッド・バンドパス・フィルタ

　本章で作ったバンドパス・フィルタでは，インダクタンス値を調整できる，古くからある外形7mm角の「コイル」を使っています．何組かのバンドパス・フィルタを実装し，特性の再現性は良好で，調整もそれほどクリティカルではないことに気づき，全部のコイルをチップ部品としても十分な特性が保たれる，と感じました．

　写真10-Aは基板の裏にすべてのインダクタンスを実装した，チップ部品だけから成るバンドパス・フィルタです．L_{12}，L_2，L_4を7mm角のコイルからチップ部品に入れ替えるときには，インダクタンスは設計値よりやや小さめの標準数から選びます．これは使用周波数80MHz付近では，コイルの自己共振周波数に接近し，インピーダンスがやや高めになり，目的の特性が得られるためです．**表10-A**に使用したチップ部品のインダクタンスの表記値，品番を示します．

　図10-Bは実測した周波数特性です．減衰極の位置を調整できないため，設計した周波数とは若干ずれていますが，良好な遮断特性は保たれています．通過帯域の特性は，7mm角のコイルを使用した作例よりも，**図10-15**のシミュレーションによって予測した特性により近くなっています．

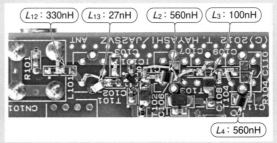

写真10-A　チップ部品だけで実現した「ソリッド」なバンドパス・フィルタ

はんだ面から見たようす．部品面側には部品は実装されていない．少し斜めに実装したコイルは，磁気結合を避けるために向きを調整した

本章ではLTspiceの機能を最大限に利用し，減衰極の挿入によって特性のチューニングを行い，実用的なフィルタの設計を試みました．無線，高周波の世界では，LとCを用いたアナログ方式のフィルタが今後も一定の重要な役割を果たしていくと思いますが，それらを的確に設計するには，電子回路シミュレータをうまく使うことが有効です．

　上下対称な特性をもったバンドパス・フィルタは，基準化ローパス・フィルタをもとに周波数変換によって目的とする特性を持った派生フィルタを生成することで設計できますが，より急峻な特性が必要なときは，いくつかの「減衰極」を周波数特性の中に実現する必

表10-A　バンドパス・フィルタに使用したチップ・インダクタ
L_{12}は初段に使用するため，シールド効果を有したインダクタを選んだ

部品番号	インダクタンス（設計値）	使用部品	型　名	メーカ名
L_{12}	360nH	330nH	MLF2012DR33KT000	TDK
L_{13}	27nH	27nH	LQW2BHN27NK13L	村田製作所
L_2	660nH	560nH	LQW2UASR56J00L	村田製作所
L_3	100nH	100nH	LQW2UASR10J00L	村田製作所
L_4	670nH	560nH	LQW2UASR56J00L	村田製作所

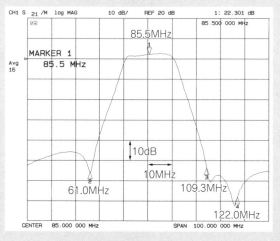

図10-B　バンドパス・フィルタ化したFPGA FMチューナのRF増幅部の総合周波数特性（実測）
上側の2つの減衰極は，インダクタンスの調整ができない固定のコイルを使っているため，設計周波数と若干のズレはあるが減衰特性は許容範囲である．通過帯域の特性は図10-15のシミュレーションとよく合っている

要があります.

　本章で紹介したアプローチは，本来の手法，つまり特性近似によって伝達関数を導出した上で，連分数の展開などによって素子の値を決定していくやり方ではありません．フィルタを構成する各アームのインピーダンス特性に注目して素子の値をクイックに決定していく簡便法ですが，十分な実用性はあると思います．　　　　　　　　　　　　〈林　輝彦〉

第3部

プリント基板と伝送線路

　数百 MHz で動作するマイコンや FPGA が，プリント・パターンのインダクタンスや小容量パスコンどうしで共振して通信エラーを起こすことがあります．第3部では，プリント基板と伝送線路のシミュレーション解析により通信エラーの原因を究明します．

第11章

内蔵パスコンと外付けパスコンが動作周波数で共振ランデブー
通信エラー？と思ったら電源安定化！
100MHz超のマイコン/FPGA攻略法

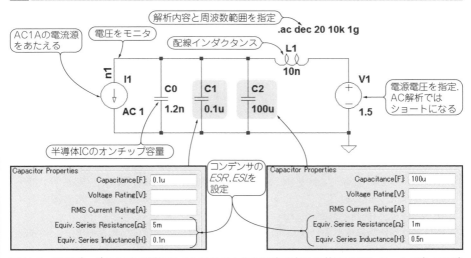

図11-1　高速ディジタルICの電源ラインはこのような回路で表せる（付属DVD　フォルダ名：11-1）
インピーダンス特性をシミュレーションで求めてパスコンの正しい付け方を検討する

● チップ上の小容量パスコンが「ときどき通信エラー」の原因

　半導体の性能が上がり，実験や試作にも，1Vそこそこの低電圧電源と数百M～1GHz
のクロックで動く高速マイコンやFPGAを利用することが増えています．

　これらの今どきのディジタルICの内部では，トランジスタが数百MHzというスピード
で高速にON/OFFスイッチングしており，電源→トランジスタ→GNDというルートで急
峻に変化する電流が流れています．電源電圧はこの電流によって数百MHzで揺さぶられ，
その変動がそのままディジタルICが出力する信号の波形をひずませます．これが，通信
エラーの原因になります．

対策としては，V_{DD}端子のごく近くに「**パスコン**」と呼ばれるコンデンサをおまじない的に数個実装するのがこれまでの定石です．こうすることで，広い帯域で低い電源ラインのインピーダンスを実現し，ディジタルICに供給される電源電圧を安定化させます．しかし，**安易にパスコンを追加すると，ときどき通信エラーが発生するという面倒なトラブルに見舞われます．**

　この原因は，FPGAやマイコンの内部チップ上に作り込まれている1nF程度の小容量パスコン「**オンチップ容量**」が原因です．このオンチップ容量と外付けパスコン，プリント・

Column (11-I)

プリント基板には見えない隠れ部品がたくさん

　プリント基板では，電源回路から負荷回路のICまで，すべての電源配線とリターン経路のグラウンド配線で構成されています．

　図11-Aに示すのは，一巡のプリント・パターンの電源供給ラインです．専門用語で**電源分配回路網**(PDN：Power Distribution Network)と呼びます．この目にみえない部品がつながる経路には，スイッチング電源回路，複数のコンデンサ，プリント基板，半導体パッケージのプレーン，配線パターン，ビアなどが含まれています．

　PDNは，各電源系統に対して，1つの配線しかありませんが，プリント基板全体には，多くの部品が実装され，配線されています．PDNの目的は，IC端子上の電源電圧を一定に保ち，グラウンドの電位変動を小さくすることで，電磁波障害(EMI：Electro-Magnetic Interface)問題を回避することです．

　電源分配回路に生じるノイズ電圧の大きさ(ΔV)は，一般的に電源プレーンのインピーダンス(Z_{PDN})にスイッチング電流の振幅(ΔI)を乗じた値に比例します．

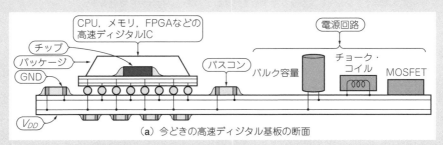

(a) 今どきの高速ディジタル基板の断面

図11-A　電源ノイズの大きさ(ΔV)は電源プレーンのインピーダンス(Z_{PDN})とスイッチング電流の振幅(ΔI)に比例する
Z_{PDN}を下げると電源ノイズを減らせる

パターンのインダクタンスなどはいくつかの周波数で必ず**共振**して，電源ラインのインピーダンスを押し上げます．もし，共振周波数がディジタルICのスイッチング電流の周波数，つまりクロック周波数と一致すると，電源電圧が大きく揺さぶられます．

▶ICのI/O回路の等価モデルIBISをSPICEモデルに変換！LTspiceでトラブルシュート

本章では，この現代特有のトラブルの原因をLTspiceを使って解析し（伝送線路解析という），回避する方法を考察します．解析には，LTspice以外に，IBISモデルと呼ばれる入出力バッファの電気特性などを含むテキスト・ファイルを利用します．

$$\Delta V = Z_{PDN}\, \Delta I \quad\cdots\cdots\cdots\cdots\cdots\cdots\cdots\cdots\cdots\cdots\cdots\cdots\cdots\cdots\cdots\cdots\cdots\cdots\cdots\cdots\cdots\cdots \text{(11-A)}$$

3つのパラメータは，すべて周波数によって値が違います．つまり，ディジタルICの動作周波数に依存したパラメータです．

式(11-A)からZ_{PDN}を下げることが，電源ノイズを低減することに繋がります．

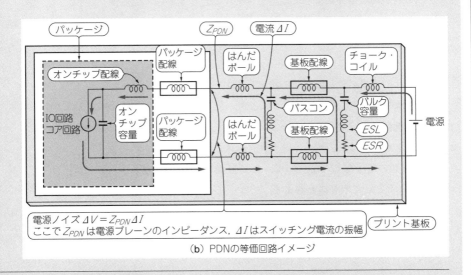

(b) PDNの等価回路イメージ

付属DVD-ROMに収録されたIBISからSPICEに変換するIBIS-PSpice Converter Ver3.0を使えば，フリーのLTspiceで高速伝送線路の解析ができます．

● 曲者は…ICのチップに作り込まれた「小容量パスコン」

図11-1は，ディジタルICのI/O回路とその電源周りの目に見えない部品を含めて，簡単に表現した等価回路です．

コンデンサC_0は，高周波ノイズを吸収するために，IC内のチップに作り込まれた小容量パスコン（オンチップ容量と呼ぶ）です．ゲート長が130nmの半導体プロセスでは経験則として，単位面積当たりの容量は1.3 μF/cm^{2}です．チップ面積の10%がゲート容量と仮定すると，およそ130nF/cm^{2}です．**図11-1のオンチップ容量は1.2nF**で，ゲート容量全体の約1%として設定しています[1]．

ディジタルIC内には，数百MHz以上の動作周波数のインピーダンスを下げるこの小容量パスコンがあります．本来は，高速動作する電源を安定化させるために作り込まれていますが，これが共振条件によっては，悪さを起こします．

C_1とC_2はプリント基板に搭載されるパスコン（バイパス・コンデンサ）です．C_1は小容量のセラミック・コンデンサ（0.1 μF），C_2は電源回路に使われる大容量の電解コンデンサ（100 μF）を想定しています．C_1とC_2には等価直列抵抗（ESR）とインダクタンス（ESL）をコンデンサのプロパティの画面で設定します．

L_1は，配線インダクタンスです．幅2cm，長さ3cm，銅はく厚100 μmのプリント・パターンの配線インダクタンスは約10nHです[2]．今回は，およその値を使っています．配線パターンが変わると当然，インダクタンスの値も変わります．

V_1は，理想の電圧源1.5Vを使って，L_1に接続します．AC解析実行時には，DC電圧源は0Ωショートとして取り扱われます．

電源インピーダンスは$Z_{PDN} = \Delta V / \Delta I$になるため，図11-1の電流源$I_1$に，1AのAC電流を加えると，ノードn1での電圧波形がインピーダンス特性になります．これはSPICE系シミュレータでインピーダンスを求める際によく使う解析手法です．

● パスコンが「共振」している

▶共振する周波数をエクセルでチョコッと計算してみる

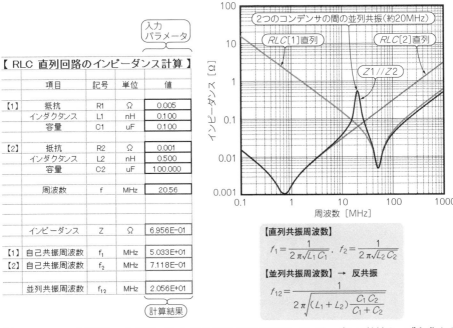

【 RLC 直列回路のインピーダンス計算 】			
項目	記号	単位	値
【1】 抵抗	R1	Ω	0.005
インダクタンス	L1	nH	0.100
容量	C1	uF	0.100
【2】 抵抗	R2	Ω	0.001
インダクタンス	L2	nH	0.500
容量	C2	uF	100.000
周波数	f	MHz	20.56
インピーダンス	Z	Ω	6.956E-01
【1】 自己共振周波数	f₁	MHz	5.033E+01
【2】 自己共振周波数	f₂	MHz	7.118E-01
並列共振周波数	f₁₂	MHz	2.056E+01

【直列共振周波数】

$$f_1 = \frac{1}{2\pi\sqrt{L_1 C_1}}, \quad f_2 = \frac{1}{2\pi\sqrt{L_2 C_2}}$$

【並列共振周波数】 → 反共振

$$f_{12} = \frac{1}{2\pi\sqrt{(L_1 + L_2)\frac{C_1 C_2}{C_1 + C_2}}}$$

図11-2　Excelの計算シートを使ってパソコン間の共振周波数とインピーダンス特性カーブを求める

　LTspiceでシミュレーションする前に，各コンデンサ間の並列共振（**反共振**）を計算で求めました．

　Excelによるパソコン・インピーダンス計算シートを付属DVD-ROMに収録（フォルダ名：Tools）しました．パソコンの反共振周波数とインピーダンスを確認するだけなら，シミュレータを使わなくても，この計算シートですぐに見られます．詳細データを入力する際は，コンデンサ・メーカの値を使うとよいでしょう．

　3つのコンデンサが並列に接続されているため，インピーダンスがピークになる2つの周波数が存在します．C_1とC_2の反共振周波数は，**図11-2**に示すとおり20MHzです．各コンデンサのインピーダンス特性と並列接続したときの合成インピーダンス特性をプロットすると直感的に理解できます．

　C_1とC_0の並列共振周波数はパソコン・インピーダンス計算シート内の【2】のコンデンサに，$R_2 = 0\,\Omega$，$L_2 = 0$nH，$C_2 = 0.0012\,\mu$Fを入力するとちょうど500MHzになります．20MHzと500MHzで反共振が発生することが計算でわかりました．

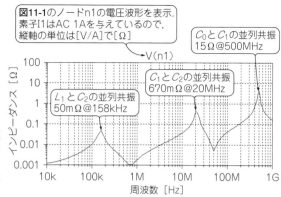

図11-1のノードn1の電圧波形を表示.
素子I1はAC 1Aを与えているので,
縦軸の単位は[V/A]で[Ω]

V(n1)

C_0とC_1の並列共振
15Ω@500MHz

C_1とC_2の並列共振
670mΩ@20MHz

L_1とC_2の並列共振
50mΩ@158kHz

図11-3　パスコンが共振すると電源
ラインのインピーダンスがいくつか
の周波数で急上昇する
L_1とC_2の新たな反共振158kHzが発生
する

● LTspiceシミュレーションでより詳細に

▶電源インピーダンスの周波数変化

　LTspiceシミュレーションを実行して電源インピーダンスを確認します. 図11-3に結果を示します. 158kHzに新たな反共振が出ています. これはL_1とC_1の並列共振で, 周波数は次式で計算できます.

$$\frac{1}{2\pi\sqrt{L_1 C_1}} \quad\cdots\cdots\cdots\cdots\cdots\cdots\cdots\cdots\cdots\cdots\cdots\cdots\cdots\cdots\cdots\cdots\cdots\cdots\cdots\cdots\cdots\cdots\cdots\cdots\cdots\cdots (11\text{-}2)$$

　図11-3に示す電源インピーダンスの周波数特性から, 533MHzのときのインピーダンス値をカーソルで読み取ると約1.4Ωです. これにΔI(0.5A)を乗じると, およそのノイズ電圧を計算できて約700mVになります.

▶電源にのっているノイズの波形

　図11-4の回路で, 電源にのっているノイズの波形も確認します.

　図11-5に過渡解析による電源電圧の波形を示します. これが電源ノイズの波形になります. 解析時間は20μsと長く設定していますが, シンプルな回路なので, シミュレーションは一瞬で終了します.

　電圧の落ち込みが最大になる時間領域を拡大表示すると, 約0.8Vまで降下しています. 電源電圧を1.5Vに設定しているので, 電圧降下は700mVになり, Z_{PDN}@533MHzとΔIの積から算出した電圧と一致します.

　波形を解析するときはSPICE実行コマンドを, AC解析(.ac)から過渡解析(.tran)に変更します. I_1をパルス電流波形で与え, ノードn1の電圧波形をモニタすれば, 電源ノイズを確認できます. 電源電圧, 負荷電流のプロファイル, 動作周波数は, .paramsのコマ

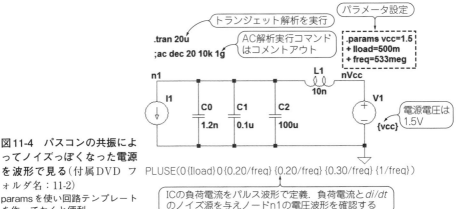

図11-4　パスコンの共振によってノイズっぽくなった電源を波形で見る（付属DVD フォルダ名：11-2）
params を使い回路テンプレートを作っておくと便利

トランジェット解析を実行
.tran 20u
AC解析実行コマンドはコメントアウト
;ac dec 20 10k 1g
パラメータ設定
.params vcc=1.5
+ lload=500m
+ freq=533meg

電源電圧は1.5V
{vcc}

PLUSE(0 {lload} 0 {0.20/freq} {0.20/freq} {0.30/freq} {1/freq})
ICの負荷電流をパルス波形で定義．負荷電流と*di/dt*のノイズ源を与えノードn1の電圧波形を確認する

ンドで定義しています．いったんテンプレートの回路モデルを用意してしまえば，変えたい一部のパラメータを変更するだけですむので楽です．電流源のプロファイルは，周波数のパラメータを"freq = 533meg"の533MHz，変化電流 ΔI は"lload = 500m"の0.5A，変化時間 Δt は"{0.20/freq}"の計算式から周期の20%（= 375ps）にそれぞれ設定しました．

● クロックに連動する負荷電流の周波数と共振周波数のバッティングを避ければよい

　図11-5(c)では，電源のノイズ波形からFFT機能を使って周波数成分に変換しています．

　全体のレベルは図11-5のインピーダンス特性になり，負荷電流の基本周波数の533MHzと奇数倍の高調波がのっています．反共振点で最大インピーダンスになる周波数と負荷電流の基本周波数がほぼ一致しているため，電源ノイズが顕著に出ています．

　電源ノイズを出さないためには，負荷電流の周波数と重ならない電源のインピーダンスを設計することが，重要なポイントです．

11-2── I/O 回路もモデリングしてより詳細に通信エラーの原因を究明

■ FPGAのI/O回路のSPICEモデルを作る

● 基礎知識…ディジタルICの入出力部モデル

　LTspiceでは，FPGA，メモリなどのディジタルICを使ったプリント基板の伝送線路解析を直接行うことはできません．そこで，入出力部分だけを切り出したIBIS(I/O

Buffer Information Specification）と呼ばれるモデルを利用します.

IBISには入出力部の電気的特性（電流-電圧特性，スイッチング特性など）だけがテキスト・ファイルで記述されています．モデル入手は比較的容易で，シミュレーション時間も短いという特徴があります.

ICのモデルとしては，IBISモデルの他にSPICEモデルがあります．SPICEモデルはトランジスタ・レベルのパラメータで記述されていて，機密情報も含まれているため，通常

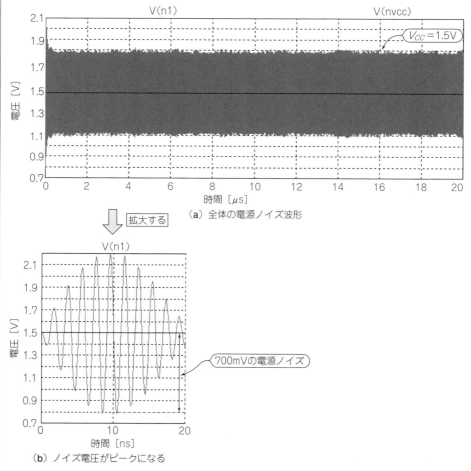

（a）全体の電源ノイズ波形

（b）ノイズ電圧がピークになる

図11-5　図11-4のノードn1のピーク電圧は図11-3のインピーダンスの周波数特性結果とほぼ一致する
負荷電流として設定した周波数533 MHzの基本周波数と奇数倍の高調波スペクトラムが発生している

そのままの形式では公開されません.

● IBIS ファイルを SPICE に変換するツール「IBIS-Pspice Converter」を使う

　今回は，FPGA Artix7（ザイリンクス）の IBIS を使います．このモデルは**前述した I/O の電気特性をテキストで表示したファイル**です．LTspice は IBIS ファイルをそのままシミュレーションできません.

　IBIS のテキスト形式を LTspice で扱うためには，いったん SPICE にモデル変換する必要があります.

　付属 DVD-ROM に IBIS-Pspice Converter Ver3.0 と呼ばれるソフトウェアを（フォルダ名：IBIS_to_SPICE）に収録しています．PSpice と LTspice は互換性が高く，そのまま LTspice で使用できます．IBIS を SPICE モデルに変換する方法を**図11-6**に示します.

　本ソフトの注意事項などについては，IBIS-Pspice Converter Ver3.0 のヘルプ・ファイル IBSPICE.HLP を参照してください.

■ 通信波形と電源ラインのインピーダンスの周波数特性

● シミュレーション回路を用意する

　図11-7にシミュレーション用の回路を示します.

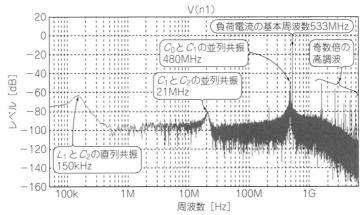

（c）FFTで電源ノイズ波形に含まれる周波数成分を分析

図11-5　図11-4のノードn1のピーク電圧は図11-3のインピーダンスの周波数特性結果とほぼ一致する（つづき）
負荷電流として設定した周波数533MHzの基本周波数と奇数倍の高調波スペクトラムが発生している

X1とU1の2つの階層モデルを使っています.

X1は**図11-1**の回路,U1は新規に作成したI/Oのモデルで,IBISモデルから変換ツール IBIS-Pspice Converter Ver3.0を使って作成したSPICEモデルになります.

I/Oへの入力波形はV_2のPWL(区分的線形)関数を使って,1066Mbpsの疑似ランダム・

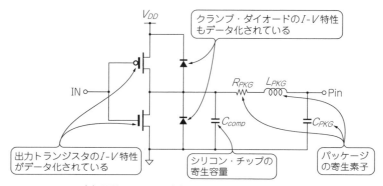

クランプ・ダイオードのI-V特性 もデータ化されている

出力トランジスタのI-V特性 がデータ化されている

シリコン・チップの 寄生容量

パッケージ の寄生素子

(a) IBISファイルの出力バッファで定義されるパラメータ

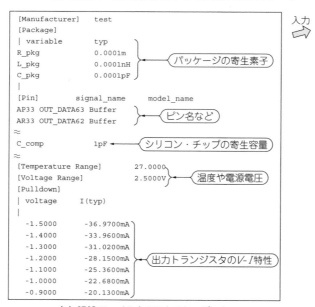

```
[Manufacturer]    test
[Package]
| variable        typ
R_pkg             0.0001m
L_pkg             0.0001nH
C_pkg             0.0001pF
|
[Pin]         signal_name    model_name
AP33 OUT_DATA63 Buffer
AR33 OUT_DATA62 Buffer
≈
C_comp            1pF
≈
[Temperature Range]    27.0000
[Voltage Range]        2.5000V
[Pulldown]
| voltage     I(typ)
|
  -1.5000     -36.9700mA
  -1.4000     -33.9600mA
  -1.3000     -31.0200mA
  -1.2000     -28.1500mA
  -1.1000     -25.3600mA
  -1.0000     -22.6800mA
  -0.9000     -20.1300mA
```

入力

パッケージの寄生素子

ピン名など

シリコン・チップの寄生容量

温度や電源電圧

出力トランジスタのV-I特性

(b) IBISファイル内のテキスト・データ

図11-6　I/O回路の入力/出力特性を表すIBISファイルからSPICEモデルを生成できる
トランジスタ・レベルのSPICEモデルは通常公開されないため,IBISを使う

パターン（PRBS：Pseudo Random Binary Sequence）を設定しています．このランダム・パターンは，次のURLを参照して作成しています．

http://homepage1.nifty.com/ntoshio/rakuen/spice/prbs/index.htm

I/Oの出力は，伝送線路モデルT1（$Z_0 = 50 \Omega$，遅延時間 = 200ps）を経由して，終端回路R_T（50 Ω），電圧源V_3（0.75V）に接続されます．

I/Oの電源V_{CC}には，X_1の回路を考慮したネット名n1から供給しました．通常の伝送

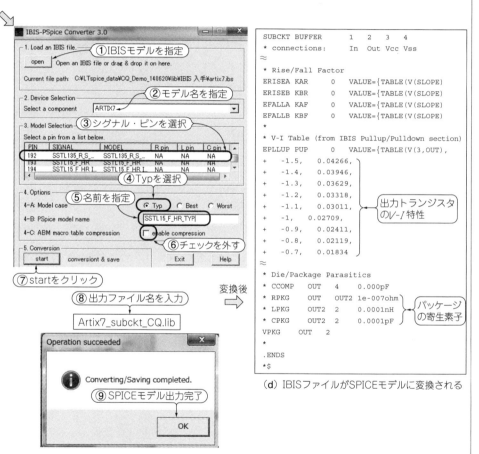

(c) IBIS-Pspice Converter Ver3.0を使ってIBIS
ファイルをSPICEモデルに変換するための手順

(d) IBISファイルがSPICEモデルに変換される

図11-6　I/O回路の入力／出力特性を表すIBISファイルからSPICEモデルを生成できる（つづき）
トランジスタ・レベルのSPICEモデルは通常公開されないため，IBISを使う

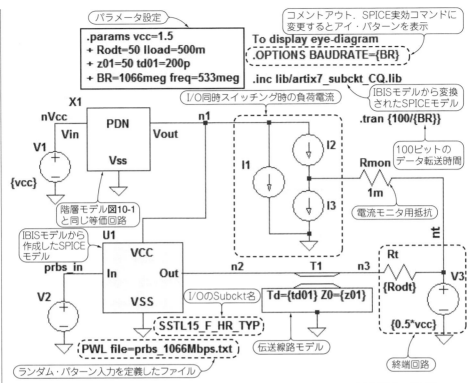

図11-7　高速ディジタルICのI/O回路とパソコンを含む電源ラインのノイズを解析する（付属DVD
フォルダ名：11-3）

線路解析では理想電源に設定されますが，この回路構成で，電源配線部分を考慮した電源
品質の特性が考慮できるようになりました.

▶I/O回路の上下トランジスタの同時スイッチングで発生するノイズ電流も模擬

　同時スイッチング・ノイズは，DDR3などのパラレル・インターフェースにおいて，出
力バッファ回路が同時にスイッチングするときに生じるノイズを言います．電源ノイズ源
になるI/O同時スイッチング時の電流プロファイルを表11-1，図11-8のとおり設定しま
した.

▶LTspice活用のヒント！複雑回路をシンプルに「階層化」

　図10-7で，よく利用するような回路をモジュール（サブサーキット）化して，シンボル
を割り付けるとよいでしょう．これを階層化と呼びます．複雑な回路が見やすくなり，別
の回路ファイルにも楽に流用できます.

表11-1　図11-7の電流源をこのように設定して同時スイッチングも疑似する
パルス波形で定義する．Iload，freqはパラメータで設定（500 mA，533 MHz）

電流源	定　義	説　明
I1	PULSE(0 |Iload * 0.1| 0 |0.05/freq| |0.05/freq| 0 |0.5/freq|)	I/O貫通電流
I2	PULSE(0 |Iload| 0 |0.10/freq| |0.10/freq| |0.40/freq| |1/freq|)	I/Oプルアップ電流
I3	PULSE(|Iload| 0 0 |0.10/freq| |0.10/freq| |0.40/freq| |1/freq|)	I/Oプルダウン電流

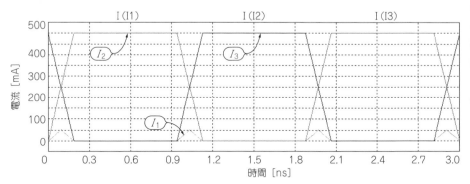

図11-8　図11-7の各電流源の波形
同時スイッチング時の貫通電流，プルアップ電流，プルダウン電流の動作を模擬する

● 解析結果①FPGAのI/Oの出力データの波形

▶電源に乗ったノイズは信号波形にそのまま現れる

　図11-9に，図11-7の各ノード，素子の電圧と電流の波形を示します．

　電源ネットn1の波形は，PDNと書かれた回路（コラム11-Ⅰ p.248参照）と負荷電流が同じ設定のため，図11-5と同じ電圧波形になっています．

　I/O伝送経路は終端回路で整合されているにもかかわらず波形が乱れています．原因は，電源にのっているノイズです．

▶通信品質の良し悪しは波形をたくさん重ね描きする「アイ・パターン」でチェック

　アイ・パターンはデータ・インターフェースの伝送品質を調べる定石です．

　信号波形の遷移を多数サンプリングし，重ね合わせてグラフィカルに表示したものです．波形が同じ位置（タイミングと電圧）で複数重ね合っていれば，品質の良い波形を意味し，「**アイが開いている**」と言います．逆に，波形の位置（タイミングと電圧）がずれている場合は，品質の悪い波形でありジッタが悪くなります．アイ・パターンを確認することにより，高さや幅からタイミングや電圧のマージンを一度に評価できます．LTspiceは，このようなアイ・パターンを表示できるので，信号の劣化を確認してみます．

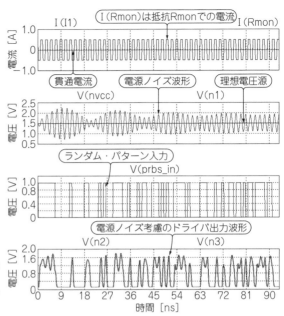

図11-9　図11-7の各ノード，素子の電圧，電流波形

電源ノイズが出力ドライバ信号にのっている

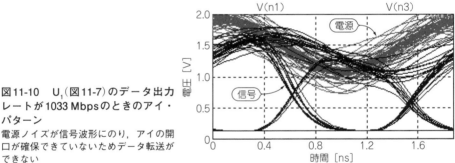

図11-10　U₁(図11-7)のデータ出力レートが1033 Mbpsのときのアイ・パターン

電源ノイズが信号波形にのり，アイの開口が確保できていないためデータ転送ができない

　図11-7の.OPTIONS BAUDRATE = {BR}行を右クリック後，SPICE directiveを選択して，アイ・パターンを表示させるコマンドを設定します．再度シミュレーションを実行すると，図11-10に示すアイ・パターンが表示されます．電源V(n1)と信号V(n3)を同時に表示すると，電源の揺れが，信号劣化の原因になっていることが一目瞭然です．

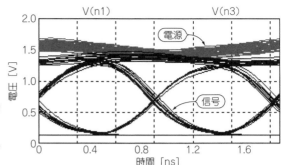

図11-11　U₁（図11-7）のデータ出力
レートが1600 Mbpsのときのアイ・
パターン
データ転送が速くなったにもかかわらず
波形は問題ない

● 解析結果② 反共振周波数と高速I/Oの動作周波数が一致すると電源ノイズが発生する

図11-11に示すのは，データ転送速度を1600Mbpsにスピード・アップしたときのアイ・パターンです．パラメータ設定で，BR = 1600meg，freq = 800megに変更することで，アイ・パターンを再現できます．

図11-5に示すとおり，動作周波数800MHzは，電源配線部分の反共振周波数500MHzから遠ざかり，電源のインピーダンスが低減しているため信号は問題ありません．電源配線部分の反共振周波数と高速I/O系の動作周波数が，出会いがしら事故のようにぶつかると，それまで静かにおさまっていた電源配線が突如暴れて，ノイズ源に変貌します．

■ 11-3── パスコンの種類や数と通信の品質

● シミュレーションを利用して適切なパスコンの種類や数を決める

最悪の事態に陥らないためには，回路設計の段階からシミュレーションを適用し，電源のインピーダンスを目標値（ターゲット・インピーダンス）以下におさめる必要があります．過剰なコンデンサの搭載は，製品コストに跳ね返ってくるので，シミュレーションから適切な種類のコンデンサの数を決定します．

図11-12に示すのは，パスコンの搭載数を変更した3つのケース（表11-2）の反共振周波数とインピーダンス特性です．

0.1 μFの数を増やしたケース1とケース2の場合，反共振周波数は上側にシフトしています．1 μFを増やした場合は，ケース2で発生している10MHz付近の反共振のピークが2つに分かれますが，100MHz以上のインピーダンスはほとんど変わりません．

表11-2　パスコンの数と共振周波数

モデル	IC内の容量	追加するパスコン			100 MHz以上の並列共振周波数
		0.1 μF	1 μF	100 μF	
基本回路	1200pF	×1	–	×1	490 MHz
追加ケース1		×2			794 MHz
追加ケース2		×4			1000 MHz
追加ケース3			×2		1047 MHz

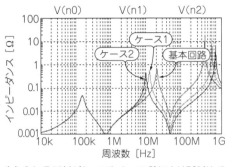

(a) 0.1μFの追加(ケース1, ケース2)により50MHzの自己共振周波数のインピーダンスが低くなる

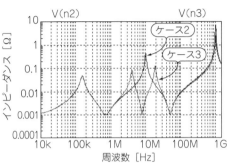

(b) 0.1μFの追加(ケース3)によりケース2に対して8MHzの自己共振周波数のインピーダンスが低くなる

図11-12　パスコンの数と電源ラインのインピーダンス-周波数特性
基本回路に対して20 MHzの反共振は低い側へ，500 MHzの反共振は高い側へシフトする．ケース3は10 MHzの反共振ピークは2つに分かれるが50 MHz以上のインピーダンスはケース2と同じである

● アイ・パターンで調べる

図11-13に，データ転送速度1066Mbpsと1600Mbpsによる全ケースのアイ・パターン結果をまとめました．

ケース1(0.1 μFを追加)は，1600Mbpsはクリアできていますが，反共振周波数が794MHzで信号の動作周波数とほぼ一致します．そのため，アイ・パターンの開口が確保できていません．ケース2とケース3はデータ転送速度が1866Mbpsまで，電源ノイズの問題は，まず発生しないと予想されます．データ転送速度が2133Mbpsに上がると，同じ問題に直面します．

● 結果の考察

電源インピーダンスが最大になる周波数は，小容量コンデンサ(0.1 μFのセラミック・

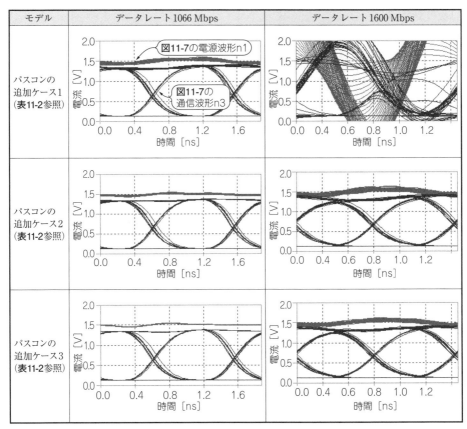

モデル	データレート1066 Mbps	データレート1600 Mbps
パスコンの追加ケース1(表11-2参照)		
パスコンの追加ケース2(表11-2参照)		
パスコンの追加ケース3(表11-2参照)		

図11-13 パスコンの数によって電源ラインの変動量が変わり，通信波形の乱れ方も変わる
ケース1は，電源の反共振周波数とデータの変化周期が一致するためノイズが発生してアイがまったく開いていない．1μFのセラミック・コンデンサを追加したケース3では，自己共振周波数がDDR3の動作周波数に比べて2けた低いため対策が効いていない

コンデンサなど)とオンチップ容量との反共振ポイントです．この周波数で電源ノイズも最大になります．数百M～1GHzの周波数帯，特にDDR3の動作周波数と反共振周波数が重なると電源ノイズが信号品質を劣化させ，アイ(波形のない目の部分)が大きく開かなくなります．

● さいごに…対策の心構え

　パスコンの種類や定数，値を決めたり，プリント・パターンを設計するときに重要なの

は次の3つです.

(1) 電子部品を実装する基板では,できる限り薄い誘電体で隣り合う電源層とグラウンド層を使う.なるべく表面に近い層に置く

(2) コンデンサ端子と内層の電源とグラウンド層へのビア接続には,できる限り太くて短い表層配線を使い,ループ・インダクタンスが最も小さくなるコンデンサを配置する.

(3) SPICEシミュレータを使って,目標のインピーダンス(電源のターゲット・インピーダンス)以下の特性を実現するコンデンサの数とパラメータを設定する

◆参考文献◆

(1) エリック・ボガティン著,須藤 俊夫 監訳;高速ディジタル信号の伝送技術 シグナルインテグリティ入門,pp.554 ～ 556,丸善.
(2) 月元 誠士;電源とグラウンドの配線テクニック,トランジスタ技術2006年5月号 第3章,pp.131 ～ 139,CQ出版社.

〈高橋 成正〉

Column(11-Ⅱ)

半導体は秘密だらけ…モデルが簡単に手に入る時代になりますように

電子部品やICの接続関係が書かれた実際の回路図には,パスコンなどが記載されているため,複数のパスコンによる共振周波数がだいたい予測できます.しかし,半導体の中にあるオンチップ容量とパッケージのインダクタンス(ICのPDNモデル)はまず記載されていません.半導体メーカに問い合わせても,データは出てこないことが予想されます.パッケージに小容量のセラミック・コンデンサが実装されていて,プリント基板への実装が不必要なケースもあります.

残念ながら,ICのPDNモデルはIBISモデルに定義されていません.今回の例題では,ICのオンチップ容量を1200 pF固定としましたが,実製品ではICごとに値が違います.

それでも詳細なシミュレーションをしたいときは次のようなTRYが必要でしょう.

(1) PDN回路の測定やモデリング・サービスのコンサルティングができる専門会社に委託する

(2) 測定用治具基板を製作し,実測データからフィッティングしたICのPDN等価回路を作成する

治具基板は設計・製作費などでコストが発生したり,モデル作成の作業工数が発生するため,簡単ではありません.半導体メーカから,最低でも低電圧・大電流の解析ができるよう,必要な電源ネットの等価回路をなるべく公開して欲しいものです.

LTspiceの線路モデルにインプット！高速データが正しく伝わるインターフェース作りに

形状からインピーダンスも抽出！
基板電卓ツール Trace Analyzer

マイコンも FPGA もいつの間にか 100MHz 超

● 半導体が高速化するということはインターフェースの通信エラーが起こりやすくなる
ということ

LVDS，USB，PCI Expressなどの差動信号伝送路を使ったインターフェースの通信速
度は，数Gbpsに達しています．このような差動伝送線路では，配線パターンに気をつけ
ないと，結合容量などの影響により，不必要な信号が漏れるクロストークが発生し，デー
タのタイミングずれなどによる誤動作が起こります．

今後，LVDSなどの高速インターフェースをもった高精細/高解像度なLCDディスプレ
イ作りには，プリント基板の配線パターンの伝送線路解析は欠かせません．

● フリーの無制限シミュレータLTspiceを使って高速インターフェースの通信エラーの
原因を突き止められないか

図11-B(b)のように，グラウンド層の上に断面が，左右対称に引かれた線路を差動伝送
線路と呼びます．図11-Bは，表面層のパターンの場合ですが内層の線路の場合も含まれ
ます．LTspiceでは，図11-B(a)のような単独の線路モデルはありますが，図11-B(b)の
ような差動線路のモデルはないので，クロストークの解析ができません．

● LTspiceの伝送線路モデルと Trace Analyzer を使って乗り切る

LTspiceで差動線路のクロストーク解析を行うため，私が作成した2本の差動線路モデ
ル(txlinesy.asyとtxlinesy.lib)を付属DVD-ROMに収録しました．この差動線路モデルで，
自身の配線パターン形状を入力するためには，インピーダンス抽出ソフトTrace
Analyzer(EE Circle Solutions社)も必要になります(付属DVD-ROMのTraceAnalyzer
フォルダに収録)．

本章では，次の内容の解説します．

[STEP1] LTspiceで利用する伝送線路モデル

[STEP2] Trace Analyzerを使って配線パターン形状からインピーダンスと遅延時間を抽出

[STEP3] 抽出されたインピーダンスと遅延時間を付属DVD-ROMに収録したLTspice差動伝送線路モデルに設定

[STEP4] LTspiceによるクロストーク解析

この手順によって，LTspiceで2本の差動伝送線路の干渉（クロストーク）解析ができるようになります．

高速伝送線路を伝わる信号のようすを解析する常套手段

● 差動信号が流れているときと同相信号が流れているときの2つの状態に分けて考える

グラウンド上に電磁的に結合のある2本の線路が置かれている場合，差動とコモンの2つの異なるモードの信号が伝送します．これらのモードは干渉せず独立して進みます．この分解法は，2本だけでなくn本の結合線路の場合にも適用されます．

解析の手順

■ STEP1：LTspiceで利用する伝送線路モデルをチェック

図11-CはLTspiceで差動線路を通る信号波形をモード分解法でシミュレーションでき

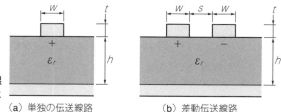

図11-B　LTspiceでは単独の伝送線路モデルはあるが，差動線路モデルはない（伝送線路モデルの断面形状[1]）　　（a）単独の伝送線路　　　　　　（b）差動伝送線路

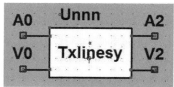

図11-C　電子回路シミュレータLTspice
で使う差動結合線路モデルtxlinesy.asy
（付属DVD　フォルダ名：11A-1）

るようにしたモデルtxlinesyです．このモデルを使ったシミュレーションに必要なパラメータは，oddモード・インピーダンス（＝差動モードのインピーダンスの1/2倍）とevenモード・インピーダンス（＝コモン・モード・インピーダンスの2倍）と，それぞれのモード信号の線路長さでの遅延時間の4つです．

■ STEP2：LTspiceの伝送線路モデル用のパラメータを作るTrace Analyzerを使う

それぞれのモードの特性インピーダンスと時間遅れを求めるために，Trace Analyzerを使います．Trace Analyzerは，基板の断面の形状をGUIに沿って入力できます．

▶手順① 差動伝送線路の基板形状と層を設定する

図11-Dは，［Goto View］-［Stackup］で出る画面で，基板の層の設定をします．

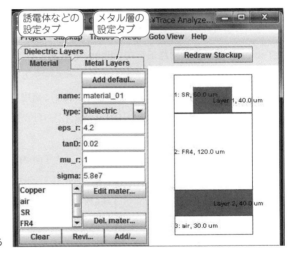

図11-D 基板の仕様を入力
メタル層や誘電体などを設定する

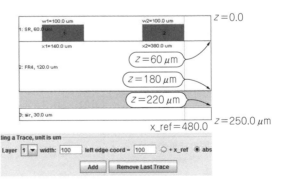

図11-E 差動伝送線路の断面の表示
z軸方向の厚みなどを設定する

図11-Eは設定した結果で, [Goto View]-[Traces]で表示されます.

▶手順② 必要なパラメータを選択する

　　[RLGC]-[Calculate RLGC]でパラメータの計算を実行できます.

　計算結果の表示は[Goto View]-[Results]と選択します. "Display matrix"から必要な結果を選択します(図11-F).

▶手順③ 各モードの特性インピーダンスと遅れ時間を表示する

　図11-Gは各モードの特性インピーダンス, 図11-Hは各モードの遅れ時間を表示させたようすです.

　図11-Gでは, evenモードの方が, 先に表示されています. evenモードに対応する遅れ時間は, 図11-Hでは, 後に表示されているmode2の時間です.

■ STEP3 : インピーダンスと遅延時間をLTspiceの差動伝送線路モデルに入力する

● LTspiceに差動結合線路モデルtxlinesyを配置する

　LTspiceで差動結合線路を計算させるためのモデルとして付属DVD-ROMに収録したtxlinesyは, 差動線路など左右対称の結合2本線に適用できます.

　txlinesyをLTspiceで, [Edit]-[Componet]から呼び出して, 回路図上に配置します.

図11-F　結果表示の選択
"Display Matrix"から必要なパラメータ
"Capacitance Matrix"を選ぶ

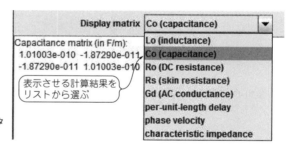

図11-G　特性インピーダンスの表示
Common Mode(コモン・モード)と
Differential mode(差動モード)のインピ
ーダンスを確認できる

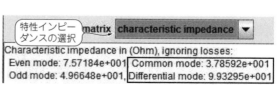

図11-H　遅延時間の結果表示
Mode1(差動モード)とMode2(コモン・
モード)の遅延時間

図11-Cに示すようにtxlinesyのシンボルについている4つのピンは，結合線路の各ピンに対応しています．txlinesyのシンボルには，グラウンド・ピンは出していませんが，自動的にtxlinesyの内部で回路グラウンドに接続しています．

● 特性インピーダンスと遅延時間を設定

txlinesyにTrace Analyzerの"characteristic impedance"と"per-unit-length delay"の値をセットしてシミュレーションします．

図11-GのZ_{01}に"Odd mode"，Z_{02}に"Even mode"の特性インピーダンス（"characteristic impedance"）値を入力します．

図11-Iは，"Component Attribute Editor"の入力画面です．回路図上に配置された図11-Cの差動結合線路モデルをクリックすると表示されます．

t_{D1}には図11-HのMode1の"per-unit-length delay in(s/m)"の値を，t_{D2}にはMode2の"per-unit-length delay in(s/m)"の値を入力します．

● 線路の長さ1m以外のときの設定

前述した遅延時間は線路長さが1mのときに適用します．

線路長さが1m以外のときは，t_{D1}とt_{D2}のそれぞれの値に1mに対する比を掛けた値にします．10cmであれば0.1倍します．図11-Bのようなマイクロストリップ・タイプの結合線では，evenモードまたはコモン・モード（図11-HではMode2）の方が必ず大きな遅延時間になります．txlinesyに遅延時間を設定するときにチェックします．

● 内層対称2本の結合線路

内層対称2本の結合線路パターンのように，金属層で挟まれた内層の差動線路ではt_{D1} $= t_{D2}$になります．

Attribute	Value
Prefix	X
InstName	U1
SpiceModel	txlinesy
Value	
Value2	
SpiceLine	TD1=1.08n, TD2=1.24n
SpiceLine2	Z01=49.7, Z02=75.7

値を入力する

図11-I 差動線路クロストーク計算用LTspice回路

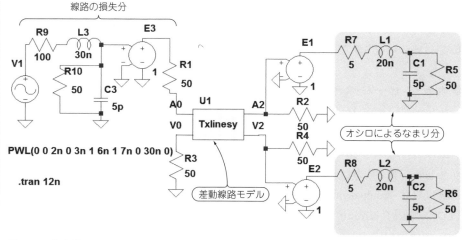

図11-J　差動線路クロストーク・シミュレーション用回路diffxtalk_mstrip.asc（付属DVD　フォルダ名：11A-1）
実機のプリント基板の配線パターンと同じ長さにして求めたインピーダンスと遅延時間を差動線路のモデルに設定する

　内層では，線路周囲絶縁材の比誘電率が一様になるので，遅延時間は断面形状によらず，同じになるからです．

　内層では遅延時間は，絶縁体の比誘電率をε_rとすると，次の式で求まります．

$$t_{D1} = t_{D2} = 3.33(\varepsilon_r)^{0.5}e^{-9}[\text{s/m}]$$

■ STEP4：LTspiceシミュレーションを実行する

● 外層差動線路のクロストーク・シミュレーション

　図11-Jは，差動線路の片側にパルスを加えたときに，各ピンに現れる波形を確認する回路です．

　シミュレーションとの波形を比較します．実測した差動線路を**写真11-A**に示します．長さは20cmです．

　txlinesyの各パラメータはTrace Analyzerの表面層を走る差動線路の計算結果から，$Z_{01} = 49.7$，$Z_{02} = 75.7$，$t_{D1} = 1.08$n および $t_{D2} = 1.24$n に設定しています．

それぞれの遅延時間はTrace Analyzerで得られた1mの値に0.2を掛けて求めています．

　図11-Kにシミュレーション結果を示します．

写真11-A LTspiceによるクロストーク・シミュレーションとの比較に使ったプリント基板

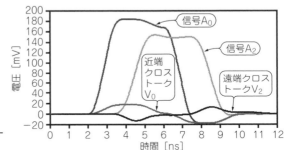

図11-K 表面層差動線路クロストーク・シミュレーション結果

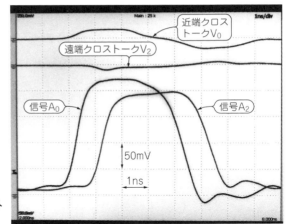

図11-L 表面層差動線路のクロストーク実測波形

実測と比べてみた

● シミュレーション結果どおり

実測回路では，入力したパルスが少しなまっているので，図11-Jのシミュレーション回路では台形の信号波形出力をLCでなまらせています．線路の損失と周波数特性を勘案

して線路出力側（遠端）に，抵抗損失分と周波数フィルタを挿入しています．

図11-Lに，実際の表面層の差動線路パターンにパルスを加えて波形を測定した結果を示します．シミュレーション結果に近い波形になっています．

◆参考・引用*文献◆

(1)* 志田 晟；トランジスタ技術SPECIAL No.128 Gビット時代の高速データ伝送技術，CQ出版社，2014.
(2) http://www.eecircle.com/downloads/purchase.html
(3) C.Paul；Multiconductor Transmission Lines, John Wiley&Sons.Inc.,2008.

〈志田 晟〉

Column（11-Ⅲ）

プリント基板の内層を走るパターンのクロストーク・シミュレーション方法

内層差動線路の場合も，回路図は図11-Jをそのまま使います．結合線路のモデルのパラメータ設定を変えるだけでシミュレーションできます．

内層の差動線路のt_DとZ_0パラメータをTrace Analyzerで計算させた結果を"Component Attribute Editor"で設定します．

内層なので，$t_{D1} = t_{D2}$になっています．図11-Mはシミュレーション結果です．近端クロストークは，外層差動線路の場合と同じように出ていますが，遠端クロストークはほぼ見えなくなっています．

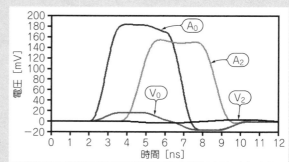

図11-M　内層差動線路のクロストークをシミュレーションしてみた

LTspice で回路と基板を丸ごと！パスコンの定数と実装位置も最適解を見つける
電源/GNDパターンのSPICEモデル作成ツール！PGPlaneEx

● 今どきの100MHz超のマイコン/FPGAを動かしたいならプリント基板の電源配線の安定化が大切

　10年くらい前まで，プリント基板の検証といえば，信号の波形確認だけでした．マイコンやFPGAに代表される今どきのディジタル回路のクロック周波数は，数百MHz以上とスピードが上がっています．その結果，信号配線に加え，電源−グラウンド配線の検証も重要になってきました．

　電源-グラウンド配線の設計をおろそかにすると，ICが動作するたびに，電源-グラウンドの電位が揺れます．その揺れは，ICの"H"と"L"のしきい値を変化させるので，時間軸方向のタイミングにずれを生じ，通信エラーを引き起こしたりします．さらに，電界と磁界の変化を発生させるので，プリント配線板の外に不要な電磁ノイズが放出されます．パソコンやタブレットPCは，Wi-FiやLTEなどの無線通信回路が，FPGAなどの近くにあります．不要な電磁波は，これらの無線回路に妨害を与え，受信感度が低下するなどの現象も起きます．

リスト11-A　PGPlaneExを使えば電源−グラウンド配線のSPICEモデルを一瞬で出力できる
（付属DVD-ROM内に設計データを一式収録）
作成されたモデルはLTspiceに組み込める

```
* PGPLANE SPICE SUBCIRCUIT **** 2013/4/1 14:03:06 ****

* Power/Ground Plane Subcircuit
.SUBCKT PGPLANE1 337 1977 335 1975 349 1989 347 1987 361 2001 359 1999 169 pg
* port = 13 / via = 0
* Unit Cells Y dir
RY_0_0  1 2338 0.00229885
LY_0_0  2338 2 1.257e-009
        .
        .
CZ_55_40  2296 pg 2.32418e-013
RZ_56_40  2337 pg 1e+012
CZ_56_40  2337 pg 1.16209e-013
* Decoupling capacitors
.ENDS
```

● SPICEシミュレータで扱える電源－グラウンド配線のモデルを作れるPGPlaneEx

　これらの問題を解決するのに使えるソフトウェアが静岡県立大学渡邊研究室で開発された PGPlaneExです（付属DVD-ROM内のPGPlaneExフォルダに収録）．PGPlaneExを使えば， プリント基板の電源－グラウンド配線のSPICEモデル抽出は1秒もかかりません（**リスト11-A**）．

　このモデルを使って，リニアテクノロジー社のLTspiceなどの電子回路シミュレータに 組み込んで，詳細評価を行える点を最も気に入っています．

　本章では，次のことを解説します．

(1) 基本操作

(2) 面状と線上の電源パターンをもつ2つの基板の製作とIC，パスコンの実装方法

(3) 製作した2つの電源プリント基板をLTspiceでシミュレーションを行い，信号線にど のような影響を与えるかの評価

　製作したプリント基板の電源形状のインピーダンス特性は，市販の電磁界シミュレータ とほとんど差がないことも示します．

3つの魅力

① プリント基板の電源パターンをモデル化…回路シミュレータでキッチリ性能評価できる

　回路シミュレータで電源－グラウンドの揺れを検証するには，**図11-N**に示すような， 抵抗，インダクタンスでモデル化するのが1つの方法です．電源－グラウンド面がシンプ ルな形状であれば，これでも十分ですが，電源が複数あるときや，両面基板を使うときは， 電源の構造が複雑になります．

　PGPlaneExに電源パターンの形状を入力すると，等価回路のSPICEモデルを一瞬で作 成できます．簡単な形状なら，10分ほどです．

　市販の数百万円もする電磁界シミュレータは，電源－グラウンドの形状の作成は， PGPlaneExと同様ですが，電源－グラウンドの形状を認識するため，領域分割を行い， 理工学系の出身でも，鬼門とされるマクスウェルの方程式を解く計算を行います．

　非常にシンプルな形状の作成でも，数十分程度の時間がかかります．また，計算結果は 電磁界分布やSパラメータ[注1]なので，LTspiceなどの回路シミュレータでは直接扱えな

(注1)：散乱パラメータ（Scattering Parameter）と言われるパラメータで回路網をブラック・ボックス化し， 入射電力に対する反射電力と透過電力の比で示したもの．電磁界シミュレータの計算結果やネットワーク・ アナライザの測定結果として用いられる．

図11-N 電源配線を抵抗とインダクタンスでモデル化する
回路シミュレータで電源－グラウンドの揺れを調べる

いときがあります．このようなときは，SPICEの等価回路に変換するための市販のツールやオプション製品を別途購入する必要があります．

② フリーである

　PGPlaneExはライセンス・フリーです．

　高価な電磁界シミュレータのライセンスを何本も購入することは難しいです．また，機能満載のため操作方法を覚えるだけでも大変です．GUIなども年々使いやすくなっていますが，それなりの技術も必要で，解析専任者に頼むことが多いです．

③ 操作がシンプル

　マウスを使って，電源形状を入力し，電源端子の位置やパスコンの実装位置，絶縁層の厚さ，比誘電率を指定します．

　市販の電磁界シミュレータでは，3次元形状で作画し，ポート，材料定数(導電率，比誘電率)を設定後，シミュレーション対象を囲む領域の境界条件を選び，要素分割するために，メッシュを切り，やっと解析です．規模にもよりますが，設定するだけでも，時間がかかり，計算時間も必要です．

　PGPlaneEx単独でも，ある正弦波が電源-グラウンド間に入力された時のインピーダンス(基板共振)の周波数解析ができます．解析設定で[開始周波数]，[終了周波数]，[解析ポイント数]を入力し，[解析実行]ボタンを押せば，パソコンの性能にもよりますが，数分足らずで計算が終了します．

インストールとできること

　"EXE"ファイル(PGPlaneEX.exe)を直接実行すれば良いので，インストール作業が発

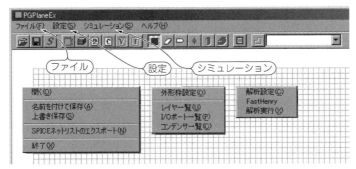

図11-O　PGPlaneEx はメニューがシンプルなので操作が簡単
プリント配線板の縦，横の寸法，絶縁材の厚さ，比誘電率を入力．マウスをドラッ
グしてマス目を埋めるように電源の描く．パスコンの実装位置，ICの電源とグラウ
ンド端子の位置を指定する

生しません．レジストリは変更しないので，インストール権限のないパソコンでも利用で
きます．

図11-OはPGPlaneExのメイン・メニューです．プリント配線板の縦，横の寸法，絶縁
材の厚さ，比誘電率を入力します．マウスをドラッグしてマス目を埋めるように電源の描
画，パスコンの実装位置，ICの電源とグラウンド端子の位置を指定するだけです．

使ってみる

LTspiceは周波数特性や過渡波形だけでなく，電源 – グラウンド間のインピーダンスも
計算できます．

今回は，PGPlaneExで電源-グラウンド配線のSPICEモデルを生成し，LTspiceでパス
コンやICのバッファ回路と組み合わせてシミュレーションします．

① 例題の準備その１：面状と線状の電源パターンをもつ２つの基板を用意する

図11-Pに示すように，電源 – グラウンドの2層分だけ抜き出して考えます．

基板のつくりによる電源の揺れの違いを観測します．ICやパスコンの実装位置を同じに
して，電源の構造だけ異なる**図11-P(a)**の面状電源と**図11-P(b)**の線状電源を例に作ります．

面状電源は一般的です．線状電源は多電源のときや信号配線を電源と同じ層に配置しな
ければならないときに利用します．

プリント配線板のサイズを140×100mm，電源層とグラウンド層の厚さを0.5mm，比

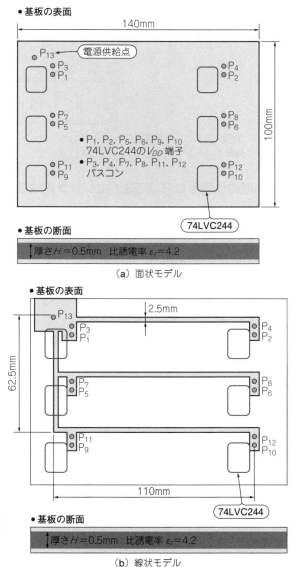

● 基板の表面

140mm

○ P₁₃ ─── 電源供給点

○ P₃
○ P₁

○ P₄
○ P₂

100mm

○ P₇
○ P₅

○ P₈
○ P₆

● P₁, P₂, P₅, P₆, P₉, P₁₀
74LVC244のV_DD端子

○ P₁₁
○ P₉

● P₃, P₄, P₇, P₈, P₁₁, P₁₂
パスコン

○ P₁₂
○ P₁₀

74LVC244

● 基板の断面

厚さH＝0.5mm　比誘電率 ε_r＝4.2

（a）面状モデル

● 基板の表面

2.5mm

○ P₁₃

○ P₃
○ P₁

○ P₄
○ P₂

62.5mm

○ P₇
○ P₅

○ P₈
○ P₆

○ P₁₁
○ P₉

○ P₁₂
○ P₁₀

110mm

74LVC244

図11-P　例題：電源パターンの異なる2つのディジタル基板でPGplaneExとLTspiceによるシミュレーションの効果を確認する

● 基板の断面

厚さH＝0.5mm　比誘電率 ε_r＝4.2

（b）線状モデル

誘電率を4.2と仮定します．比誘電率はプリント基板の材料によって，3.8 ～ 4.6です．実際に使う基板の比誘電率に合わせて設定します．

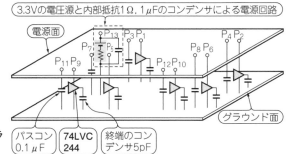

図11-Q　例題（図11-P）の電源－グラウンドの回路イメージ

3.3Vの電圧源と内部抵抗1Ω, 1μFのコンデンサによる電源回路

電源面

グラウンド面

パスコン0.1μF　74LVC244　終端のコンデンサ5pF

② 例題の準備その2：高速のロジックICを実装する

　SPICEモデルが入手しやすく，比較的電源－グラウンドのゆれが大きいIC 74LVC244（NXPセミコンダクターズ）を使います．**図11-P**には，74LVC244が計6個実装され，3.3Vの振幅の信号を20MHzで出力します．1つの74LVC244で四つのバッファ回路を同時に動作させるので，合計24バッファが同時動作することになります．74LVC244の出力端は5pFのコンデンサで終端しました．これは信号を受信するレシーバICの代わりです．

　図11-PのP_1〜P_{13}はPGPlaneExでポート（端子部）として定義された部分です．P_1，P_2，P_5，P_6，P_9，P_{10}は，74LVC244のSPICEモデルの電源端子が接続されます．

　P_3，P_4，P_7，P_8，P_{11}，P_{12}は0.1μFのパスコンのモデルがつながります．P_{13}は基板に電力を供給する3.3Vの電圧源と内部抵抗の1Ωが直列，さらに1μFのコンデンサが並列に接続されています．

③ PGplaneExでSPICEモデルを作る

　［ファイル］-［SPICEネットリストのエクスポート］でSPICEモデルを出力できます．**図11-Q**は作成した電源-グラウンド配線のイメージ図です．PGPlaneExから出力された電源－グラウンドのSPICEモデルを**リスト11-A**に示します．

④ ロジックICとパスコンのモデルもLTspiceに組み込む

▶その1：バッファ74LVC244のSPICEモデル
　次のURLから74LVC244のSPICEモデルをダウンロードできます．
　https://www.nexperia.com/products/analog-logic-ics/asynchronous-interface-logic/buffers-inverters-drivers/74LVC244APW.html#t:documentation

リスト11-B　74LVC244のSPICEモデルはNEXPERIA社の公式サイトからダウンロードできる
（付属DVD　フォルダ名：S11_B）

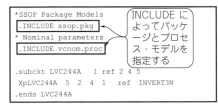

```
*SSOP Package Models
.INCLUDE ssop.pkg
* Nominal parameters
.INCLUDE vcnom.proc

.subckt LVC244A   1 ref 2 4 5
 XpLVC244A 5 2 4 1   ref INVERT3N
.ends LVC244A
```

INCLUDEに
よってパッケ
ージとプロセ
ス・モデルを
指定する

（a）バッファ回路モデル（LVC_normal.lib）

```
.SUBCKT pk21 1 3 5 7 9 11 13 15 17 19
+  21 23 25 27 29 31 33 35 37 39
         *
         *
L4 1007 8   2.03E-09
L5 1009 10  1.87E-09
L6 1011 12  1.87E-09
.ENDS pk21
```

（c）パッケージのモデル（ssop.pkg）

```
.SUBCKT INVERT3N  5 2 4 1 90
* NON-INVERTING BUFFER TYPE; 3-STATE
* EQUIVALENT REFERENCE SIMULATION MODEL NOMINAL CASE
* USE THIS MODEL FOR 74LVC241A/244A/245A/373A/374A/543A/573A
* /574A/623A
* OE = 5, IN = 2,  OUT = 4,  VCC = 1,  GND = 90
* OCTOBER-1994
XIN1   20   30   50   60      LVCINPAN
XINV   30   35   50   60      LVCINVAN
XOUT   70   35   40   50   60  LVCOUTAN
XPK21 5 2 90 90 90 90 90 90 90 90 90 90 90 90 90 90 90 4 90 1 90
+ 70 20 90 90 90 90 90 90 90 90 90 60 90 90 90 90 90 90 40 90 50 90 pk21
.ENDS
```

（b）プロセスは標準品を使う（vcnom.proc）

シリーズ・タイプ	Sパラメータ	等価回路モデル						
		簡易モデル		詳細モデル	DCバイアスモデル		
	Touchstone	PDF	SPICE	SPICE	HSPICE	LTspice	PSpice
C0402	📄 ZIP	📄 PDF	📄 ZIP	📄 ZIP	📄 ZIP	📄 ZIP	📄 ZIP
C0603	📄 ZIP	📄 PDF	📄 ZIP	📄 ZIP	📄 ZIP	📄 ZIP	📄 ZIP

（a）TDK製コンデンサのSPICEモデルをダウンロードできる

（b）村田製作所の設計支援ツールSimSurfin

図11-R　コンデンサ（パスコン）のSPICEモデルは部品メーカ提供のツールから入手できる

リスト11-Cは作成したバッファ回路を示します．

▶その2：パスコンのSPICEモデル

　TDK製であれば，次のサイトで欲しいコンデンサを選択すれば，SPICEモデルをダウ
ンロードできます［**図11-R（a）**］．

リスト11-C　各モデル，シミュレーション条件，オプションを1つにまとめた最終的な電源－グラウンド配線ネットリスト（付属DVD　フォルダ名：S11_BのファイルGV140x100 – LVC244A – Simul.net）

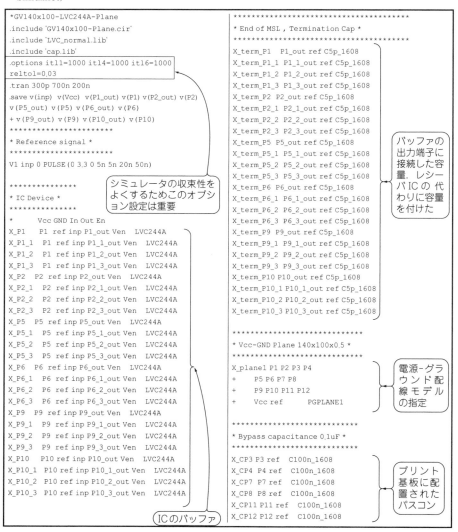

```
*GV140x100-LVC244A-Plane
.include 'GV140x100-Plane.cir'
.include 'LVC_normal.lib'
.include 'cap.lib'
.options itl1=1000 itl4=1000 itl6=1000
reltol=0.03
.tran 300p 700n 200n
.save v(inp) v(Vcc) v(P1_out) v(P1) v(P2_out) v(P2)
v(P5_out) v(P5) v(P6_out) v(P6)
+ v(P9_out) v(P9) v(P10_out) v(P10)
***********************
* Reference signal *
***********************
V1 inp 0 PULSE(0 3.3 0 5n 5n 20n 50n)


****************
* IC Device *
****************
*        Vcc GND In Out En
X_P1    P1 ref inp P1_out Ven  LVC244A
X_P1_1  P1 ref inp P1_1_out Ven  LVC244A
X_P1_2  P1 ref inp P1_2_out Ven  LVC244A
X_P1_3  P1 ref inp P1_3_out Ven  LVC244A
X_P2    P2 ref inp P2_out Ven  LVC244A
X_P2_1  P2 ref inp P2_1_out Ven  LVC244A
X_P2_2  P2 ref inp P2_2_out Ven  LVC244A
X_P2_3  P2 ref inp P2_3_out Ven  LVC244A
X_P5    P5 ref inp P5_out Ven  LVC244A
X_P5_1  P5 ref inp P5_1_out Ven  LVC244A
X_P5_2  P5 ref inp P5_2_out Ven  LVC244A
X_P5_3  P5 ref inp P5_3_out Ven  LVC244A
X_P6    P6 ref inp P6_out Ven  LVC244A
X_P6_1  P6 ref inp P6_1_out Ven  LVC244A
X_P6_2  P6 ref inp P6_2_out Ven  LVC244A
X_P6_3  P6 ref inp P6_3_out Ven  LVC244A
X_P9    P9 ref inp P9_out Ven  LVC244A
X_P9_1  P9 ref inp P9_1_out Ven  LVC244A
X_P9_2  P9 ref inp P9_2_out Ven  LVC244A
X_P9_3  P9 ref inp P9_3_out Ven  LVC244A
X_P10   P10 ref inp P10_out Ven  LVC244A
X_P10_1 P10 ref inp P10_1_out Ven  LVC244A
X_P10_2 P10 ref inp P10_2_out Ven  LVC244A
X_P10_3 P10 ref inp P10_3_out Ven  LVC244A
```

```
**************************************
* End of MSL , Termination Cap *
**************************************
X_term_P1   P1_out ref C5p_1608
X_term_P1_1 P1_1_out ref C5p_1608
X_term_P1_2 P1_2_out ref C5p_1608
X_term_P1_3 P1_3_out ref C5p_1608
X_term_P2   P2_out ref C5p_1608
X_term_P2_1 P2_1_out ref C5p_1608
X_term_P2_2 P2_2_out ref C5p_1608
X_term_P2_3 P2_3_out ref C5p_1608
X_term_P5   P5_out ref C5p_1608
X_term_P5_1 P5_1_out ref C5p_1608
X_term_P5_2 P5_2_out ref C5p_1608
X_term_P5_3 P5_3_out ref C5p_1608
X_term_P6   P6_out ref C5p_1608
X_term_P6_1 P6_1_out ref C5p_1608
X_term_P6_2 P6_2_out ref C5p_1608
X_term_P6_3 P6_3_out ref C5p_1608
X_term_P9   P9_out ref C5p_1608
X_term_P9_1 P9_1_out ref C5p_1608
X_term_P9_2 P9_2_out ref C5p_1608
X_term_P9_3 P9_3_out ref C5p_1608
X_term_P10   P10_out ref C5p_1608
X_term_P10_1 P10_1_out ref C5p_1608
X_term_P10_2 P10_2_out ref C5p_1608
X_term_P10_3 P10_3_out ref C5p_1608


*****************************
* Vcc-GND Plane 140x100x0.5 *
*****************************
X_plane1 P1 P2 P3 P4
+    P5 P6 P7 P8
+    P9 P10 P11 P12
+    Vcc ref        PGPLANE1


*****************************
* Bypass capacitance 0.1uF *
*****************************
X_CP3 P3 ref   C100n_1608
X_CP4 P4 ref   C100n_1608
X_CP7 P7 ref   C100n_1608
X_CP8 P8 ref   C100n_1608
X_CP11 P11 ref   C100n_1608
X_CP12 P12 ref   C100n_1608
```

- シミュレータの収束性をよくするためこのオプション設定は重要
- ICのバッファ
- バッファの出力端子に接続した容量．レシーバICの代わりに容量を付けた
- 電源–グラウンド配線モデルの指定
- プリント基板に配置されたパスコン

http://product.tdk.com/ja/technicalsupport/tvcl/index.html

村田製作所製であれば，次のサイトに設計支援ツールSimSurfinがあり，コンデンサの型名を選択後，SPICEモデルを出力できるようになります［**図11-R(b)**］．

http://www.murata.co.jp/products/design_support/index.html

⑤ 2つの基板(図11-P)のSPICEネットリストを完成させる

電源-グラウンド・モデルおよび各ICやパスコンなどの部品モデル，シミュレーション条件，オプションをまとめた最終的なネットリストを**リスト11-C**(付属DVD フォルダ名：S11_B内のファイルGV140x100-LVC244A-Simul.net)に示します．

1個の74LVC244あたり，4個の出力バッファを設定しているので，計24個のバッファ，終端のコンデンサ，パスコンなどをすべてネットリストに記載しています．

LTspiceには，回路図エディタもあり，自由にシンボルを作ることもできます．電源-グラウンド・モデル用に13端子のシンボルやIC用の5端子のシンボルを作っておくと誤りがなく回路図を作成できます．

⑥ シミュレーションを実行する

［File］-［Open］で，ネットリストGV140x100-LVC244A-Simul.netを選択後，［Simulate］-［Run］を押すと，シミュレーションが実行されます．

Core i5のCPUを搭載したノート・パソコンで計算させると，面状電源で14分，線状電源(GV140x100-Line1-LVC244A-Simul.net)で7分程度かかりました．これは，後にフーリエ変換を行う関係で，700nsまで計算させているためです．フーリエ変換を行わないのであれば，250nsまで計算すればよいので，シミュレーション時間を短縮できます．

PGPlaneExの電源-グラウンド配線モデルは，電子回路シミュレータの過渡解析とAC解析用が同じモデルで計算できるので便利です．

周波数特性による入力インピーダンスは，74LVC244を取り去り，パスコンや電源はそのままにします．74LVC244の電源端子(P_1, P_2, P_5, P_6, P_9, P_{10})のあった場所に電圧源をおいてAC解析を行い，電圧を電流で割って求めています．

⑦ 解析結果を考察する

● 面状電源の揺れ具合い

面状電源で電力を供給するポート(P_{13})に，もっとも近い位置(P_1)に実装された

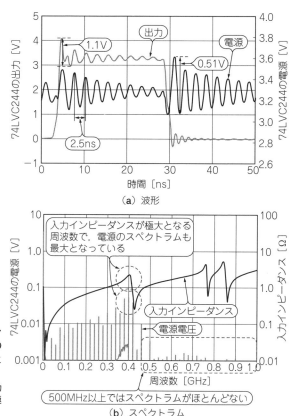

図11-S　例題のシミュレーション①…図11-P(a)の面状電源の電圧の揺れ具合い(観測点は電源供給点に一番近いP₁)
過渡波形が2.5 ns周期(400 MHz)で振動し、入力インピーダンスが400 MHzで極大になる

(b) スペクトラム

74LVC244の出力波形と電源端子部の過渡応答波形を図11-S(a)に示します. 電源端子部の波形をフーリエ変換したスペクトルと電源端子部からみた基板の入力インピーダンスを図11-S(b)に示します.

　図11-S(a)の電源端子部の過渡応答波形は、2.5ns周期(400MHz)で振動していて出力波形にも影響を与えています. 図11-S(b)を見ると、電源部のスペクトルがちょうど400MHzで最大になっていて、基板の入力インピーダンスも同じように400MHzで極大になっています.

　電力を供給するポート(P_{13})からもっとも遠い位置(P_{10})に実装された74LVC244でも確認してみました(図11-T). 図11-T(a)から電源の揺れが0.84Vと、図11-S(a)の0.51Vに対して大きいです. 入力インピーダンスは、図11-S(b)と図11-T(b)を比較すると、図

表11-A　パスコンなどの影響で共振周波数の計算結果と入力インピーダンスが極大となる周波数は若干ずれている

m	n	式(11-B)で計算された共振周波数 [MHz]	入力インピーダンスが極大となる周波数 [MHz]
1	0	523	400
0	1	732	750
1	1	899	850

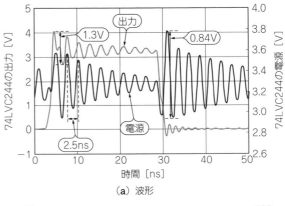

(a) 波形

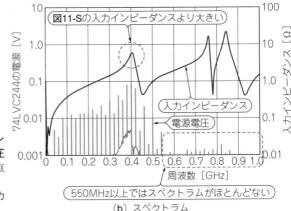

図11-T　例題のシミュレーション②…図11-P(a)の面状電源の電圧の揺れ具合い（観測点は電源供給点に一番遠いP_{10}）
図11-Sと比較して電源の揺れと入力インピーダンスが大きくなる

(b) スペクトラム

11-T(b)の方が，全体的に大きいことがわかります．

▶共振が揺れの原因

　面状電源は，式(11-B)で計算される周波数で共振が発生して，入力インピーダンスが最大になることが知られています．

$$f = \frac{C}{\sqrt{\varepsilon_r}} \sqrt{\left(\frac{m}{2a}\right)^2 + \left(\frac{n}{2b}\right)^2} \cdots\cdots\cdots (11\text{-}B)$$

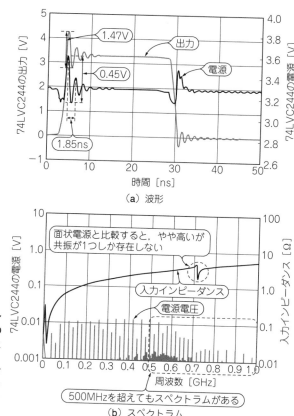

図11-U　例題のシミュレーション③…図11-P(b)の線状電源の電圧の揺れ具合い(観測点は電源供給点に一番近いP₁)
面状電源と比較して電源の揺れが0.45Vと小さく，入力インピーダンスの極大は700MHz付近に1つあるだけで電源スペクトルに影響を与えていない

ただし，C：光速[m/s]，ε_r：比誘電率，a：基板の縦の長さ[m]，b：基板の横の長さ[m]，m，n：基板のX軸，Y軸方向にできる共振の山の数(例えば，$m=1$，$n=0$ ならばX軸方向に反共振が起こり，Y軸は一定となる)

式(11-B)で計算される共振周波数は，表11-Aのように523MHz，732MHz，899MHzなので，図11-S(b)の入力インピーダンスが極大となる周波数と若干ずれています．これは，パスコンなどの影響です．パスコンや電源回路をすべて取り除いて，図11-PのP_{13}とP_1で入力インピーダンスを計算すると，式(11-B)の計算結果に近い値が得られます．

この共振が，電源-グラウンドに流れる電流を振動させ，電源-グラウンド間の電圧の揺れとして観測されています．電源-グラウンド間の揺れは，74LVC244の出力波形にもリンギングの形で悪影響を与えます．

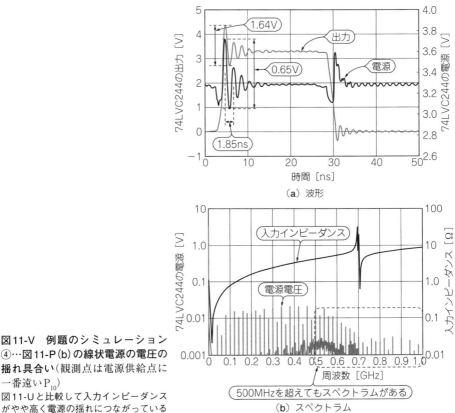

図11-V　例題のシミュレーション④…図11-P(b)の線状電源の電圧の揺れ具合い(観測点は電源供給点に一番遠いP_{10})
図11-Uと比較して入力インピーダンスがやや高く電源の揺れにつながっている

(a) 波形

(b) スペクトラム

▶ダンピング抵抗で電源の揺れを抑える

　基板の入力インピーダンスと電源－グラウンド間の揺れには，相関関係があります．400MHzで振動する電源を抑えるには，電源の共振Qを小さくする必要があります．パスコンの値や実装位置を変更しても，共振周波数が変化するだけで，実際には無くせません．パスコンに数Ωの直列抵抗を入れて，ダンピングすることでかなり低減します．

● 線状電源の揺れ具合い

　図11-UはP_1(電源回路直近)に，74LVC244を配置したときの線状電源のシミュレーション結果です．

　図11-U(a)を見ると，電源の揺れが0.45Vと面状電源の0.51Vに対して小さいです．電源

が振動している時間も短く，74LVC244が次の状態に遷移する前に3.3Vに収束しています．

図11-U(b)を見ると，共振による入力インピーダンスの極大は700MHz付近に1つあるだけで，電源スペクトルに影響を与えていません．

図11-VはP$_{10}$の位置での各波形のシミュレーション結果です．電源回路から遠いため，入力インピーダンスがP$_1$から見たときと比べてやや高く，電源の揺れにつながっています．

面状電源と線状電源のスペクトルを見ると，面状電源では，550MHzを超えると，急激にスペクトルが減少しますが，線状電源では，1GHz付近までスペクトルが観測されます．

＊　　　＊　　　＊

以上のように，PGPlaneExとLTspiceをうまく組み合わせることで，入力インピーダンスと過渡波形の計算が行えます．

一度，入力インピーダンスと電源部の揺れの関係が分かれば，後は過渡解析ではなく，計算時間が圧倒的に短く，収束のエラーが発生しにくい周波数解析で，試行錯誤しながら，最適な電源形状やパスコンの実装位置，値を決めることができます．

電源形状やパスコンの値が決まったら，再度，過渡解析を行い，実際の電源-グラウンドの揺れを確認します．問題ない範囲に収まっていれば，プリント基板を試作前のチェックは終了です．プリント基板の設計者に，仕様を伝え，基板設計を進めます．

● さいごに…市販のシミュレータと比べてみた

数百万円する電磁界シミュレータを使い，面状電源，線状電源のP$_{10}$から見た入力インピーダンスを計算し，PGPlaneExと比較した結果が図11-Wです．

結果が，ほぼピッタリ一致しています．さらに，周波数が低い領域では，なんとPGPlaneExの方が，高精度なことが分かります．

面状電源，線状電源どちらも3.3Vの電圧源に1Ωの抵抗が直列に接続されているので，P$_{10}$から見た入力インピーダンスは0Hzのとき，1Ωになるはずです．PGPlaneExは1Ωに収束していますが，電磁界シミュレータは1Ωより低い値を示しています．

電磁界シミュレータは100MHz以上の高い周波数帯域での計算を得意としているので，数MHz以下の帯域では，やや精度が落ちます．このように，高価な市販シミュレータも，万能ではなく，不得意な分野があることを認識して使う必要があります．逆に，フリーウェアでも，十分な精度があるので，うまく使うことで十分に設計できます．　　〈池田　浩昭〉

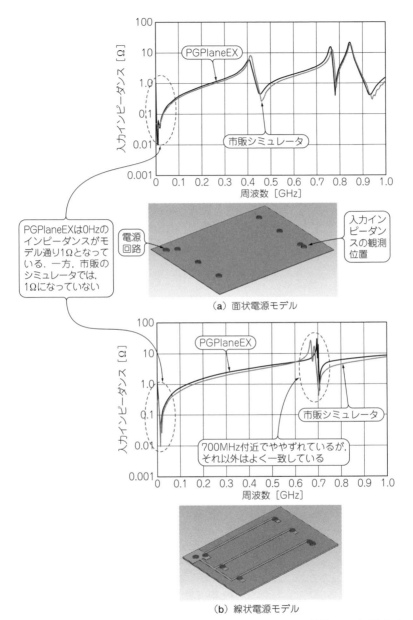

（a）面状電源モデル

PGPlaneEXは0Hzのインピーダンスがモデル通り1Ωとなっている．一方，市販のシミュレータでは，1Ωになっていない

電源回路

入力インピーダンスの観測位置

700MHz付近でややずれているが，それ以外はよく一致している

（b）線状電源モデル

図11-W　市販のシミュレータとPGPlaneExのシミュレーション結果はほぼ一致する
周波数が低い領域ではPGPlaneExの方が精度が高い

三角 / 指数 / 対数関数だけじゃない！ コンパレータや論理ゲートにも
信号同士の演算や数式の記述ができるビヘイビア電圧源の使い方

　LTspiceなどのSPICEシミュレータには，任意に電圧のふるまいを記述できるビヘイビアと呼ばれる電圧源[Arbitrary Behavioral Voltage Source(以下，BV)]があります．ここでは，複数の関数入力から，自由自在に演算した出力を作れるBVの記入例を紹介します．

● 複数の入力電圧から演算した出力波形を作れる

　SPICEの通常の電圧源(Voltage Source)は，パルス，正弦波，変調のように，あらかじめ定義された波形を，各電圧源に対して1つ出力できます．

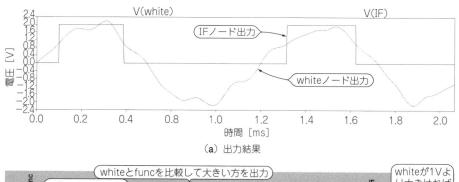

(a) 出力結果

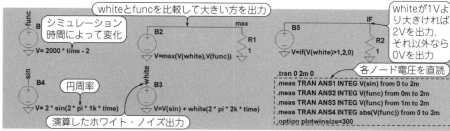

(b) BV使用例

図11-X　ビヘイビア電圧源では任意の関数を入力して演算出力できる(付属DVD フォルダ名：S11_C)
ホワイト・ノイズを出力後，結果を比較できる

リスト11-B　.measコマンドによって測定された結果

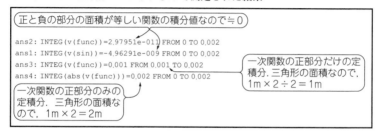

これに対してBVは，関数で定義された複数の入力電圧を利用して，任意の出力電圧を自由自在に作れます．

● 扱えるのは関数だけじゃない！ 等価回路モデル作りにも使える

三角，指数，対数関数や，複数の電圧の大小比較を行うmax関数を使えます．理想的なコンパレータやAND，ORなどの論理ゲートとして，代用できるif関数や，LTspice上で理想の等価回路モデルを作りたいときにも使えます．

● BVの関数入力によって得られた

図11-Xは，BVの関数入力例で，ホワイト・ノイズ波形とその比較結果などが出力されます．

.measコマンドを使うと**リスト11-B**のように，出力された結果から測定値を直読できます．

● 複数の入力電流を演算できる電流源もある

BVと同様の操作で，複数の入力電流から演算した出力を作れるBIと呼ばれる電流源（Arbitrary Behavioral Current）もLTspiceにあります．　　　　　　　〈関根 康宏〉

第4部

電源&パワエレ

　第4部では，回路シミュレータLTspiceXVIIで
動作するDC-DCコンバータやモータ制御ライブラ
リの作成（第12章）や，ブラシ付きDCモータのモ
デルの作り方（第13章）を解説します．電源回路の
応用事例として，直流バイアス特性を含むコンデン
サのSPICEモデルを適用した可変出力電源回路を
解析します（第14章）．また，*LLC*共振型電源を
LTspiceで動作確認したり，共振コンデンサやト
ランスのパラメータなどを高速チューニングしたり
する方法（第15章）も紹介します．

第12章

スイッチング電源もモータ制御も…
マイコン制御もまとめてOK！
パワエレまるごと
シミュレーション

　無料・制限なしでリニアテクノロジー社から提供されている回路シミュレータLTspice IV/XVIIで動作する制御ライブラリを作成しました．この制御ライブラリを使うことで，降圧コンバータ，PFC回路，DCモータや永久磁石同期モータ制御などパワー・エレクトロニクス回路の制御部分をブロック線図を描く要領で構成して，LTspice上でシミュレーションできます．制御ライブラリはオープン・ソースで公開しているため，すべて無料で誰でもすぐに使いはじめられます．

　制御ライブラリ公開サイト：https://github.com/kanedahiroshi/LTspiceControlLibrary

　ここではDC-DCコンバータとDCモータの速度制御を例として，制御ライブラリの基本的な使い方と，シミュレーションで作成した制御部分をマイコンで動作するソフトに書き改めて実際にDCモータを回すまでを紹介します．

12-1 ── 制御も回路も無料！制限なしでシミュレーション

● シミュレータを使って行き当たりばったりの物作りを卒業しよう

　電子回路の工作でモータをマイコン制御で動かすとき，実物を作ってカット＆トライを繰り返すことがよくあります．うまく動かない場合，回路が悪いのか制御が悪いのか途方に暮れて途中で投げ出してしまうこともよくあります（**図12-1**）．

　カット＆トライから抜け出すためには，回路と制御の動作をあらかじめよく理解しておくことが肝心です．その手段の1つが，回路シミュレータでこれから作ろうとする回路と制御の検討をしておくことです．

　応用例として紹介するDCモータの速度制御を狙いどおりに設計できれば，ロボットを

①回路図やプログラムを作成　　　　　　②作る　　　　　　　　③実験

（a）カット＆トライで作るとうまく動かなかったときに何が悪いのかわからない

①理想素子で回路と制御　　②実素子のモデルを使って　　　③作る　　　④実験
　内容の作成に専念　　　　　動作確認に専念

（b）シミュレーションを使うと製作の行程を1つずつ進められる

図12-1　シミュレーションを使えば製作の各工程で問題点をつぶせる
フリーの定番シミュレータLTspiceを使う．うまく動かなかったら1つ前の工程に戻ればよい

坂道によらず一定の速度で走らせたり，ベルト・コンベアを運ぶ荷物の重さによらず一定速で動かせます．速度制御を発展させて，モータの回転位置を制御する位置制御へもつなげられます．

● LTspiceで回路と制御のシミュレーションを同時に行う

　LTspiceが無料なので回路シミュレータを使う人は以前より増えたかと思います．

　筆者の場合，仕事で有料の回路シミュレータを使いはじめ，その後，趣味でLTspiceを使用するようになりました．LTspiceを使っていて不満に思ったのは，マイコンの制御部分をブロック線図で記述できないことです．ブロック線図は，入力から出力までの信号の流れを，信号を変換する複数のブロック（素子）とその間の信号の流れを表す矢印で表現した図です．

　各ブロックの入出力関係が数式として表現されているので，信号がどのように変換されるかがわかりやすくなっています．それを解決するために今回紹介するLTspice用制御ライブラリを開発しました．

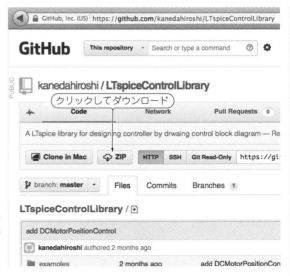

図12-2 制御ライブラリはソフトウェア公開サイト「GitHub」からダウンロードできる
http://github.com/

素子の動作（入出力関係）は，既存の回路素子を組み合わせてサブサーキット（.subckt ～ .ends）を構成することで定義しています．

12-2——制御ライブラリのインストール

(1) 事前に付属DVD-ROMまたはリニアテクノロジーのウェブ・ページから「LTspice XVII」をインストールしておきます．

(2) ウェブ・サイト「GitHub」にアクセスし，上部にある[ZIP]ボタンから制御ライブラリのzipファイルをダウンロードします（**図12-2**参照）．

(3) ダウンロードしたzipファイルを解凍し，解凍したフォルダ内のバッチ・ファイルinstall.batを管理者として実行してください．制御ライブラリがLTspice XVIIのインストール・フォルダにコピーされます．Windows Vista以降ではinstall.batを右クリックして表示される「管理者として実行」を選択する必要があります．

以上でインストールは終了です．

▶解凍した制御ライブラリのフォルダ構成

制御ライブラリのフォルダには，次のものが収録されています．

● README.md：制御ライブラリの説明

- install.bat：制御ライブラリのインストール用バッチ・ファイル
- lib/：制御ライブラリで提供する素子の定義(sub/)とシンボル(sym/)が入ったフォルダ
- examples/：制御ライブラリの使用例が入ったフォルダ

12-3 ── 回路① DC-DC コンバータの定電圧制御

● 制御ライブラリのお試しサンプル回路

　解凍したフォルダ内のexamplesフォルダ内には制御ライブラリを使用した回路サンプルが入っています．ひと通りシミュレーションを実行してエラーがでないことを確認してください．シミュレーションが動作すれば正常にインストールができています．

　回路例は現在9つあり，降圧コンバータ(BuckConverter.asc)のように単純なものから永久磁石同期モータのベクトル制御(PMSMVectorControl.asc)のように座標変換と回転機械系を含む複雑なものまであります．初めは最も単純な降圧コンバータを試してみることをお勧めします．

▶シンプルな降圧コンバータの電圧制御

　図12-3は公開している回路例の1つ，降圧コンバータのシミュレーション回路です．シミュレーション回路は3つの部分で構成されています．この構成はどの回路例でも同じです．

①シミュレーションの設定(Config)

　シミュレーション時間と，シミュレーションで使うスイッチSWとダイオードDのモデルを定義しています．

②制御対象の回路(Circuit)

　制御対象である降圧コンバータ回路です．S_1をON/OFFすることにより入力電圧V(IN)：10Vを出力電圧V(OUT)：5Vへ降圧します．

③制御器(Controller)

　制御ライブラリを使って構成した制御器です．

　図12-4にシミュレーション結果例を示します．電圧指令値V(V*)：5Vと出力電圧V(OUT)の偏差をPI補償器でS_1のオン比率V(m*)(0 ～ 1)に変換し，10kHzの鋸波キャリア信号と比較してS_1のON/OFF信号を生成しています．

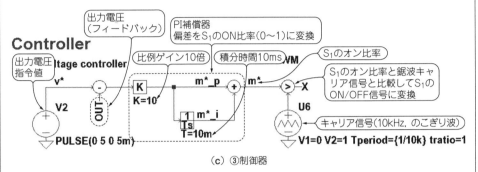

図12-3　最初は最もシンプルなサンプル回路DC-DCコンバータでシミュレーションしてみるとよい
定電圧制御. 回路は降圧コンバータ(BuckConverter). すべての回路例は①〜③の3つの部分で構成されている

12-4── 公開サイトで提供している制御素子

● 6つのグループから総数80個を選べる

　LTspiceでは回路だけでなく, 新しい素子も制限なしで作成できます.

　図12-5に, 現在提供している制御ライブラリを示します. これらの素子を回路図上に配置することで制御ブロック図を描く要領で制御器を設計します. 素子のグループは次の6つです.

　① 加減乗除やsin/cosなどの数学関数(Math)

　② 比例/積分/微分などの伝達関数(TransferFunctions)

　③ 3相-2相変換や座標回転などの座標変換(CoordinateTransformations)

　④ 3相相補PWMなどのパルス変調(PulseModulations)

　⑤ DCモータ/永久磁石同期モータなどのモータ(Motors)

　⑥ 三角波や3相正弦波などの信号源(Sources)

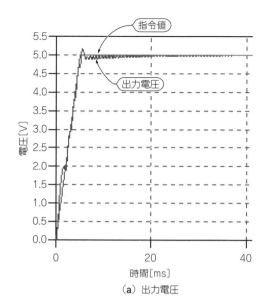

（a）出力電圧

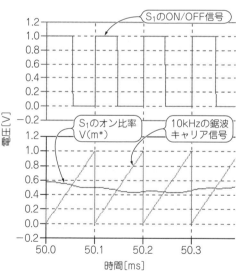

（b）PWM生成のようす

図12-4　図12-3のシミュレーション結果
S_1のオン比率V(m*)と10kHzの鋸波キャリア信号とを比較して
S_1のON/OFF信号を生成し，出力電圧を指令値通り5Vに制御し
ている．制御ライブラリを使って正しくシミュレーションできた

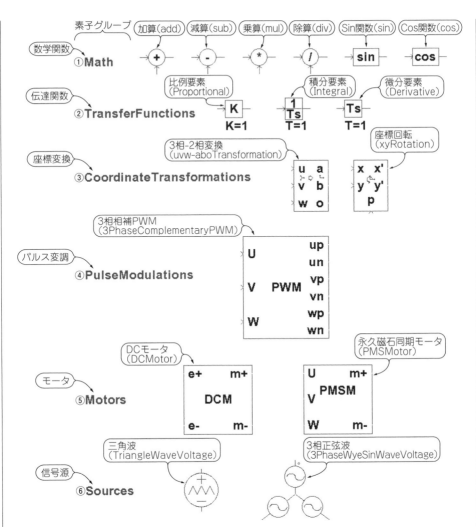

図12-5 制御ライブラリで提供する素子グループは6つある
全部で80個の制御ブロックが用意されている

● **制御素子は電圧入力，電圧出力，基準電位は0(GND)**

上記1〜4のグループの制御素子は電圧入力，電圧出力で動作します．例えば加算(add)は2つの入力電圧を加算した電圧を出力します．入力端子はハイ・インピーダンス，出力インピーダンスは0です．入力・出力電圧の基準電位は0(GND)です．

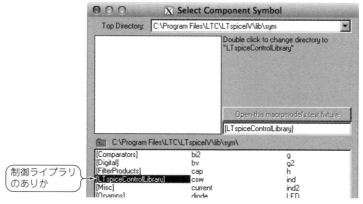

制御ライブラリ
のありか

図12-6　制御ライブラリで提供する素子は「Component(F2)」の
[LTspiceContorolLibrary]の下に入っている

● 素子を回路図へ追加する

　制御ライブラリで提供する素子の回路図への追加は電圧源(voltage)などのLTspiceの
標準部品の追加と同じように，メニューの「Component(F2)」で行います．制御ライブラ
リで提供する素子は，図12-6に示す[LTspiceContorolLibrary]フォルダの下に入ってい
ます．

● 制御ライブラリの中身

　制御ライブラリの核になっているのはLTspiceが標準で提供している素子「Arbitrary
behavioral voltage source (BV)」です．BVは出力電圧を数式(例：V = cos(V(IN)))やラ
プラス演算子(例：Laplace = 1/(1 + s))を用いて記述できる汎用性の高い電圧源です．

　例えば比例要素(Proportional)の動作はTransferFunctions.libというファイルの中で，
次のように定義しています．

```
.subckt Proportional Y U
B1 Y 0 V=K*V(U)
.params K=1
.ends Proportional
```

　比例要素にはYとUという2つの端子があり，内部にB1というBVを1つ持っています．
端子Uの電圧V(U)をK倍した電圧が端子Yに出力されます．パラメータKは素子の外部
から指定できます．パラメータKの値を指定しなかったときのデフォルト値は1です．比

例要素の外観は上記とは別にProportional.asyで定義しています.

12-5 —— 回路② モータの制御

■ シミュレーション

● 回転機械系をシミュレーションするときの考え方

　モータは電気回路系から回転機械系へまたはその逆方向へエネルギを変換します. その
ため, モータ制御回路をシミュレーションするためには電気回路系と回転機械系を両方扱
う必要があります. LTspiceは回路シミュレータですが, それぞれ以下のように置き換え
て考えることで, 回転機械系のシミュレーションが可能です.

- ● 電気回路系
  - ① 電圧[V]
  - ② 電流[A]
  - ③ 抵抗[Ω]
  - ④ インダクタ[H]
  - ⑤ コンデンサ[F]
- ● 回転機械系
  - ① トルク[Nm]
  - ② 角周波数[rad/s]
  - ③ 粘性抵抗[Nms/rad]
  - ④ 慣性モーメント[$kg \cdot m^2$]
  - ⑤ ねじりばね[Nm/rad]

　あくまでも置き換えて考えるだけですので, LTspice上で電気回路系と回転機械系(例
えば電圧とトルク)が区別されるわけではありません. そのため, トルクと角周波数は回
路シミュレータ上では電圧, 電流の単位で表示されます. 粘性抵抗, 慣性モーメント, ね
じりばねの代わりに抵抗, インダクタ, コンデンサを回転機機械系に配置します.

● 回路の作成

　図12-7に, 制御ライブラリを使って作成したDCモータの速度制御シミュレーション回
路を示します. 図12-8に示すシミュレーション結果より, 角回転数に比例する誘起電圧
は指令値通り0.6V(= 420rad/s)に制御されていることがわかります.

　次節でこのシミュレーション回路を実機でそのまま検証するため, 回路も制御器も実機
に即した形式で記述しています. 降圧コンバータのシミュレーション例と同じようにシ
ミュレーション回路は, 次の3つの部分で構成されています.

① シミュレーションの設定(Config)

　シミュレーション時間とシミュレーションで使うトランジスタ(2SC1815, 2SA1015)の
モデルを定義しています.

Config

.tran 0 0.3 0 startup
.model 2SC1815-Y NPN(Is=2.04E-15 Xti=3 Eg=1.11 Vaf=6 Bf=200 Ne=1.5 Ise=0 Vceo=50 Icrating=150m mfg=TOSHIBA Ikf=20m Xtb=1.5
+ Br=3.377 Nc=2 Isc=0 Ikr=0 Rc=1 Cjc=1p Mjc=.3333 Vjc=.75 Fc=.5 Cje=25p Mje=.3333 Vje=.75 Tr=450n Tf=20n Itf=0 Vtf=0 Xtf=0)
.model 2SA1015-Y PNP(Is=295.1E-18 Xti=3 Eg=1.11 Vaf=100 Bf=200 Ne=1.5 Ise=0 Vceo=50 Icrating=150m mfg=TOSHIBA Ikf=0 Xtb=1.5
+ Br=10.45 Nc=2 Isc=0 Ikr=0 Rc=15 Cjc=66.2p Mjc=1.054 Vjc=.75 Fc=.5 Cje=5p Mje=.3333 Vje=.75 Tr=10n Tf=1.661n Itf=0 Vtf=0 Xtf=0)

（a）①解析の設定

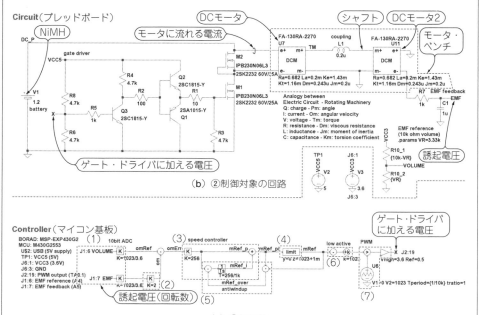

（b）②制御対象の回路

（c）③制御器

図12-7　回路，制御に加え回転機械系であるモータもフリーでシミュレーションできる（付属 DVD　フォルダ名：12-1）

DCモータの速度制御．速度センサに，DCモータ2を使う．DCモータ2が出力する誘起電圧を見ることで速度が分かる

②制御対象の回路（Circuit）

▶ U_7：DCモータ（FA-130RA-2270）

M_1のON／OFFによりDCモータの電気側の端子（e＋，e－）に加わる電圧を操作します．

▶ M_2：還流ダイオード

M_1がOFFしたときにモータのインダクタンス成分による電流を環流させて，過電圧の発生を抑えるためのダイオードとして使っています．実機を作るときに手持ちにダイ

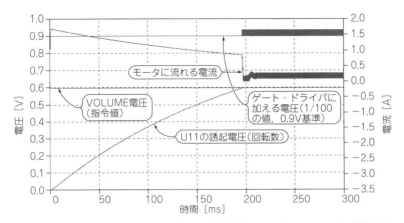

**図12-8　角周波数に比例する誘起電圧が指令値通り0.6V(=420rad/s)に制御され
ている**

オードがなかったため，MOSFETのボディ・ダイオードで代用しました．実機ではM_1と
M_2に2SK2232を使用しましたが，シミュレーション・モデルがなかったため
IPB230N06L3で代用しています．

▶m＋，m－：DCモータの機械側の端子

モータのシャフトに相当します．回路シミュレータで回転機械系のシミュレーションを
する都合上，回転機械系も回路を形成する必要があります．

▶U_{11}：速度センサとしてのDCモータ

U_7と同じDCモータ(FA-130RA-2270)ですが，モータとしてではなく，速度センサと
して使っています．DCモータは電流が0のとき回転数に比例した誘起電圧が電気側の端
子(e＋，e－)に発生するため，簡易的な速度センサになります．

③制御器(Controller)

制御ライブラリを使って構成した制御器です．動作の流れは次のとおりです．

(1) 始めに誘起電圧とボリューム(指令値)の電圧を10ビットのA-D変換器で読み取りま
す．

マイコンの制御電源電圧は3.6Vのため，実際の電圧0 〜 3.6Vが10ビットA-D変換後は
0 〜 1023の整数に変換されます．

(2) A-D変換した誘起電圧値を元に角周波数を計算します．誘起電圧値をモータの誘起電

圧定数14.3mVs/radで割ると角周波数が求められるため，A-D変換した誘起電圧値に次の値を掛けた値が角周波数になります．

$2.46 = 3.6 / 1023 / 1.43m$

2.46は小数点を含むため正確に演算するには浮動小数点演算をするか，値をスケーリングする必要がありますが，今回は簡単のために$2.46 \fallingdotseq 2$と整数に四捨五入して計算しています．

(3) 角周波数指令値V(om*)と角周波数実測値V(om)の偏差をPI補償器でM_1のオン比率V(mRef) = 0(ベタOFF)〜1023(ベタON)に変換しています．

(4) リミッタを用いてM_1のオン比率の計算値を0(ベタOFF)〜1023(ベタON)に制限します．limit要素はパラメータyとzの間に値を制限する要素です．このシミュレーションではオン比率が1023より大きいときベタONとなるため，パラメータz = 1023 + 1mと，1mという小さい値を足していますが，実際の制御プログラムでは整数1023でベタONになるため1mは不要です．

(5) オン比率の超過量を積分器にフィードバックして，積分器のワインド・アップ対策を行っています．積分器のワインド・アップは操作量(今回の場合はオン比率)が制限(オン比率は0〜1にしかならない)された状態で偏差が必要以上に積算されることで発生し，オーバーシュートの原因になります．PI制御を使っている製品では何かしらのワインド・アップ(過剰積算)対策がなされていることが普通です．

(6) 今回作成したM_1を駆動するためのゲート・ドライバ回路はマイコンからの出力がローのときM_1がONする，ロー・アクティブの回路です．そのため，0(ベタOFF)〜1023(ベタON)から0(ベタON)〜1023(ベタOFF)へ値を反転させます．

(7) マイコンのPWM信号出力機能を利用して，10kHzで0〜1023までアップ・カウントする鋸波キャリア信号と比較してM_1のON/OFF信号を生成します．

● DCモータのモデル

▶制御ライブラリで提供されているモデル

図12-9に制御ライブラリで提供しているDCモータの内部モデルを示します．

数式で表現すると次のようになります．

$$V = (R_a + L_a s) I + K_e O_m$$
$$T_m = - (D_m + J_m s) O_m + K_t I$$

ただし，V：電圧[V]，I：電流[A]，R_a：電気抵抗[Ω]，L_a：インダクタンス[H]，

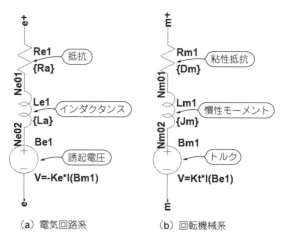

（a）電気回路系   （b）回転機械系

図12-9　制御ライブラリで提供しているDCモータの内部モデル

K_e：誘起電圧定数[V/(rad/s)]，T_m：トルク[Nm]，D_m：粘性抵抗[Nms/rad]，J_m：慣性モーメント[kg・m²]，O_m：機械角周波数，K_t：トルク定数[Nm/A]，s：ラプラス演算子

　電気回路系，回転機械系とも抵抗成分と慣性成分（R_{e1}とL_{e1}，R_{m1}とL_{m1}）からなる1次遅れ系で構成しています．

　「Arbitrary behavioral voltage source（BV）」のB_{e1}とB_{m1}により，電気回路系と回転機械系の相互作用を記述しています．DCモータは角周波数に比例した誘起電圧が，また電流に比例したトルクが発生し，それぞれの比例係数は誘起電圧定数とトルク定数と呼ばれます．

▶静特性の合わせ込み

　DCモータの静特性はT-N（トルク-回転数）特性，T-I（トルク-電流）特性などで表されます．

　図12-10はFA-130RA-2270（マブチモーター）のデータシートを元にR_a：電気抵抗[Ω]，K_e：誘起電圧定数，D_m：粘性抵抗[Nms/rad]，K_t：トルク定数[Nm/A]を合わせこんで，LTspice上でT-N特性，T-I特性を再現したものです．

　動特性を表現するL_a：インダクタンス[H]，J_m：慣性モーメント[kg・m²]についいはデータシートに記載がなかったため，実機の波形からおおよその値を入れています．

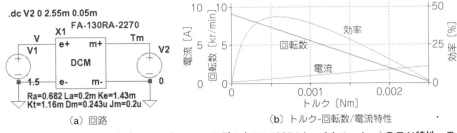

（a）回路　　　　　　　（b）トルク-回転数/電流特性

図12-10　DCモータのシミュレーション・モデルをFA-130RA（マブチモーター）のT-N特性，T-I特性に合わせこんだ
データシートと実機の波形を元にLTspice上でT-N（トルク-回転数）特性，T-I（トルク-電流）特性を再現した．Ra：電気抵抗[Ω]，Ke：誘起電圧定数[V/(rad/s)]，Dm：粘性抵抗[Nms/rad]，Kt：トルク定数[Nm/A]，La：インダクタンス[H]，Jm：慣性モーメント[kg・m2]

■ 実機での検証

● 2,000円以下で実験用モータ基板を作る

シミュレーション結果の検証用にモータ基板を製作しました．**図12-11**に全体のブロック構成を，**写真12-1**に外観を示します．回路図はシミュレーションに使った**図12-7**と同じです．

FA-130RA-2270（マブチモーター）2つを同梱のプーリで結合し，片方をモータとして，もう一方を速度センサとしています．

マイコン基板には安価なMSP430 LaunchPad（MSP-EXP430G2，テキサス・インスツルメンツ）を使いました．

● 開発環境はArduinoと類似したEnergiaを使った

開発環境はMSP430でArduinoライクな記述ができるEnergiaを使用しました．初心者にはテキサス・インスツルメンツが提供する開発環境よりもとっつきやすいと思います．Energiaは今回紹介している制御ライブラリと同じようにGitHub上でオープン・ソースで公開されています．インストール・ファイルは次のサイトからダウンロードできます．

http://energia.nu/download/

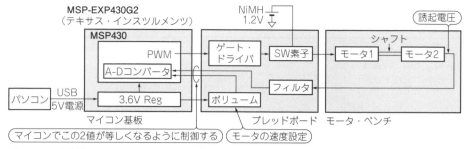

図12-11 実機検証用に製作した回路のブロック構成

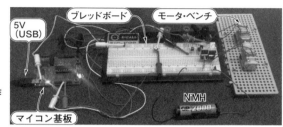

写真12-1 モータ制御検証用に製作
したモータ基板
2,000円以下で作れる

● 制御プログラムの主要な部分はたったの30行

リスト12-1に，制御プログラム「DCMotorSpeedControl_FA130RA2270.ino」の主要な部分を示します．制御プログラムは，付属DVD（フォルダ名：12-1）に収録されています．

初期化処理を除けば図12-7で設計した制御ブロック図をそのまま制御プログラムにすれば良いだけです．EnergiaがA-D変換とPWM出力をするための関数を提供しているため，マイコンのレジスタを直接操作する必要はありません．ただし，タイマ割り込みの設定をする関数が見当たらなかったため，タイマ割り込みの初期化は直接レジスタを操作しています．

● シミュレーション通り制御できた

図12-12にモータ・ベンチの実機波形を示します．

図12-12（a）に，起動時の波形を示します．シミュレーションと同じように角周波数に比例する誘起電圧（CH$_1$）は角周波数指令用のボリューム（CH$_2$）通り0.6V（＝420rad/s）に制御されています．マイコンからのON/OFF信号（CH$_3$）もシミュレーションと同じく指令値付近になるまではベタON（ロー・アクティブ）で，指令値付近になるとON/OFFをして

リスト12-1　マイコン基板に搭載されているMSP430のモータ制御プログラムの抜粋
(DCMotorSpeed Control_FA130RA2270.ino)

```
// 初期化処理
void setup () {
 /* 10kHz PWM (パルス幅変調)の初期化 */
 analogFrequency(10000); // キャリア10kHz
 analogResolution(1023); // パルス分解能1024 0(ベタOFF)～1023(ベタON)

 /* 1kHz タイマ割り込みの初期化 */
 TA1CCTL0 = CCIE; /* CCR0 割り込み許可 */
 TA1CCR0 = F_CPU / 1000; /* 1000Hz */
 TA1CTL = TASSEL_2 | MC_1; /* SMCLK, upmode */
}

// 1kHz タイマ割り込み処理
__attribute__((interrupt(TIMER1_A0_VECTOR)))
void TIMER1_A0_ISR ( void ) {
 emf = analogRead(emfPin); // 誘起電圧のA-D変換値の読み込み
 volume = analogRead(volumePin); // ボリューム(角周波数指令)のA-D変換値の読み込み

 om = emf * 2; // 角周波数のフィードバック 2 ≒ 2.46 = 3.6V / 1023 / 1.43mVs/rad
 omRef = volume; // 角周波数指令値

 omErr = omRef - om; // 偏差
 mRef_p = 256 * omErr; // 比例補償 (比例ゲイン256)
 mRef_isum += mRef_p - mRef_over; // 積分(前回の変調率指令超過分を差し引いてワインドアップ対策)
 mRef_i = mRef_isum / 256; // 積分補償(制御周期1kHzなので，積分時間は256/1k)
 mRef_pi = mRef_p + mRef_i;
 mRef = constrain(mRef_pi, 0, 1023); // オン比率の指令値を0(ベタOFF)～1023(ベタON)に制限
 mRef_over = mRef_pi - mRef; // オン比率の指令超過分

 analogWrite(motorPin, 1023 - mRef);
 // ON/OFFパルス (10kHz) の出力(Lowアクティブなので反転)
}
```

角周波数を一定に制御しています.

　図12-12(b)は角周波数指令用のボリュームを手で回して，指令に追従するかを確認した波形です．波形より角周波数に比例する誘起電圧(CH_1)は角周波数指令用のボリューム(CH_2)に追従して制御できていることが確認できました.

● シミュレーションと違うところもある

　図12-13よりモータ電流(CH_4)にはシミュレーションでは見られなかったスパイク状の変化が見られます．モータの回転数が速くなるとスパイクの発生ノイズが速くなることから，これはDCモータのブラシが切り替わるときに発生する電流の変化だと考えられます．

　誘起電圧についてもモータ電流と同じ周期で波打っており，モータの回転角によってコイルに鎖交する磁束が変化していることを示唆しています.

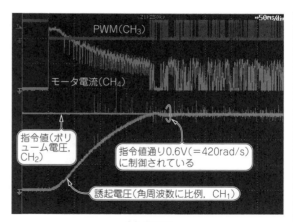

(a) 起動時

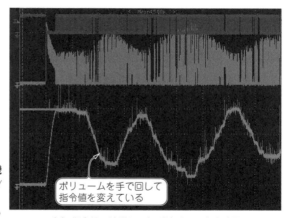

図12-12 製作したモータ基板の実機波形(500ms/div, 上から順に5V/div, 0.5A/div, 0.2V/div, 0.4V/div) シミュレーションとほぼ同じ結果が得られている

(b) 指令値へ追従して加減速することを確認

　シミュレーションと実機の波形が違うときはなぜ違うのかを考えます. そうすることで回路や制御をより深く理解でき, カット＆トライから抜けだして, 思い通りの設計ができるようになります.

◆参考・引用＊文献◆
(1) 神崎 康宏；電子回路シミュレータLTspice入門編—素子数無制限！動作を忠実に再現！, 2009年2月, CQ出版社.
(2) 長谷川 彰；改訂 スイッチング・レギュレータ設計ノウハウ—すべての疑問に応えた電源設計 現場技

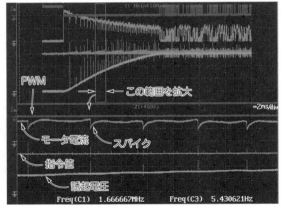

図12-13 モータ電流にシミュレーション結果では見られなかったスパイク状の変化を確認した(拡大波形: 50ms/div,上から順に5V/div,0.5A/div,0.4V/div,0.2V/div)
DCモータのブラシが切り替わるときに電流が変化している

術者実戦シリーズ,1993年1月,CQ出版社.

(3) 斉藤 制海,徐粒;制御工学—フィードバック制御の考え方(計測と制御シリーズ),2003年1月,森北出版.

〈金田 洋志〉

第13章

回転するメカ部品をLTspiceに投入！
ブラシ付きDCモータの
モデリング

　本章では，ブラシ付きDCモータのモデルの作り方を解説します．本モデルをインバータや制御回路と接続すれば，機械系の応答も含めたシミュレーションができるようになります．回路側では制御をかけたときに，過大な電圧や電流が発生しないかどうかをチェックできます．

● ブラシ付きDCモータとは

　世の中で一番出荷量が多いモータは，ブラシ付きDCモータです．

　ブラシ付きDCモータは，端子が2つあり，そこに電池のような直流電源をつなぐと回転を始め，電源接続をひっくり返すと，回転方向が逆転するタイプのモータで，電子工作などでも定番です．

　モータによる駆動回路を作るには，電気回路とメカ部品の両方を考えます．それぞれの解析方法を求めてから，組み合わせて，モータの制御解析を行います．

● モータの応答速度を考慮する

　ロボット駆動回路や実験装置を開発するとき，機械的構造を動かすためモータを利用します．

　ロボットを動かすときには，ロータリ・エンコーダなどの位置センサを使って，腕や足の機械的情報をフィードバック制御します（図13-1）．これらのセンサ類の応答速度は，機械系の応答速度と比較して速いので，発振を抑制した上で，応答速度や精度などを最適化する制御システム設計では，ほとんどのケースで正しく動作します．

　モータの等価回路は，回転速度に比例する起電圧を含む等価回路です．電子回路から見ると大変遅い制御対象となります．このため，制御システム設計ではモータの応答速度を織り込んだ検討が必要です．

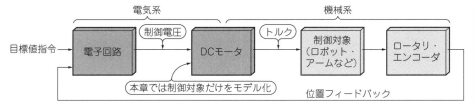

図13-1 モータを含む制御システムを作るときは電気系と機械系の両方を考える
本章ではDCモータをモデル化する方法を紹介する. 電子回路は制御電圧をモータに与える. モータは流れる電流に比例したトルクを発生する. 機械系は負荷トルクをモータに与える. 結果として得られた位置情報を電子回路が検出して, モータ電圧を制御する

● **モータと負荷を含んだモデルがあればLTspiceで適切な係数を求めることができる**

負荷の変動(負荷トルク変動)に対してなるべく回転速度の変化を少なくしたい場合, ロータリ・エンコーダからの回転速度情報を指令値と比較して, 電子回路でモータに加える電圧を制御します. 回転速度が低下したら, 電圧を上げる設計をします.

電子回路では, PIDでモータを制御することが多いです. PIDの3つの係数, Proportional(比例), Integral(積分), Differential(微分)を適切に設定しないと, 希望通りの時間で負荷変動に応答できなかったり, 系が発振してモータや負荷から騒音や振動が発生することがあります. そのため, 実際の負荷を接続してから, できるだけ良好な応答を得るために, PID制御の係数を調整します.

あらかじめ負荷とモータを含んだモデルがあれば, シミュレーションで適切な係数を求めることができます. 調整が必要だったとしても微調整で済みます.

13-1── 準備

● **電気回路の解析**

図13-2は, DCブラシ付きモータに電源を接続したときの等価回路です. モータに電源をつないだとき, 外部からは電機子[*1]電流とモータ出力軸の回転が観測できます.

内部の電機子にはコイルが巻かれています. このコイルは巻き線自体の抵抗値(電機子抵抗)R_Aとインダクタンス(電機子インダクタンス)L_Aの直列回路で等価的に表せます.

電機子が回転すると, 磁束の中を導体であるコイルが回転します. フレミングの右手の

---

*1：トルクを発生させるための電機要素のことで, DCブラシ付きモータではモータの軸と一体になって回転する回転子であることが多い

法則により，この運動から起電力が発生します．この起電力を起電圧と呼びます．これをV_Eとします．起電圧V_Eは電流が磁束を横切る速度に比例するため，回転数ωに比例します．このとき比例係数をK_Eとした場合，V_Eは次式で表せます．

$$V_E = K_E \omega \ [\text{V}] \cdots\cdots\cdots\cdots\cdots\cdots\cdots\cdots\cdots\cdots\cdots\cdots\cdots\cdots (13\text{-}1)$$

K_Eは起電圧定数と呼ばれます．ωは電機子の角速度（単位 [rad/s]）です．電機子抵抗R_Aによる電圧降下V_{RA}と電機子インダクタンスL_Aによる電圧降下V_{LA}はそれぞれ次式で表されます．

$$V_{RA} = I_A R_A \ [\text{V}] \cdots\cdots\cdots\cdots\cdots\cdots\cdots\cdots\cdots\cdots\cdots\cdots\cdots (13\text{-}2)$$

$$V_{LA} = L_A \frac{dI_A}{dt} \ [\text{V}] \cdots\cdots\cdots\cdots\cdots\cdots\cdots\cdots\cdots\cdots\cdots\cdots (13\text{-}3)$$

I_Aは電機子電流です．起電圧の式が求まりましたので，この回路を一巡する閉路Iについてキルヒホッフの第2法則（電圧則）を適用します．閉路のスタートと帰着ネットを**図13-2**で「ネットA」とし，閉路を進む方向を点線の矢印で示しました．

電機子電流I_Aの流れる向きを**図13-2**のように定めました．抵抗とイダクタンスの電圧降下は，電流の上流から下流に向かって発生するため，電圧降下の向きは**図13-2**内の矢印のようになります．起電圧の方向も**図13-2**のようになります．電圧の表記は，矢印の方向に向かって電位が高くなるとします．

従って回路方程式は，次式のとおりです．

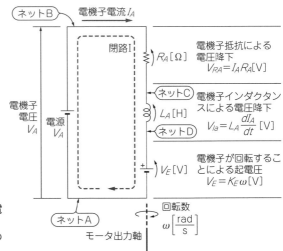

図13-2 ブラシ付きDCモータの電気的等価回路
普通の電気回路では現れないモータの起電圧がある

$$+ V_A - V_{RA} - V_{LA} - V_E = 0 \cdots\cdots\cdots\cdots\cdots\cdots\cdots\cdots\cdots\cdots\cdots\cdots\cdots\cdots (13\text{-}4)$$

ここで，閉路 I を進むにつれて電位が下がるときは負号にし，電位が上がるときは正号にします．ひと回りして「ネット A」に帰り着けば合計をゼロとします．

式 (13-1) ～ (13-3) を式 (13-4) に代入して整理すると，

$$V_A(t) - K_E\,\omega(t) = R_A I_A(t) + L_A \frac{dI_A(t)}{dt} \cdots\cdots\cdots\cdots\cdots\cdots\cdots\cdots\cdots\cdots (13\text{-}5)$$

になります．V_A，ω，I_A には (t) をつけて時間の関数であることを示しました．

シミュレーションで使いやすいように，式 (13-5) の両辺をラプラス変換しておきます．

$$V_A(s) - K_E W(s) = R_A I_A(s) + s L_A I_A(s) \cdots\cdots\cdots\cdots\cdots\cdots\cdots\cdots\cdots\cdots (13\text{-}6)$$

$V_A(s)$，$W(s)$，$I_A(s)$ はそれぞれ $V_A(t)$，$\omega(t)$，$I_A(t)$ のラプラス変換です．

式 (13-6) を $I_A(s)$ について解くと，次式が求まります．

$$I_A(s) = \frac{1}{R_A} \frac{V_A(s) - K_E W(s)}{s\dfrac{L_A}{R_A} + 1} \cdots\cdots\cdots\cdots\cdots\cdots\cdots\cdots\cdots\cdots\cdots\cdots (13\text{-}7)$$

この式から，モータに流れる電流 I_A は，端子電圧 V_A から起電圧 $K_E W$ を差し引いた値を R_A で割り，時定数 L_A/R_A を持つ 1 次遅れ要素に入力すれば求まることがわかります．

● **機械系方程式の算出**

機械系では，モータが発生するトルクがどのようにバランスしているかを考えて式を作ります．回転する物体において，直線運動をしている物体の加速度と力の関係式（$F = m\,a$）に相当するのが，次式です．

$$t\,[\text{Nm}] = J \frac{d\omega}{dt} \cdots\cdots\cdots\cdots\cdots\cdots\cdots\cdots\cdots\cdots\cdots\cdots\cdots\cdots\cdots\cdots\cdots (13\text{-}8)$$

ただし t：トルク [Nm]，J：回転軸周りの慣性モーメント

モータが出力軸に発生するトルクは電流に比例し，係数を K_T とした場合，発生するトルク t_m は，次式で求まります．

$$t_m(t) = K_T I_A(t) \cdots\cdots\cdots\cdots\cdots\cdots\cdots\cdots\cdots\cdots\cdots\cdots\cdots\cdots\cdots\cdots\cdots (13\text{-}9)$$

K_T はトルク定数と呼ばれています．K_T は電気回路での立式の際に出てきた起電圧定数 K_E と同じ値です．

次に，発生するトルクの平衡式を導出します．モータが発生したトルクは図 13-3 に示したように，①モータ自身と負荷の慣性モーメントの加速，②ベアリングの油などによる

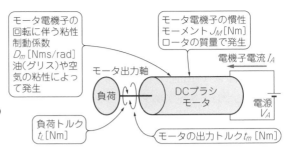

図13-3　ブラシ付きDCモータの
力のつり合い
機械系は立式するとよい

摩擦抵抗分，③負荷トルク，の3つの力と平衡します．

$$t_m(t) = J_M \frac{d\omega(t)}{dt} + D_M\omega(t) + t_L(t) \cdots\cdots\cdots\cdots\cdots\cdots\cdots\cdots\cdots\cdots\cdots (13\text{-}10)$$

J_Mはモータ電機子の慣性モーメント，D_Mはモータの粘性制動係数と呼ばれる係数で，回転数に比例するモータ内部の損失を表すための係数です．t_Lは負荷トルクです．式(13-10)の右辺各項は上記の3つの力に対応しています．

式(13-10)の両辺を回路方程式のときと同じようにラプラス変換して整理すれば，次式が求まります．

$$W(s) = \frac{1}{D_M} \frac{T_M(s) - T_L(s)}{\dfrac{J_M}{D_M}s + 1} \cdots\cdots\cdots\cdots\cdots\cdots\cdots\cdots\cdots\cdots\cdots\cdots\cdots (13\text{-}11)$$

13-2—— 実験

● 回路構成

式(13-7)と式(13-11)を用いて作成した回路を図13-4に示します．このブロック・ダイヤグラムはLTspiceを使って作成しました．

付属DVDフォルダ名：S13に収録されているdc_motor.ascをダブル・クリックするとLTspiceでDCモータ回路が開きます．[Run]ボタンを押すと，シミュレーションが開始します．

● 結果

図13-5に図13-4のシミュレーション結果を示します．

0.4 ～ 0.7秒付近まで，負荷トルクを1.4 Nmかけています．**図13-5(a)**はモータの角速度 $V(W)$ [rad/s]のシミュレーション結果です．Y軸は電圧となっていますので，適切な単位に読み替えてください．モータの電気的/機械的定数は参考文献(3)を参考にしました．トルクの単位は[Nm]，角速度の単位は[rad/s]です．V_{TL}は，負荷です．

図13-5では，電圧制御をしていないとき，すなわち，モータに加える電圧が一定のときに，負荷変動が起こった場合をシミュレーションしています．

図13-5の結果から，ブラシ付きDCモータのモデルは，負荷トルクが1.4 Nm増加しても，加える電圧が一定であれば，大きく回転速度が変化しないことがわかります．

負荷トルクが変動すると，0.4秒あたりから回転数が下がり始め，起電圧が減少します．このとき，前述した式(13-7)から，端子に流入する電流が増加します［式(13-9)］．それによって，発生トルクがある程度増加します．このことから，回転数[W]は若干の低下にとどまっています．負荷トルクが減少したときは逆のことが起こります．この回転速度の変化を制御によって抑圧しようとするのが回転数制御です．前述したPID制御などが使われれます．

モータ内部では少々複雑な応答をしているため，あらかじめシミュレーションしておき，各部の動作をあらかじめ把握しておくことは有用です．

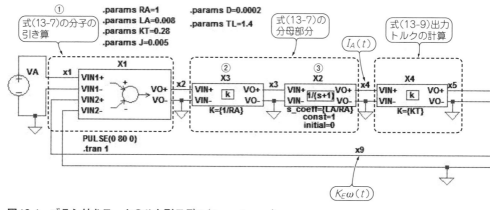

図13-4 ブラシ付きモータのひな形モデル(dc_motor.asc)
モータと負荷の等価回路は回路方程式と機械方程式を使ってビヘイビア電圧源でモデル化している．ブロックX$_4$と，ブロックX$_8$が電気回路と機械系をつないでいる

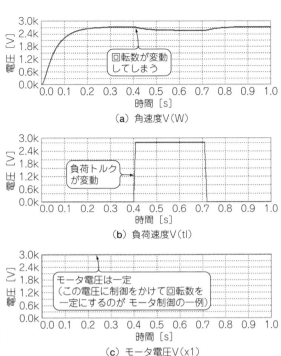

(a) 角速度V(W)

(b) 負荷速度V(tl)

(c) モータ電圧V(x1)

図13-5　電源電圧が一定で負荷トルク[N]が変動したときの回転数の変化を確認した

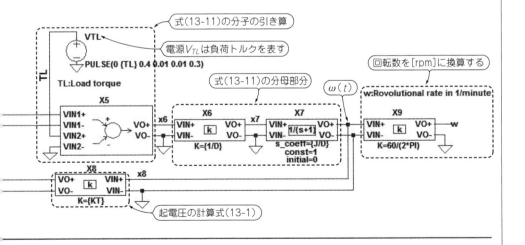

● 応用

　実際のモータ制御システムでは，ロータリ・エンコーダからのフィードバック信号によって，速度が落ちたときに電圧を増加して，速度を一定に保ちます．そのようなシステムのシミュレーションのモータ部分に**図13-4**の回路が使えます．

　電子回路による制御系の回路が準備できたら，今回作成したブロックをコピーして接続します．使用するモータのデータを各ブロックの代入文に記述します．目標値指令に対するモータの回転速度の応答や，負荷変動に対する応答があらかじめ把握できます．

　PID係数の調整を進めて，発振をしないでどこまで応答性を高められるのか，応答の正確さ（一定時間後の目標指令値に対する誤差）などがシミュレーションで求められます．現実の応用では，そこで得られたPID係数を実機にプログラムし，実装したあとに微調整をします．

＊　　　　＊　　　　＊

　インバータ回路をLTspice上で設計しているのであれば，このモータのモデルを直接接続してシステムのふるまいを，機械系まで含めてシミュレーションできます．インバータを含んだふるまいをじっくり検討してから，マイクロ・コントローラのコード開発に進むと，失敗を防ぐことができます．コードを自動生成できる製品もあります．LTspiceによるモータ制御系の製作にチャレンジしてください．

　本章を試せるLTspice回路ファイル一式は付属DVD-ROMのS13-1フォルダに入っています．

◆参考文献◆

(1) 富士経済；小型モータ 世界市場調査種類別のモータ市場，アプリケーションからみたモータ需要動向結果，https://www.fuji-keizai.co.jp/market/16001.html（2014）
(2) トルク情報システム研究室；SAC2 control blocks, http://www.slideshare.net/yamaken/sac2-control-systemelementsonltspice
(3) 高橋 久；C言語によるモータ制御入門講座，電波新聞社，2007.
(4) 昭和電業社；モータ制御開発支援システム Simtrol-m 技術資料，http://www.k-sd.co.jp/pdf/simtrol-im.pdf

〈山本　健司〉

第14章

セラミック・コンデンサの直流バイアス特性を含んだSPICEモデルで解析精度UP
リニア電源回路

　電子回路シミュレータ内に含まれるコンデンサのSPICEモデルとしては，次の2通りがほとんどです．

(1) 寄生成分のない理想のモデル

(2) *ESR*（等価直列抵抗）と*ESL*（等価直列インダクタンス）などを含んだ周波数特性を再現できるモデル

　高誘電率積層セラミック・コンデンサには，周波数特性以外にも，直流電圧が大きくなると，静電容量が小さくなる直流バイアス特性と呼ばれる特性もあります．通常，この特性を反映したSPICEモデルは，メーカのWebサイトでも公開されていません．直流出力電圧が変化する箇所にセラミック・コンデンサを使用するときは，容量変化分を考慮しながら，シミュレーションする必要があるため，手間です．

　次に示すTDKのWebサイトでは，直流バイアス特性を含んだ積層セラミック・コンデンサのSPICEモデルを無料でダウンロードできます．

　http://product.tdk.com/ja/technicalsupport/tvcl/general/mlcc.html

　このモデルを使うと，直流電圧に応じた静電容量になるため，使用条件によって変化した容量値に変更することなく，そのままシミュレーションできます．

　本章では，直流出力電圧が変化する可変出力電源に，TDKの「C5750シリーズ」のSPICEモデルを適用し，LTspiceで解析しました．

● 今や長寿命電源作りに欠かせない高誘電率積層セラミック・コンデンサの長短所

　電解コンデンサは小型，大容量，安価，と三拍子揃ったコンデンサですが，残念なことに電解液を使っています．この液は経年で蒸発するので，寿命があります．このため高信頼性が要求される機器では電解コンデンサの使用が禁止されることがあります．

　このとき使用されるのが電解液を含まない，寿命が半永久的で大容量の高誘電率の積層

セラミック・コンデンサです．最近小型大容量化が進んでおり，**図14-1**[(1)]と**表14-1**[(1)]に示すように表面実装の非常に小さな形状でも，100 μF/10V の容量があります．

　高誘電率積層セラミック・コンデンサを使用するときに注意しなくてはならないのが，**図14-2**[(1)]に示す直流バイアス特性です．定格電圧では半分以下の容量になってしまいます．温度補償型の積層セラミック・コンデンサは，大容量のものはありませんが，直流バイアス特性は非常に優れています．

■ 14-1──積層セラミック・コンデンサのシミュレーション

■ 準備…モデルの組み込み方法

● 直流バイアス特性を含んだSPICEモデルを入手する

　前述したTDKのWebサイトで直流バイアス特性を含んだSPICEモデルをダウンロードします．HSPICE，LTspice，PSpiceの3つのモデルがそろっています．

　「等価回路モデル，DCバイアスモデルの使用法とご注意」に各SPICEでの組み込み方法と使い方も丁寧に解説されています．

表14-1[(1)]　C5750X5R1A
107M280KC の寸法

項　目	寸　法
長さ(*L*)	5.70 ± 0.40mm
幅(*W*)	5.00 ± 0.40mm
厚み(*T*)	2.80 ± 0.30mm
端子幅(*B*)	0.20 mm(最小)
端子間隔(*G*)	−

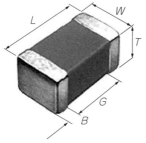

図14-1[(1)]　大容量高誘電率積層セラミック・コンデンサ
C5750X5R1A107M280KC
（TDK）

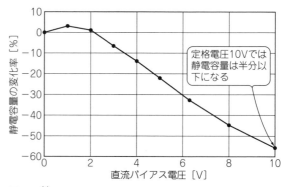

定格電圧10Vでは静電容量は半分以下になる

図14-2[(1)]　C5750X5R1A107M280KC の直流バイアス特性

LTspice用のzipファイルをダウンロードし，解凍後，モデル・ライブラリ（シンボル'.asy'とSPICEモデル'.mod'）を，LTspiceの回路ファイルと同じディレクトリにコピーすると，この回路だけで使用できます．

シンボルを[LTspice XVII]-[lib]-[sym]に，SPICEモデルを[LTspice XVII]-[lib]-[sub]にコピーすれば，すべての回路ファイルで使用できるようになります．

■ モデル単体の周波数特性を確認する

● 評価回路の構成

図14-3はコンデンサの周波数特性を確かめるためのシミュレーション回路です．線形電圧制御電流源G_1とG_2で電圧を定電流に変換し，コンデンサに流入させ，発生した電圧をインピーダンスのグラフとして読みます．直流バイアス特性の影響がでないように，大容量のコイルL_1，L_2を挿入し，バイアス電圧を0V，5V，10Vに変化させてシミュレーションします．

● インピーダンスと静電容量の確認

結果のグラフを見ると，当然ながら理想コンデンサでは直流バイアス特性の影響は全くなく，－20dB/decの1本の直線になっています．

TDKのモデルは直流バイアス特性を含んでいるので，3本のグラフになります．[View]

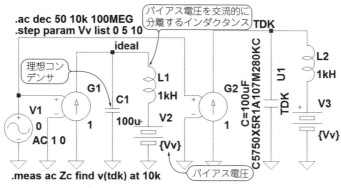

図14-3 コンデンサ・モデル単体のシミュレーション回路(付属DVD フォルダ名：14-1)
ダウンロードしたコンデンサ・モデルと理想のモデルの動作をあらかじめ確認する

-[SPICE Error Log]を選ぶと，10kHzのときのゲインと位相の生データ(**図14-4**)が表示されます．G_2で1Aを流しているので，1V(0dB)が1Ωになります．

コンデンサの容量は式(14-1)から求まります．

$$C = \frac{1}{2\pi fR} \quad\text{……………………………………………………}\quad (14\text{-}1)$$

ただし，C：静電容量[F]，f：周波数[Hz]，R：抵抗[Ω]

式(14-1)と**図14-5**をもとにインピーダンスと容量値を計算すると，**表14-2**のようになります．

表14-2 100μFのチップ積層セラミック・コンデンサ(C5750シリーズ)のSPICEモデルの直流デバイス電圧と静電容量
電圧が10Vになると容量は半分以下になる

電圧 [V]	ゲイン [dB]	インピーダンス [Ω]	静電容量 [F]
0	− 15.8	162.3m	98.1 μ
5	− 13.7	206.5m	77.1 μ
10	− 8.4	380.3m	41.9 μ

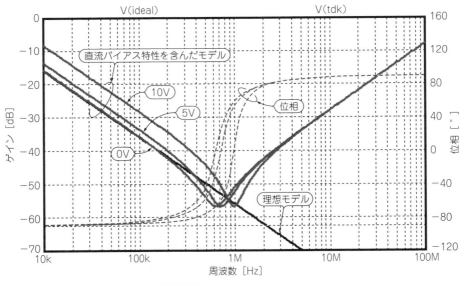

図14-4 コンデンサ・モデルの周波数特性
直流バイアス特性を含んだモデルは，バイアス電圧によってレベルが変化する．理想モデルではバイアス電圧を変化させても1本の直線となる

```
Measurement: zc
  step              v(tdk)                at
    1            (-15.796dB,-88.7992°)            10000
    2            (-13.7033dB,-88.896°)            10000
    3            (-8.39729dB,-89.03°)             10000
```

図14-5　周波数10kHz時のゲインと位相の生データ
[View]-[SPICE Error Log]を選ぶと，測定された生データを表示できる

14-2── 負帰還回路を安定化するための方法

■ 誤差増幅器を除いた回路で動作を確認する

● ゲインと位相を調べるための回路構成

図14-6は低雑音可変出力電圧レギュレータの誤差増幅器を除いた部分のシミュレーション回路です．

C_1, R_1, R_2, Q_2は出力が短絡されたときの保護回路です．R_1の両端電圧が0.6V程度になると出力電流が制限されるので，最大出力電流は100mA程度です．

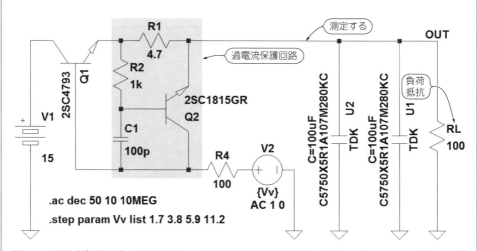

図14-6　誤差増幅器を除いた回路のゲインと位相の周波数特性を調べる(付属DVD　フォルダ名：14-2)
出力が短絡されたときの過電流保護回路を追加する．R_1の両端電圧が0.6V程度になると出力電流が制限される

V_2の直流成分は出力電圧が1V，3V，5V，10Vになるときの値を設定しています．V_2から出力(OUTノード)までのゲインと位相特性が求まります．

● クロスオーバー周波数を決める

図14-7は，図14-6のシミュレーション結果です．出力電圧によって，U_1，U_2の容量が変化するため異なったグラフが得られます．

この特性から負帰還のクロスオーバー周波数を決定します．1MHzより少し低い周波数では出力コンデンサの直列共振でデップし，位相が急変しています．この周波数を避け，比較的高い周波数ということでゲイン＝－46dB(1/200)をよぎる周波数を選びました．

出力電圧1Vでは20kHz，出力電圧10Vでは60kHzがクロスオーバー周波数です．

■ 誤差増幅器の設計

● クロスオーバー周波数で平坦なゲイン特性にする

図14-8は，誤差増幅器を設計するためのゲインの漸近線です．誤差増幅器を除いた部分の特性が－20dB/decの傾きになります．位相が90°遅れているので，誤差増幅器は図14-8に示すようにクロスオーバー周波数で平たんなゲイン特性にします．

平たん部のゲインを＋46dBにすると，出力1V，10Vでのクロスオーバー周波数をそれ

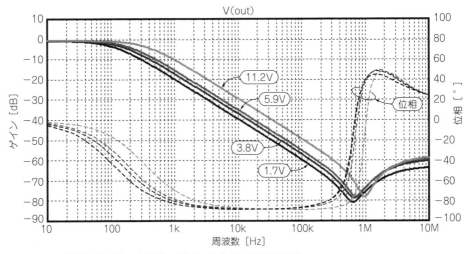

図14-7 誤差増幅器を除いた回路のゲインと位相の周波数特性
入力信号源の直流電圧を変化させて特性を確認する

それ20kHz, 60kHzにできます.

まずはR_4で発生する熱雑音を小さくするために1kΩにします. 1kΩの熱雑音は4nV/$\sqrt{\text{Hz}}$なので低雑音と言えます. 超低雑音を狙うなら抵抗が発熱しないよう, ワット数を大きくして100Ωにすると出力雑音が約1/3になります.

今回はR_4 = 1kΩなので, **図14-8**に示した式からR_6 = 200kΩ, C_2 = 100pFを求めることができます.

● ゲイン帯域幅計算とOPアンプ

図14-8に示した式からOPアンプに必要なGBW(ゲイン帯域幅積)を求めると, 約72MHzです.

LT1028(アナログ・デバイセズ)は低雑音でGBW = 75MHz@標準値(50MHz@最小値)なので, この用途にピッタリです. 今回は, このOPアンプを使います.

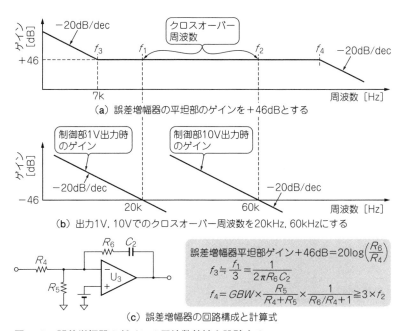

(a) 誤差増幅器の平坦部のゲインを+46dBとする

(b) 出力1V, 10Vでのクロスオーバー周波数を20kHz, 60kHzにする

$$\text{誤差増幅器平坦部ゲイン}+46\text{dB}=20\log\left(\frac{R_6}{R_4}\right)$$
$$f_3 \fallingdotseq \frac{f_1}{3}=\frac{1}{2\pi R_6 C_2}$$
$$f_4 = GBW \times \frac{R_5}{R_4+R_5} \times \frac{1}{R_6/R_4+1} \geqq 3 \times f_2$$

(c) 誤差増幅器の回路構成と計算式

図14-8 誤差増幅器のゲインの周波数特性を設計する
1～10Vの出力電圧範囲で位相余裕を確保するため$f_3 \fallingdotseq f_1/3$, $f_4 \geqq 3f_2$になるR_6, C_2を求める

■ 誤差増幅器を組み込んだループ特性のシミュレーション

● 評価回路の構成

図14-9は負帰還の安定性を確かめるためのループ特性のシミュレーション回路です.

$V_4(=5V)$の基準電圧をR_8, R_9で構成している可変抵抗により分圧し, 出力電圧が0V 〜10Vまで可変できます. OPアンプの出力にV_3を挿入すると, R_3からU_3の出力までの 一巡のループ特性(ゲインと位相)を確認できます.

● クロスオーバ周波数と位相余裕の確認

図14-10のシュミレーションを実行後, V_3の両端のS点とE点の比"V(e) /V(s) "をグラ フにすると, 図14-11が得られます. ゲインが0dBのところがクロスオーバ周波数です.

出力電圧1Vでは約21kHz, 10Vでは約60kHzがクロスオーバ周波数になります. 出力 1V, 10V共に位相余裕は60°を超え, 安定な値を示しています.

■ 出力インピーダンスのシミュレーション

● 回路構成

図14-11は出力インピーダンスを求めるためのシミュレーション回路です. 出力電流振

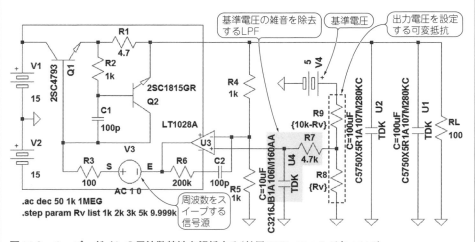

図14-9　ループ・ゲインの周波数特性を解析する(付属DVD フォルダ名：14-3)
負帰還の位相余裕を確認する

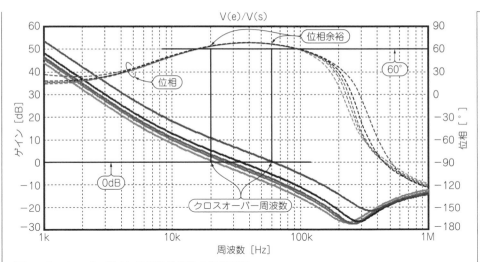

図14-10 ループ・ゲインの周波数特性の解析結果
クロスオーバ周波数における位相余裕は60°以上あり安定している

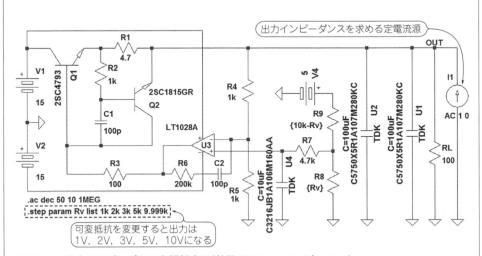

図14-11 出力インピーダンスを解析する(付属DVD フォルダ名:14-4)
出力に定電流源1Aを付けることで,インピーダンスの値をグラフで直接読み取れるようになる

幅に1を設定しています．AC解析は小信号解析なので回路は飽和しない，線形解析としてシミュレーションされます．出力電圧1Vのとき1Ωなので，グラフの数値をそのまま［Ω］と読み換えることができます．負帰還が不安定なときはクロスオーバ周波数付近にピークが生じます．

● **負帰還回路によって出力インピーダンスが十分に低くなっているか確認する**
　図14-12の結果は，なだらかな曲線で負帰還が安定なことを示しています．200Hz以下では1mΩ以下の値になっています．
　実際に製作すると，コネクタや基板の残留抵抗により10mΩ程度以下にはならず平たんな特性になってしまいます．
　出力コンデンサ耐圧が10Vで出力電圧を10Vに設定すると余裕がありません．実際に製作するときには，余裕を持った値の素子を選んでください．

＊　　　　＊　　　　＊

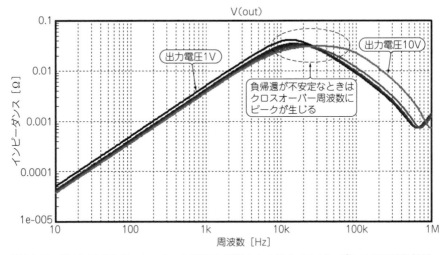

図14-12　図14-11をシミュレーション実行して得られた出力インピーダンスの周波数特性
この結果から電源の安定度（発振のしにくさ）がわかる．クロスオーバー周波数付近ではなだらかな曲線になり負帰還は安定している

低雑音可変出力電圧レギュレータに，TDKの高誘電率積層セラミック・コンデンサ・モデルを適用してLTspiceで解析しました．

　セラミック・コンデンサの直流バイアス特性のように回路図に現れない特性には注意が必要です．TDKのようにメーカから詳細なSPICEモデルが提供されると，シミレーションによる検証が簡単に行えて便利です．

　しかし，負帰還の理論や動作などの回路理論を正しく認識していないと，せっかくのモデルも役に立ちません．エンジニアのスキルアップも大切です．

　本章で解説したようなLTspiceを使用した電源負帰還回路を安定度の検証方法を習得すると，ほかのスイッチング電源回路など，負帰還によるオーバーオールの発振を回避するときにも使えます．

◈参考・引用*文献◈

(1)* C5750X5R1A107M280KC のデータシート，http://product.tdk.com/capacitor/mlcc/en/documents/C5750X5R1A107M280KC.pdf
(2) 遠坂 俊昭；電子回路シミュレータ SIMetrix/SIMPLIS による高性能電源回路の設計，CQ出版社，2013年6月．

〈遠坂 俊昭〉

第15章

パルス電流を正弦波に変える共振用コンデンサとトランスをLTspiceで高速チューン
ロスレス&雑音レス！ スイッチング電源「*LLC*」のシミュレーション設計術

● 薄型液晶モニタやEVに利用されている

　*LLC*共振型電源は，高効率/低ノイズ/薄型・軽量の特徴を活かして広く採用されているスイッチング電源方式の1つです(**写真15-1**). 50 W ～ 3 kWの薄型液晶テレビ，LED照明，電気自動車，無線機などに利用されています. 液晶テレビの電源は，ほぼ100 %この回路方式であるといっても過言ではないでしょう.

　本章では，*LLC*共振型電源をLTspiceで動作確認したり，共振コンデンサやトランスのパラメータなどを高速チューニングしたりする方法を紹介します.

● 小型化できる理由

　*LLC*は，スイッチング素子がON/OFFしたときのサージ電圧が小さいこと，スイッチング電流が正弦波なことから，共振型電源の中でも特にノイズが小さいです. これにより

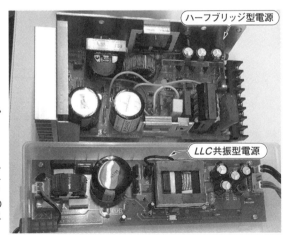

写真15-1　*LLC*共振型電源は，ほかのスイッチング電源回路方式に比べ，コンパクトに作れる
基板設計や部品の選定などにもよるが，本コンバータはハーフブリッジと比較して25 ～ 35 %小型化できる. 本コンバータは小型であるだけでなく高効率/低ノイズでもある. 高精細な液晶テレビやLED照明などに広く利用され，数百Wクラスの電源では主流になりつつある

次の効果があります.

▶①出力250 Wの電源でも小さなヒートシンクで十分

　スイッチング素子がON/OFFしたときのサージ電圧がほとんどないので，耐圧の低い
スイッチング素子を使用できます．必要な耐圧が低いので，オン抵抗が小さいMOSFET
を採用でき，導通損失が少ない上にゼロボルト・スイッチング動作をして，2次整流ダイ
オードも逆耐圧が低いものが使用できるので，導通損が少なくなり，効率が高いです．高
効率なので，PWM制御方式の電源と比較して小さな放熱器で済みます.

▶②ノイズ対策部品のフィルタやサージ・アブソーバを削減できる

　トランスの1次と2次側のコイル間がスペース構造なので，浮遊容量がpF以下と小さい
です．これにより漏れ電流が少なくなり，ノイズが低減されます.

　周波数150 k ～ 30 MHzでは伝導ノイズがPWM制御方式のスイッチング電源に比べて
約30 dB低いです(EN55022クラスB規格).

15-1── 高効率 / 低ノイズを実現できる理由

● 基本回路の構成

　図15-1にLLC共振型電源の基本回路を示します．ハーフブリッジ構成のスイッチ部,
漏れインダクタンスL_Rと共振用コンデンサC_Rで構成される直列共振回路,スイッチング・
トランスの1次インダクタンスL_P, 2次側の両波整流回路で構成されています.

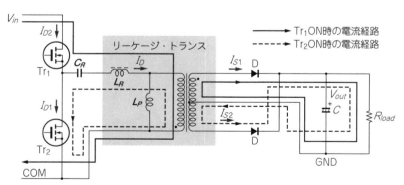

**図15-1　LLC共振型電源の基本回路…トランスに含まれる2つのインダクタ成分$(L_P,\ L_R)$と1つ
の共振用コンデンサC_Rで構成されるので，LLCコンバータと呼ばれる**
ハーフブリッジ構成のスイッチ部，トランスの漏れインダクタンスL_Rと共振用コンデンサC_Rによる直列共
振回路，スイッチング・トランスの1次インダクタンスL_P, 2次側の両波整流回路で構成される

一般的に漏れトランスを用いることが多いので、L_RとL_Pはスイッチング・トランスに含まれます。回路要素として2個のLと1個のCで構成されるので、LLCコンバータと呼ばれています。

● シンプルなLCR直列共振回路に置き換えてふるまいを理解する

直列共振周波数f_Rは次式で求まります。

$$f_R = \frac{1}{2\pi\sqrt{L_R C_R}}$$

LCR直列共振回路を共振周波数で動作させると、直列共振回路のLとCのインピーダンスはお互いに打ち消しあって0Ωになります。

駆動電圧は、直接トランスの1次側に加えられます。このとき、共振電流は正弦波になり、駆動用のスイッチイング・デバイスは、ゼロ電流スイッチングが達成できるので、スイッチング損失が小さくなります。電流波形の変化が緩やかな正弦波状になるので、ノイズの発生も少ないです。

図15-2に示すLCR直列共振回路のゲイン周波数特性を図15-3に示します。図15-3に示

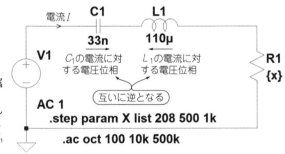

図15-2 LCR直列共振回路（付属DVD フォルダ名：15-1）
共振すると互いに逆位相で絶対値が等しくなるのでインピーダンスが0Ωになる。電圧降下はないのでV_1の電圧が直接R_1に加えられゲイン1倍となる

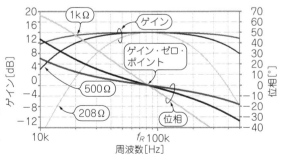

図15-3 図15-2のゲイン周波数特性
（シミュレーション）
共振周波数f_Rでゲインが0dB、それ以外の周波数のゲインはマイナスになる

すように共振周波数f_Rでゲインが0 dB，それよりも高い周波数でも低い周波数でもマイナスのゲインになります．

● *LLC*直列共振回路で周波数を変化させてゲインを制御する

　出力電圧を制御するには，ゼロ電流スイッチングが成立する共振周波数f_Rの前後で昇降圧できることが必要です．そこで考案されたのが負荷R_Lに並列にインダクタンスL_Pを追加した回路です．これはC_RとL_R+L_Pの直列共振特性によりL_Pに加わる電圧が昇圧される現象を利用するしくみです．

　L_Pも含めた共振周波数f_0は次式で求まります．

$$f_0 = \frac{1}{2\pi\sqrt{C_R(L_R+L_P)}}$$

図15-4はL_Pを追加した共振回路です．**図15-5**の**図15-4**のゲイン周波数特性を示します．

　このゲイン周波数特性を見ればわかるように，f_0とf_Rの2つの直列共振が合成され，f_Rを境に周波数が低いときはゲインがプラスになり昇圧，高いときはマイナスになり降圧動

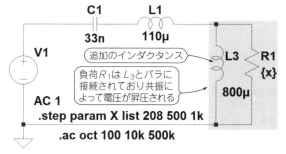

図15-4　負荷に対して並列インダクタンスを追加した*LLC*直列共振回路（付属DVD フォルダ名：15-2）
C_1と2つのL（L_3とL_1）の直列共振特性により，L_1に加わる電圧が昇圧される

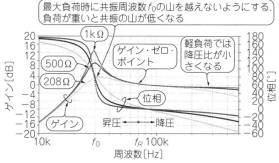

図15-5　周波数を変化させることによりゲインを制御できる
図15-4のゲイン周波数特性．f_Rより周波数が低いときはゲインがプラスになるので昇圧，高いときはゲインがマイナスになるので降圧動作となる

作をします．つまり，駆動周波数を変化させることで入力変動や負荷変動に対して出力電圧を安定化できます．動作周波数は一般的にf_0からf_Rの間になるようにします．

　f_0のピーク周波数は負荷抵抗で変化するので，最も重い負荷時のf_0より動作周波数が低くならないように制限を設けます．

15-2 — モデルの作り方

● LTspiceに標準装備されたモデルと理想素子だけでも作れる
▶1次側の回路

　図15-6にLTspiceで作成したLLC共振電源のシミュレーション回路を示します．入出力条件は入力電圧400 V_{DC}，出力24 V/8 Aの設定です．

　メインのスイッチ部は電圧制御スイッチVoltage Controlled Switch SWを2個使用し，お互いに逆極性に接続しています．SWはSPICE directiveの.modelコマンドでオン抵抗R_{on}，オフ抵抗R_{off}，ONスレッショルド電圧V_t，ONスレッショルドのヒステリシス電圧V_h，直列インダクタンスL_{esr}，直列電圧V_{ser}，電流制限値I_{limit}を設定します．

　今回の設定値は次のとおりです．

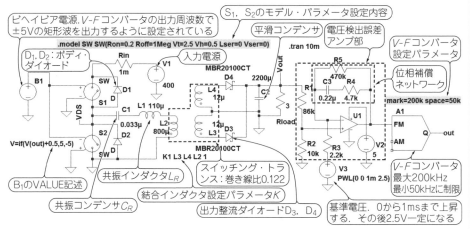

図15-6　*LLC*共振型電源のひな形モデル（付属DVD　フォルダ名：15-3）
LTspiceに標準装備されたモデルと理想素子だけで構成されているので，シミュレーション・スピードが速い．各部品のパラメータを変更したときの動作チェックや定数のチューニングに利用できる

.model SW SW(Ron = 0.2 Roff = 1Meg Vt = 2.5 Vh = 0.5 Lser = 0 Vser = 0)

スイッチング素子SWはビヘイビア電圧源bv(Arbitrary Behavioral Voltage Source)B_1でドライブしています.B_1は「Component Attribute Editor」のValue欄に式「V = if(out)+ 0.5, 5, －5」を入力することで,V－F Modulator A1の出力*out*の周波数に同期した－5～＋5Vの矩形波を発生させています.*out* + 0.5の電圧が0Vより大きいと＋5V,小さいと－5Vを出力します.B_1の出力電圧が＋5VのときS_1がON,S_2がOFFに,－5Vのとき,S_2がON,S_1がOFFになります.

SW S_1,S_2にはそれぞれダイオードを並列に入れています.これはMOSFETの寄生ダイオードを模擬しています.SWには逆電流が流れる時間があり,このダイオードがないと正常に動作しません.

▶2次側の回路

2次側の電圧誤差アンプは,Model libraryにあるUniversal Opamp2を使っています.C_3,R_4で負帰還をかけて位相補償を行っているので安定に動作しないときはこの定数を調整してみてください.

基準電源はソフト・スタートを実現するために電圧源Voltage(V_4)のPWLファンクションで0Vから2.5Vまで1msで直線的に上昇して,1ms後は2.5Vで一定になる設定をしています.

2次側整流ダイオードはLTspiceの標準のライブラリの中から20A/100Vのショット

C o l u m n (15-I)

共振型電源のスイッチング損失が少ない理由

*LLC*は共振型電源の方式の1つです.*LC*共振の原理を応用したソフト・スイッチング,またはゼロ・ボルト・スイッチングと言われる方式を利用しています.スイッチング素子に電圧が加わっているとき電流は0A,電流が流れているとき電圧は0Vです.

損失(電力)は電圧と電流の積なので,どちらかがゼロであれば理論的には損失はゼロになります.

フォワード・コンバータやフライバック・コンバータでは,スイッチング素子のON/OFF切り替え時に電圧と電流が同時に存在する時間があり,損失が生じます.*LLC*電流共振型コンバータは,電圧と電流の変化がLC共振により,滑らかになるのでノイズの発生も少ないです.

キー・バリア・ダイオードMBR20100CT（オン・セミコンダクター）を選定しました．

　出力電圧は分圧抵抗R_1，R_2で24 Vになるように設定しています．誤差アンプの出力はModulator A_1のFM入力に接続しています．A_1の「Componoent Attribute Editor」のValueの欄に周波数範囲パラメータを設定します．FM入力電圧が0 V時の周波数はmark，1 V時の周波数はspaceで設定します．今回はmark = 200 k，space = 50 kの設定にしています．これで周波数制御範囲が50 k〜200 kHzに制限されます．

　低い方の周波数は必ず最大負荷時の共振周波数$f0$より大きく設定します．高い方は200 k〜500 kHzなら問題ないです．しかし，変動範囲が大きいということはゲインが高くなるので動作不安定の原因になる可能性もあります．今回は200 kHz程度が適切です．

● **トランス・モデルの作り方**

　共振部とトランス，2次整流平滑回路は**図15-1**に示した基本回路と同じに構成にします．

　LTspiceではトランスの結合係数Kを利用したインダクタで表現をします．1次巻き線用のインダクタを1個，2次巻き線はセンタ・タップ整流回路なので，同じ定数のインダクタを2個準備します．

　1次巻き線用インダクタのインダクタンスにL_Pの値を設定します．2次インダクタを設定するには先に巻き線比を算出します．

　共振周波数f_Rで動作するとき，ゲインが0 dBで，ハーフブリッジで駆動しているので，最大入力電圧を400 Vとするとトランス1次側巻き線には，その半分の電圧200 Vが加わります．そのときに2次側出力電圧が24 V + V_F（ダイオードの順方向電圧）になるように巻き線比を設定します．

　V_Fを0.5 Vとすると巻き線比Nは次式で求まります．

　　$N = (24\ \text{V} + V_F)/200\ \text{V} = 24.5\ \text{V}/200\ \text{V} = 0.12225$

　2次巻き線のインダクタンスL_3，L_4は，11.95 μH（$= L_2 \times 0.12225^2 = 800\ \mu \times 0.12225^2$）です．ここでは切りの良い12 μHとします．

　SPICE directiveで「K1 L2 L3 L4 1」と打ち込み，結合度Kを設定します．今回のトランスは結合度1とし，理想トランスとしています．通常最大入力電圧時に共振周波数fRで動作するように巻き線比を設定します．通常は共振周波数f_Rより低い周波数で動作します．

● **シミュレーション結果は計算とほぼ一致する**

　図15-7にシミュレーション結果を示します．V_{DS}とL_1の電流，出力電圧を表示してい

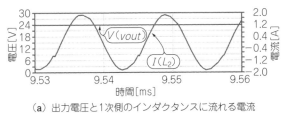

（a）出力電圧と1次側のインダクタンスに流れる電流

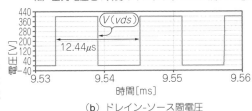

図15-7 図15-6のシミュレーション
結果 … スイッチング周波数は
80.4 kHz（周期12.44μs）なので，計算
上のf_Rとほぼ一致する

（b）ドレイン-ソース間電圧

ます．スイッチング周期が12.44 μsとなっているので，スイッチング周波数は80.4 kHzです．計算上のf_Rは83.5 kHzなのでほぼ一致しています．

＊　　　＊　　　＊

*LLC*電流共振コンバータ用制御ICのSPICEモデルがなくてもLTspiceに標準準備されているSPICEモデルがあれば，シミュレーションを実行できます．

スイッチング素子やスイッチング・トランスなどの理想素子でシミュレーションを実行しているので，実機の実験結果とは細かい部分で異なりますが，回路動作を確認したり，動作を理解するのには十分な回路モデルです．理想素子で回路を作っているので，シミュレーション・スピードが速く，部品の各パラメータを変えて何回も繰り返しシミュレーションができることも利点です．

*LLC*共振型電源は，全世界対応電源のような広い入力電圧範囲に対応ができないことが欠点です．各国の高調波規制が厳しくなり，入力電力が70 Wを超える電源は力率改善回路の追加が必須となりました．入力電圧の変動があっても力率改善回路によって，安定化された出力が本コンバータの前段に置かれるので，その欠点はカバーされます．低ノイズ/高効率の特徴が活きたことで，液晶用電源に採用され一気に普及しました．

現在ではデスクトップ・パソコン用電源や産業用中電力電源などにも多く使われるようになっています．

〈並木 精司〉

第5部

モデル作成

第5部では，電子回路設計でよく使う半導体部品
「トランジスタ」と「ダイオード」のシミュレーショ
ン・モデルの作成方法について紹介します．

第16章

最新/製造中止品から国産/アジア製まで, データシートにフィッティング!

基本動作から温度テストまで!
トランジスタSPICEモデルの作り方

　本章では電子回路設計でよく使う半導体部品「トランジスタ」と「ダイオード」のシミュレーション・モデルの作成方法について紹介します.

　LTspiceには, 日本製のバイポーラ・トランジスタは数えるほどしかライブラリに登録されていません. 半導体メーカからSPICEモデルが入手できないこともあります.

　今回はデータシートの特性データからSPICEモデルを推定し算出する方法を解説します. カーブ・データから比較的正確にパラメータを推定できるのは主に直流特性です. ここでは過渡応答などの交流特性についても可能な限り解説します.

　作成するSPICEモデルはDC～数MHzまでの電源, オーディオ/計測アンプなどのアナログ回路の基本動作だけでなく, 温度特性に効くパラメータも調整できるため, 高信頼な回路設計にも利用できます.

16-1── まずダイオード・モデルから

■ キーとなる特性データ

　ダイオードのモデルを考える際に, 最も気にする項目はV_F-I_F特性や温度特性です. そこに焦点を当ててSPICEモデルの作り方を説明します.

● 半導体と温度

　1個の電子が1Vの電圧で加速されたときのエネルギは$q = 1\text{eV}$です. これは1.6×10^{-19}Jというエネルギをもちます.

　KTは絶対温度とボルツマン定数の積で, 温度Tのときの熱エネルギ [J] を指します. これらのエネルギどうしの比を取ると次式で表せます.

$$V_T = \frac{KT}{q} \quad \cdots\cdots\cdots\cdots\cdots\cdots\cdots\cdots\cdots\cdots\cdots\cdots\cdots\cdots\cdots\cdots\cdots\cdots\cdots\cdots\cdots\cdots\cdots \text{(16-1)}$$

式(1)から$T = 300K$（室温27℃）のときの電圧は26mVです．これは電子1個を26mVで加速したエネルギと，300Kの熱エネルギが同じと言い換えることもできます．

半導体の動作にはこの，$V_T = KT/q$が常に関わってくるため，温度に対してリニアな特性の変化があります．半導体のSPICEモデルではこの温度に対するモデル化が大変重要です．

● V_F-I_F特性

ダイオードのデータとしては，**図16-1**に示すV_F-I_F特性がよく知られています．**図16-2**にその測定回路を示します．シリコン・スイッチング・ダイオードの場合，$V_F > 0.7V$でI_Fが流れ始めます．

この特性は次式で表すことができます．

$$I_F = I_S\left(e^{\frac{V_F}{NV_T}} - 1\right) \quad \cdots\cdots\cdots\cdots\cdots\cdots\cdots\cdots\cdots\cdots\cdots\cdots\cdots\cdots\cdots\cdots\cdots \text{(16-2)}$$

I_Sは大きな温度特性を持っている

V_Fはダイオードの両端に加わる電圧，V_Tは前述した式(16-1)で温度によって変化する

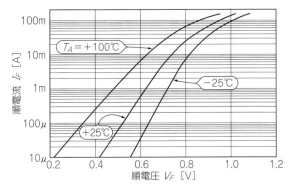

図16-2 **本章の例題ダイオード1SS352**（東芝セミコンダクター）のV_F-I_F特性
$V_F = 0.5 \sim 0.7V$でダイオードがONする．通常の使用温度範囲でV_Fが0.2V以上も変動することを考慮して回路設計する．本データを利用してダイオードのSPICEモデルを作成するためのパラメータを抽出する

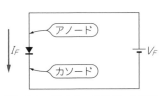

図16-1 **ダイオードのV_F-I_F特性を測定するための回路**
V_Fはインピーダンス0Ωの定電圧源を想定している

値です.

SPICEパラメータの伝達飽和電流I_Sとエミッション係数Nでダイオード固有のV_F-I_F特性が決まります.

Nは通常デフォルトの1が設定されることも多く,特性カーブを少し補正する働きのため,V_F-I_F特性をほぼ決定するパラメータはI_Sとなります.

式(16-2)はSPICEモデルを取得した環境温度(通常は25℃ = 298K)では,正確なV_F-I_F特性を示します.

温度を変えるとこのモデルは全く使い物になりません.仮に$V_T = KT/q$のTだけを変更すると実測したデータとは逆の温度特性を示してしまいます.

その理由はI_Sに大きな温度依存性があるためです.

● **温度特性**

I_Sの温度依存性を次式に表します.

これを式(16-2)のI_Sに代入する | X_{TI}が温度特性を決定する.通常は$X_{TI} = 3$ | E_Gはシリコンの場合1.11eV

$$I_S(T) = I_S(T_0)\left(\frac{T}{T_0}\right)^{\frac{X_{TI}}{N}} e^{\frac{-qE_G}{NKT}\left(1 - \frac{T}{T_0}\right)} \dotfill (16\text{-}3)$$

温度T_0(25℃)のときのI_S

式(16-3)はSPICEモデルを取得したときの環境温度T_0[K]と求めたい環境温度T[K]の比から変動した$I_S(T)$の値を得ることができます.

ここで得られた$I_S(T)$を式(16-2)のI_Sに代入すれば,正確なV_F-I_Fの温度特性を得ることができます.

式(16-3)のNは約1の補正係数です.E_Gはシリコンの場合1.11eVと決まっています.従って温度特性を決定するパラメータはほぼX_{TI}だけです.

このように**ダイオードのSPICEモデルで重要なのはI_SとX_{TI},場合によってN**ということになります.

■ 実際に作ってみる

● **例題**

ここでは例題として一般的な表面実装タイプの高速スイッチング・ダイオード1SS352(東芝セミコンダクター)を使って確認してみます.

図16-3に式(16-1)〜(16-3)を使ってExcelで計算させたシートを示します．図16-4にその計算結果を示します．図16-2に示すV_F-I_F特性と図16-4を比較すると一致しています．

図16-3に示すExcelシートではメーカが提供するSPICEモデルを設定しています．自分でパラメータを得る場合はデータシートのV_F-I_F特性と一致するようにExcelのパラメータを調整します．

データシートではI_F = 100mA付近で特性が大きく曲がっていますが，これはExcelシートの計算式にダイオードの直列抵抗R_Sが含まれないためです．100mAでのExcelシートの計算結果とデータシートの差分からオームの法則でR_Sを推測できます．

B	C	D	E	F	G
		-25℃	25℃	100℃	
	K	1.38E-23	1.38E-23	1.38E-23	← ボルツマン定数[JK^-1]
	T	248	298	373	← 環境温度[K]
VT	To	298	298	298	← パラメータ取得時の環境温度[K]
式(1)	q	1.60E-19	1.60E-19	1.60E-19	← 電子ボルト[J]
	VT	0.0214	0.0257	0.0321	← =F2*F3/F5
	XTI	3.4702	3.4702	3.4702	← SPICEパラメータ
	1-T/To	0.167785	0.000000	-0.251678	← =1-F3/F4
	-qEg/NKT	-29.56302	-24.60278	-19.65584	← =-1.11*F5/(F11*F2*F3)
Is(T)	e^F8*F9	0.007011	1.000000	140.743667	← =EXP(F8*F9)
式(2)	N	1.7569	1.7569	1.7569	← SPICEパラメータ
	Is(To)	8.63E-10	8.63E-10	8.63E-10	← SPICEパラメータ
	Is(T)	4.21E-12	8.63E-10	1.89E-07	← =F12*((F3/F4)^(F7/F11))*F10
	VF	-25℃	25℃	100℃	
	0	0.00E+00	0.00E+00	0.00E+00	← =F$13*(EXP($C16/(F$11*F$6))-1)
	0.01	1.28E-12	2.14E-10	3.67E-08	式(2)

図16-3　Excelシートで主要なSPICEパラメータを計算する
本シートを利用するとV_F-I_F特性の計算値を実測と比較したり，温度特性に効くパラメータを調整したりできる

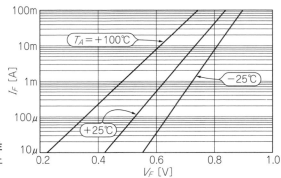

図16-4　図16-3で計算したV_F-I_F特性
直列抵抗R_Sを計算に含めれば0.01A以上のカーブも再現できる

● 応答特性

ダイオードのSPICEモデルには接合容量や通過時間などの交流特性や応答性能にかかわるパラメータがあります.

自分で測定できるのは端子間容量です. SPICEモデルには端子間容量を直接記述するパラメータはなく, 次式に示すように接合容量と拡散容量の合計が端子間容量です.

$$C = C_J + C_D = C_{J0}\left(1 - \frac{V}{V_J}\right)^{-M} + T_T \frac{dI_D}{dV} [\mathrm{F}] \quad\cdots\cdots\cdots\cdots\cdots\cdots\cdots\cdots\cdots\cdots\cdots\cdots (16\text{-}4)$$

端子間容量 拡散容量 $V < V_J$以外は外挿近似している 接合容量 接合容量 拡散容量

これらの応答特性パラメータを個別に測定するのは大変なので基本は半導体メーカからSPICEモデルを取得するとよいです.

100MHzを超えるような高周波信号の伝達特性解析を行う場合はSPICEではなくSパラメータを使った方が精度が取れます. 本モデルはネットワーク・アナライザを使ってパラメータ抽出できますが, LTspiceでは扱えないためここでは割愛します.

● メーカが提供するSPICEモデルを入手する

次に示す東芝セミコンダクターのWebサイトでPSpice用のモデルをダウンロードできます.

https://toshiba.semicon-storage.com/jp/design-support/simulation/agree-pspice-download.html

本モデルはLTspiceでも使えます.

表16-1にLTspiceで使うダイオードのSPICEパラメータを示します. 1SS352のSPICEモデルには, 前述した重要パラメータであるI_S, N, X_{TI}があります.

● LTspice用のライブラリとして登録する

ダイオードのライブラリは次のフォルダに存在します.

Program File(x86)/LTC/LTspice XVII/lib/cmp/standard.dio

standard.dioを開くと「.model 部品名 D」とダイオードが定義されています. ここに新たに1SS352を追加します. 一番先頭に置いておくと部品選択時にリストのトップに出るため便利です(**リスト16-1**).

● LTspiceで確認する

図16-5に示すV_F-I_F特性用の測定回路を作成後，先ほど追加した1SS352を指定します．これを温度条件 − 25℃，+ 25℃，+ 100℃でDC解析を実行したV_F-I_F特性の結果を図16-6に示します．Excel計算シート，LTspice共に温度変化まで含めたV_F-I_F特性は図16-2に示したデータシートとよく一致することがわかります．

表16-1　ダイオードのSPICEモデルのパラメータ一覧

パラメータ	1SS352	デフォルト	分類	説明・設定方法
A_F	1	1	AC特性	フリッカ雑音指数. 1/fノイズ　$I^2 = K_F I^{A_F}/f$
B_V	80	0	DC特性	ブレークダウン電圧. 電気的特性の逆電流の項目
C_{JO}	1.04×10^{-13}	0	AC特性	ゼロバイアス時の接合容量
E_G	1.11	1.11	DC特性	バンドギャップ電圧. Siは1.11 eV，Geは0.67 eV
F_C	0.5	0.5	AC特性	順バイアス容量係数. 式(4)の外挿範囲を決める係数
I_{BV}	5×10^{-7}	1.0×10^{-3}	DC特性	ブレークダウン時の電流
I_S	8.63×10^{-10}	1.0×10^{-16}		伝達飽和電流. V_F/I_F特性から求める　$I_C = I_S e^{(qV_{BE}/NKT)}$
K_F	0	0	AC特性	フリッカ雑音係数. 1/fノイズ　$I^2 = K_F I^{A_F}/f$
M	0.86221	0.5		PN接合勾配係数. 通常は1/3〜1/2の範囲を取る
N	1.7569	1	DC特性	エミッション係数. V_F/I_F特性から求める　$I_C = I_S e^{(qV_{BE}/NKT)}$
R_S	1.308	0		直列抵抗. V_F/I_F特性から算出できる
T_T	1.52×10^{-8}	0	AC特性	順方向通過時間. キャリアの生成/再結合による見かけの容量
V_J	1.5643	1		接合電位. PN接合によって生じる電位差
X_{TI}	3.4702	3	温度特性	I_Sべき乗温度係数. I_Sの温度特性を設定する

リスト16-1　1SS352のSPICEモデルを既存のライブラリ・ファイルに追加することでLTspiceで使えるようになる
一番先頭にモデルを追加すると部品を選択するときにリストのトップに表示される．SPICEパラメータは抜粋

```
* ←(コメント)              (追加したダイオードのSPICEモデル)
.model 1SS352 D(Is=0.863n Rs=1.308 … mfg=toshiba type=silicon)
.model 1N914 D(Is=2.52n Rs=.568 … mfg=OnSemi type=silicon)
```

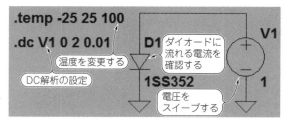

図16-5　V_F-I_F特性を測定する回路
（LTspiceで作成）
温度パラメータも評価するため.tempで温度を指定している

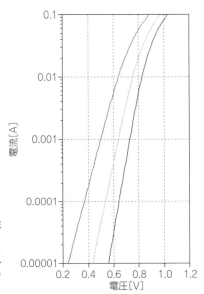

図16-6　図16-5のV_F-I_F特性
（LTspice シミュレーション）
図16-2のカーブ・データとよ
く一致しており，温度特性も含
めてパラメータを正しく設定で
きている

16-2── バイポーラ・トランジスタ・モデルの作成

■ キーとなる特性データ

● 静特性

　トランジスタのDC特性としての重要なパラメータはh_{FE}（以下βとする）以外には，**図16-7**に示すV_{CE}-I_C特性や**図16-8**に示すV_{BE}-I_B特性があります．

　V_{BE}-I_B特性は次式に示すとおり，ダイオードと同じ動作になります．

$$I_C = I_S\left(e^{\frac{V_{BE}}{N_F V_T}} - 1\right) \cdots\cdots\cdots\cdots\cdots\cdots\cdots\cdots\cdots\cdots\cdots\cdots\cdots\cdots\cdots (16\text{-}5)$$

　　　　　I_Sは大きな温度特性を持っている

$$I_B = \frac{I_S}{B_F}\left(e^{\frac{V_{BE}}{N_F V_T}} - 1\right) \cdots\cdots\cdots\cdots\cdots\cdots\cdots\cdots\cdots\cdots\cdots\cdots\cdots (16\text{-}6)$$

　ダイオードとの違いは電流I_Bをβ倍するとI_Cになる点で，電流を増幅する機能が追加されます．

　SPICEパラメータのI_S（伝達飽和電流）とN_F（エミッション係数）でトランジスタ固有の

V_{BE}-I_B特性が決まります.

N_Fは通常デフォルトの1が設定されることも多く,特性カーブを若干補正する働きのため,V_{BE}-I_B特性をほぼ決定するパラメータはI_Sとなります.この性質はダイオードと同じです.

● 温度特性

I_Sの温度依存性を次式に表します.

これを式(16-6)のI_Sに代入する

X_{TI}が温度特性を決定する. 通常は$X_{TI}=3$

E_Gはシリコンの場合1.11eV

$$I_S'(T) = I_S(T_0)\left(\frac{T}{T_0}\right)^{\frac{X_{TI}}{N_F}} e^{\frac{-qE_G}{N_F KT}\left(1-\frac{T}{T_0}\right)} \quad\cdots\cdots\cdots (16\text{-}7)$$

温度T_0(25℃)のときのI_S

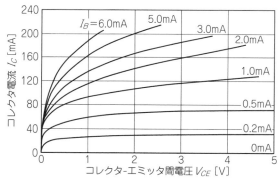

図16-7 本章の例題バイポーラ・トランジスタ 2SC2712(東芝セミコンダクター)のV_{CE}-I_C特性
本データを利用してトランジスタのSPICEモデルを作成するためのパラメータを抽出する

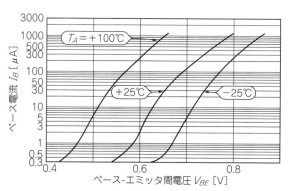

図16-8 2SC2712のV_{BE}-I_B特性

ここで得られた$I_S(T)$を式(16-5)，式(16-6)のI_Sに代入すれば正確なV_{BE}-I_Bの温度特性を得ることができます．

式(16-7)のN_Fは約1の補正係数で，E_Gはシリコンの場合1.11eVと決まっています．温度特性を決定するパラメータはほぼX_{TI}だけです．

ダイオードと同じくトランジスタのSPICEパラメータで重要なのはI_SとX_{TI}，場合によってN_Fということになります．

● V_{CE}-I_C特性

理想的なトランジスタは，V_{CE}が変化してもI_Bが一定ならI_Cは一定の値になります．理想モデルの場合，負荷の状態に影響を受けずに入力I_Bを正確にβ倍した出力I_Cが得られます．本動作は負荷によらず一定の電流を供給できる定電流源になります．

実際は図16-7に示すようにI_Cが大きくなるほど，V_{CE}の影響を強く受けます．

V_{CE}によるI_Cの変動を式で表すと，次のようになります．

$$I_C = I_B B_F \left(1 + \frac{V_{CE}}{V_{AF}} \right) \cdots\cdots\cdots\cdots\cdots\cdots\cdots\cdots\cdots\cdots\cdots\cdots\cdots\cdots\cdots\cdots\cdots\cdots \text{(16-8)}$$

V_{AF}がこの特性を決定するパラメータです．これをアーリー電圧と呼びます．

アーリー電圧V_{AF}はPNPで小さく，NPNで大きい傾向があります．つまり，NPNの方がV_{CE}によるI_C変動は少ない傾向にあります．

■ 実際に作ってみる

● 例題

ここでは例題として秋葉原店舗や電子部品通販サイトで入手できる表面実装タイプの2SC2712（東芝セミコンダクター）を使って確認してみます．このトランジスタはかつて自作派に幅広く愛用された2SC1815の表面実装版です．

Excelで計算させたシートを図16-9に示します．図16-10にその計算結果を示します．図16-10はデータシートの図16-8に示すV_{BE}-I_B特性とほぼ一致しています．

アーリー電圧については，図16-11に示すように式(16-8)を利用してExcelで計算できます．図16-12にその計算結果を示します．図16-12と図16-7に示すデータシートのV_{CE}-I_C特性と比較すると，$V_{CE} > 2$Vの範囲ではほぼ一致しています．

Excelシートでは半導体メーカが提供するSPICEパラメータを設定しています．自分でパラメータを得る場合はデータシートと一致するようにExcelのパラメータを調整します．

● 逆方向特性

　順方向h_{FE}のB_Fに対して，逆方向h_{FE}のB_Rというパラメータがあります．NPNトランジスタの場合，電流がベースからエミッタに流れる通常の状態のh_{FE}がB_Fです．ベースか

Column（16-I）

パソコンで高信頼実験！モデルの出来で解析結果に差がつく温度特性シミュレーション

　最近の基板は小型化／高速化／高密度化の傾向で温度が上がりやすい傾向にあります．電源ON時点の室温から最大で半導体素子の内部のジャンクション温度（T_J）が100℃に迫ることも珍しくありません．この時，トランジスタのV_{BE}やダイオードのV_Fは0.1V以上も変動します．温度特性を考慮したモデル作成すると，信頼性の高い回路設計にも活用できます．

● クランプ回路

　ある被測定物の出力電圧±1Vの範囲で正確に測定する必要があります．しかし測定回路の入力アンプは特殊なので耐圧が±2Vの範囲しか受けられません．

　こういった場合には図16-A(a)に示すダイオード・クランプ回路を使います．ダイオードのV_Fは温度によって大きく変動します．

　クランプ回路はダイオードのV_F特性をアテにしているため，温度によってマージンがなくなっては困ります．そこで温度パラメータがきちんと設定されたSPICEモデルが重要になります．

　解析結果を図16-A(b)に示します．$-25 \sim +100$℃の範囲で保護すべき±2Vは

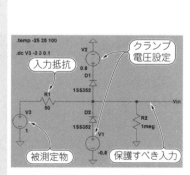

（a）ダイオード・クランプ回路

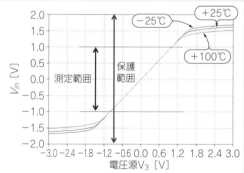

（b）（a）の解析結果

図16-A　ダイオードの温度特性シミュレーション例…$T_A = -25 \sim +100$℃で±2Vを十分に確保し，測定範囲の±1Vでは直線性を満たしている

らコレクタに逆流する状態での h_{FE} が B_R です.

バイポーラ・トランジスタは極性を逆にしても性能の悪いトランジスタとして一応動作します. この状態を定義する理由は飽和動作など逆電位が加えられる状況をシミュレー

十分に確保でき, 測定範囲の±1Vでは直線性が確保できています.

この解析はばらつきを検証していませんが, 温度に限ってはマージンを持った安全な回路です.

● リプル・フィルタ

バイポーラ・トランジスタ1個だけで現在使える回路として図16-B(a)に示すリプル・フィルタがあります.

この回路は電源にのっているリプルなどのノイズを大きく取り除く回路で, 低ジッタ, 高 C/N が要求される PLL シンセサイザの VCO 電源に使われます.

この回路は V_{BE} の温度変動の影響をまともに受けるため温度特性がよくないです. 許容される出力電圧範囲になるよう温度パラメータがきちんと設定された SPICE モデルで解析します.

図16-B(b)は LTspice で解析した入力電圧対出力電圧の結果です. 入力5Vの点に注目すると－25 ～ ＋100℃で0.4Vの変動が確認できます.

接続される VCO がこの電圧変動3.9 ～ 4.3V でマージンも含めて問題なければ使えると判断できます.

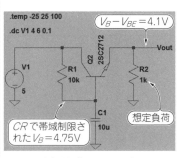
（a）リプル・フィルタ

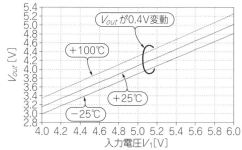
（b）（a）の解析結果

図16-B　バイポーラ・トランジスタの温度特性シミュレーション例…T_A＝－25 ～ ＋100℃で0.4V変化するため, 接続される回路（VCO）がマージンも含めてこの電圧変動を許容できれば使えると判断できる

B	C	D	E	F	G
		-25℃	25℃	100℃	
	K	1.38E-23	1.38E-23	1.38E-23	← ボルツマン定数[JK^-1]
	T	248	298	373	← 環境温度[K]
VT	To	298	298	298	← パラメータ取得時の環境温度[K]
式(1)	q	1.60E-19	1.60E-19	1.60E-19	← 電子ボルト[J]
	VT	0.0214	0.0257	0.0321	← F2*F3/F5
	XTI	1.5	1.5	1.5	← SPICEパラメータ
	1-T/To	0.167785	0.000000	-0.251678	← 1-F3/F4
	-qEg/NKT	-51.93927	-43.22463	-34.53335	← -1.11*F5/(F11*F2*F3)
Is(T)	e^F8*F9	0.000	1.000	5950.791	← EXP(F8*F9)
式(7)	NF	1	1	1	← SPICEパラメータ
	Is(To)	4.00E-14	4.00E-14	4.00E-14	← SPICEパラメータ
	Is(T)	4.99E-18	4.00E-14	3.33E-10	← F12*((F3/F4)^(F7/F11))*F10
	BF	160	160	160	← SPICEパラメータ
	VBE	-25℃	25℃	100℃	
	0.05	2.92E-19	1.50E-15	7.79E-12	← (F$13/F$14)*(EXP($C17/(F$11*F$6))-1)
	0.1	3.32E-18	1.20E-14	4.47E-11	式(6)

図16-9　V_{BE}-I_B特性を計算するためのExcelシート
表計算を利用するとV_{BE}-I_B特性を実測と比較したり，温度特性に効くパラメータを調整したりできる.
SPICEパラメータの動作の理解にも利用できる

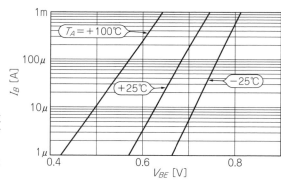

図16-10　図16-9のExcelシートで算出された値を利用してV_{BE}-I_B特性をグラフ化する
特性データは図16-8とカーブ・データと一致する

図16-11　V_{CE}-I_C特性を計算するためのExcelシート
この特性はアーリー電圧V_{AF}でほぼ決定される

C	D	E	F	G	H	I	J	K
	0.2mA	0.5mA	1mA					
VAF	30	30	30	← SPICEパラメータ				
βF	140	125	108	← SPICEパラメータ IKFで電流によるβの低下を設定				
IB	0.0002	0.0005	0.001	← ベース電流[A]				
VCE	0.2mA	0.5mA	1mA					
0	0.02800	0.06250	0.10800	← F$90*F$89*(1+$C93/F$88)				
0.5	0.02847	0.06354	0.10980					

ションするためです．他にも V_{AF} に対する V_{AR}，N_F に対する N_R などいくつかありますが，リニア領域でしか使わないときは逆方向のパラメータはデフォルトのままで構いません．

● **応答特性**

応答特性に影響するパラメータとしては C_{JC} と C_{JE} が代表的です．応答特性を重視する場合はデフォルトの0のままで使用しないようにします．

図16-13にSPICEモデルの等価回路を示します．ベース抵抗 R_B と C_{JC}，C_{JE} によって RC フィルタとして動作するため周波数特性を持ちます．エミッタ共通ではミラー効果によって C_{JC} は見かけ上，h_{FE} 倍されるため影響が大きくなります．

データシートに記載される容量に関するパラメータはコレクタ出力容量（C_{OB}）です．これは $V_{CB}=10\text{V}$ で記載されることが多いため，そのままで C_{JC} や C_{JE} を求めることはできま

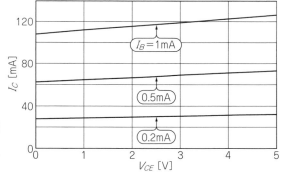

図16-12　図16-7で算出された値を利用して I_C-V_{CE} 特性をグラフ化する
$V_{CE}>0.2\text{V}$ では図16-7のカーブ・データと一致する

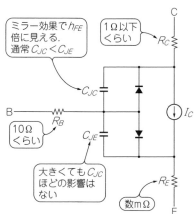

図16-13　バイポーラ・トランジスタの等価回路
R_B と C_{JC} は周波数特性を制限する重要なパラメータであるため慎重に設定する

Column（16-Ⅱ）

半導体デバイスの評価項目のばらつきを予測するには経験を磨こう

● 標準値しか公表されていない評価項目がある

LTspiceにはモンテカルロ解析機能があります．部品の定数部分に {mc(1k, 0.01)} と入力すると1kΩを±1％の範囲で値をランダムに振って解析してくれます．しかし半導体デバイスは，パラメータの種類が多く，その中にはばらつき範囲が明記されない項目があります．

データシートに最小値と最大値が書かれている評価項目は問題ないのですが，標準値しか表記されていない項目が必ずあります．

これは代表値から大きく異なっていても保証しないということです．それでも標準値の項目が設計で重要なパラメータである場合は，ばらつき範囲を予想してシミュレーションします．

● 最小値と最大値の決め方

部品メーカは最小値，最大値を超えないことを保証しています．そのため図図16-Cに示すようなばらつきの正規分布を調べて，確率的に起こり得ない範囲を決めます．それを最小，最大とする，または全数検査で最小，最大内の製品だけ選別するかのいずれかだと思われます．標準値しかない項目は，より大きくばらつくものだと考える方が自然です．

歩留りが予測できる「正規分布データ」を部品メーカに要求しても出してもらえることはほぼありません．そのためセット・メーカによっては自分たちで測定して分布状況を確認することもあります．

設計者の経験と勘で，リスクを取りながら最小，最大と仮定することもあるでしょう．

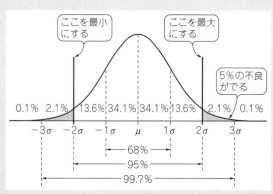

図16-C　ばらつきの正規分布

せん．C_{JC}やC_{JE}はゼロ・バイアス時の接合容量です．目安は次のとおりです．

C_{JC}：C_{OB}の1.2 ～ 2.4倍

C_{JE}：C_{JC}の1.5 ～ 2倍

もう1つ重要な応答特性パラメータとしてT_F，T_Rがあります．T_Fは順方向通過時間で，T_Rは逆方向通過時間です．データシートのトランジション周波数f_Tから求めるには次式のようにします．

$T_F = 1/2\pi f_T$

$T_R = T_F \times 10 \sim 100$

2SC2712は$f_{T(\min)} = 80$MHzなので実力値を500MHzにすると計算結果がそれらしくなります．

ベース抵抗R_Bも重要なパラメータです．2SC2712のような小信号低雑音では通常$R_B = 10\Omega$前後になります．

R_EはmΩオーダでR_Cは1Ω以下になります．R_CはV_{CE}-I_Cのグラフから求めることができます．

ダイオード・モデルと同様に100MHzを超えるような高周波信号の伝達特性解析を行う場合はSPICEではなくSパラメータを使った方が精度が取れます．

● SPICE モデルを入手する

次のWebサイトでPSpice用のモデルをダウンロードできます．

https://toshiba.semicon-storage.com/jp/design-support/simulation/agree-pspice-download.html

本モデルはLTspiceでも使えます．

表16-2にLTspiceで使うバイポーラ・トランジスタのSPICEパラメータを示します．2SC2712のSPICEモデルには前述したキー・パラメータであるI_S，N_F，T_F，T_R，X_{TI}があります．

● LTspice用のライブラリとして登録する

LTspiceのバイポーラ・トランジスタのライブラリはダイオードと同じフォルダにあり，ファイル名は「standard.bjt」です．

このファイルを開くとバイポーラ・トランジスタのモデル「.model 部品名 NPN(パラメータ)」が定義されています．

表16-2　バイポーラ・トランジスタのSPICEパラメーター覧
今回解説したキー・パラメータだけでも自分で設定できると解析結果に差が出る

パラメータ	2SC2712	デフォルト	分類	説明・設定方法
B_F	160	100	順方向DC特性	順方向増幅率いわゆる「h_{FE}」
B_R	5	1	逆方向DC特性	逆方向h_{FE}. 飽和時の解析が必要な場合に設定
C_{JC}	5.0×10^{-12}	0	AC特性	ゼロ・バイアス時のBC間接合容量
C_{JE}	1.0×10^{-11}	0		ゼロ・バイアス時のBE間接合容量
E_G	1.11	1.11	DC特性	バンドギャップ電圧Siは1.11 eV，Geは0.67 eV
F_C	0.5	0.5	AC特性	順バイアス容量係数．通常は0.5
I_{KF}	0.3	∞	順方向DC特性	順方向高電流．ロールオフ・ポイント大電流でB_Fの低下する電流を設定
I_{KR}	0.001	∞	逆方向DC特性	逆方向高電流．ロールオフ・ポイント飽和時の解析が必要な場合に設定
I_S	4.0×10^{-14}	1.0×10^{-16}	DC特性	伝達飽和電流．V_{BE}特性から求める．$I_C = I_S e^{(qV_{BE}/N_F KT)}$
I_{SC}	1.0×10^{-16}	0	逆方向DC特性	BC間漏れ電流．飽和飽和時の解析が必要な場合に設定
I_{SE}	5.0×10^{-14}	0	順方向DC特性	BE間漏れ電流．飽和微小電流のh_{FE}低下を設定
I_{TF}	0.2	0		通過時間．I_C依存性大電流でのf_T低下を設定する
M_{JC}	0.33	0.33	AC特性	BC間PN接合勾配係数．通常は1/3～1/2の範囲を取る
M_{JE}	0.33	0.33		BE間PN接合勾配係数．通常は1/3～1/2の範囲を取る
N_C	1	2	逆方向DC特性	BC間漏電流エミッション係数．飽和時の解析が必要な場合に設定
N_E	1.5	1.5		BE間漏電流エミッション係数．I_{KF}の効果を設定する
N_F	1	1	順方向DC特性	順方向電流エミッション係数．V_{BE}特性から求める $I_C = I_S e^{(qV_{BE}/N_F KT)}$
N_K	0.5	0.5	DC特性	高電流ロールオフ係数．I_{KF}の効果を設定する
N_R	1	1	逆方向DC特性	逆方向電流エミッション係数．飽和時の解析が必要な場合に設定
P_{TF}	0	0	AC特性	余剰位相．通常は0
R_B	10	0	DC特性	ベース直列抵抗．通常は10Ω前後
R_C	0.3	0		コレクタ直列抵抗．$V_{CE(\mathrm{sat})}/I_C$から計算できる
R_E	0.001	0		エミッタ直列抵抗．通常は1m～30mΩの範囲
T_F	2.5×10^{-10}	0	AC特性	順方向通過時間．f_Tから求められる $T_F = 1/2\pi f_T$
T_R	4.0×10^{-8}	0		逆方向通過時間．通常はT_Fの100倍以上にする
V_{AF}	30	∞	順方向DC特性	順方向アーリー電圧．V_{CE}変化によるI_C変動率を決定する．30～100
V_{AR}	1000	∞	逆方向DC特性	逆方向アーリー電圧．飽和時の解析が必要な場合に設定
V_{JC}	0.75	0.75	AC特性	BC間ビルトイン電圧．通常は0.75
V_{JE}	0.75	0.75		BE間ビルトイン電圧．通常は0.75
V_{TF}	2	∞		通過時間．V_{BC}依存性低電圧でのf_T低下を設定する
X_{TB}	2	0	温度特性	B_F，B_R温度係数．h_{FE}の温度係数
X_{TF}	30	0	AC特性	通過時間バイアス係数．I_{TF}，V_{TF}の効果の強さを設定する
X_{TI}	1.5	3	温度特性	I_Sべき乗温度係数．I_Sの温度特性を設定する

ここに新たに2SC2712を追加します．一番先頭に置くと部品選択時にリストのトップに出るため便利です．

● LTspiceで確認する

　図16-14の回路を作成後，2SC2712を選択します．温度条件 – 25℃，+ 25℃，+ 100℃でDC解析を実行したV_{BE}-I_B特性の結果を図16-15に示します．この結果は，図16-8に示すデータシートのV_{BE}-I_B特性とほぼ一致しています．

　図16-16にV_{CE}-I_C特性の測定回路，図16-17にその結果を示します．V_{CE}-I_C特性は，$V_{CE} > 2$Vではデータシートのカーブ・データとよく一致していますが，1V以下はLTspiceの解析結果と異なる形をしています．これはSPICEモデルで，$V_{CE} < 2$Vが表現

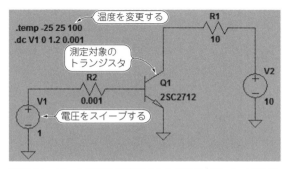

図16-14　V_{BE}-I_B特性を測定するための回路（LTspiceで作成）
V_1が変数，V_2が固定値となっている．$R_1 = 0$ Ω，$V_2 = 6$Vでデータシートと同じ条件になる

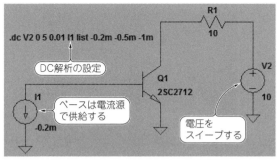

図16-16　V_{CE}-I_C特性を測定するための回路（LTspiceで作成）
V_2が変数，I_1が固定値となっている．$R_1 = 0$ Ωでデータシートと同じ条件になる

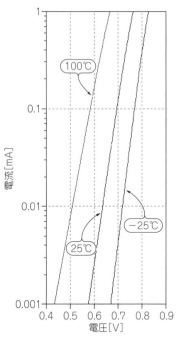

図16-15　図16-14のV_{BE}-I_B特性
（LTspiceシミュレーション）
特性データは図16-8とカーブと一致する

図16-17　図16-16のV_{CE}-I_C特　性
（LTspiceシミュレーション）
V_{CE}＞2Vではおおむねデータシートと一
致するが，V_{CE}＜2Vでは大きく異なる．
これはSPICEでモデル化できない部分で
ある

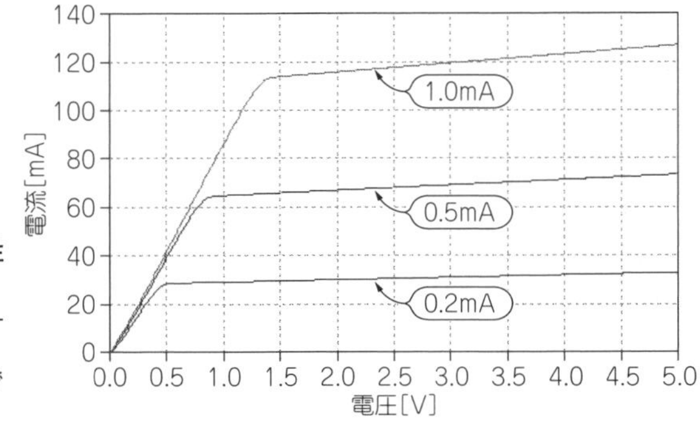

できていないためです．V_{CE}を低い領域で使用する場合，V_{AF}をかなり低めの値に設定し
てV_{CE}を狭い範囲に限定して対応します．

＊　　　　＊　　　　＊

　今回は主にSPICEモデルの直流特性の基本パラメータの求め方を紹介しました．Excel
シートを使ってパラメータを計算していますが，簡単な回路設計ならLTspiceを使わなく
ても表計算ソフトウェアだけでも行えます．デバイスの動作やパラメータの意味をしっか
り理解できる力がつくためお勧めです．　　　　　　　　　　　　　　　　　〈加藤　隆志〉

本書に付属のDVD-ROMは，図書館およびそれに準ずる施設において，館外へ貸し出すことはできません。

電子回路シミュレータ LTspice 設計事例大全   DVD-ROM 付き

2020年11月15日　初版発行	© トランジスタ技術編集部 2020
2021年9月1日　第2版発行	（無断転載を禁じます）

編　集　トランジスタ技術編集部
発行人　小　澤　拓　治
発行所　Ｃ Ｑ 出 版 株 式 会 社

〒 112-8619　東京都文京区千石 4-29-14
電話　販売　03-5395-2141
　　　広告　03-5395-2132

ISBN978-4-7898-4957-9
定価はカバーに表示してあります

乱丁，落丁本はお取り替えします

編集担当者　島田 義人／真島 寛幸
DTP・印刷・製本　三晃印刷株式会社
カバー・表紙デザイン　千村 勝紀
Printed in Japan